2010年重庆师范大学学术专著出版基金资助

农牧民对生态建设工程响应的对比研究

——以江西山江湖和青海三江源区为例

邵景安　徐新良　著

科学出版社
北　京

内容简介

本书选择国内有代表性的两大生态脆弱区江西山江湖区和青海三江源区及对农牧民有显著影响的由政府主导的两大生态建设工程，根据农牧民对生态建设工程响应的阶段性，重点从农牧民对生态建设工程的最初被动响应、获得参与收益后的响应行为自发调整、农牧民行为响应所可能带来的外部不经济性及面对新的外部环境的适应性自发调整四个方面探讨农牧民对政府主导生态建设工程的响应与适应，研究并对比农牧民在生态建设工程实施过程中其参与行为、表现特征、未来演化过程，并从理论上建立农牧民自觉地适应政府主导生态建设工程的调整框架。

本书可作为大中专院校、科研院所与生态建设有关人员的参考书目，同时，可为政府正在进行或将要开展的生态建设工程政策的制定提供科学依据或对适应性政策调整提供参考。

图书在版编目(CIP)数据

农牧民对生态建设工程响应的对比研究：以江西山江湖和青海三江源区为例 / 邵景安，徐新良著. — 北京：科学出版社，2016.6

ISBN 978-7-03-049287-6

Ⅰ.①农…　Ⅱ.①邵…　②徐…　Ⅲ.①农业生产-影响-生态工程-研究　Ⅳ.①F304②X171.4

中国版本图书馆 CIP 数据核字（2016）第 146543 号

责任编辑：张　展　孟　锐 / 责任校对：王　翔

责任印制：余少力 / 封面设计：墨创文化

科学出版社出版

北京东黄城根北街16号

邮政编码：100717

http://www.sciencep.com

成都创新包装印刷厂印刷

科学出版社发行　各地新华书店经销

*

2016年6月第　一　版　开本：B5(720×1000)

2016年6月第一次印刷　印张：15

字数：290 千字

定价：78.00 元

序

生态文明建设因关乎人类福祉和民族未来而被提到前所未有的战略高度（纳入十八大报告“五位一体”的总体建设布局和首度写入“十三五”规划的十个目标中）。政府引导下的植被生态恢复治理，是近年来区域生态建设工程的重点，受到了相关领域科研机构、政府部门和决策层的广泛关注。大量研究成果、政策框架和治理模式均已发表和付诸实践。然而，作为我国目前生态脆弱区治理的典型代表，江西山江湖区的山江湖综合治理自 80 年代实施以来，现已逐渐形成比较成熟的模式、配套技术等，但面对转型期的人口移动、生产模式转变、生活方式改善等因素的影响和作用，建设过程中新的农户参与方式也必将会出现，他们对原模式的适宜程度，以及原模式能否在新形势下健康运行等，都是生态建设中农户参与响应所必须考虑的重要方面。青海三江源区以减压生态恢复为契机，实现草地减压基础上的生态恢复，现尚处于起步阶段，而且对牧民参与生态建设所表现出的许多关键问题也缺乏科学认识。

对比江西山江湖区和青海三江源区的生态建设工程，可以发现：前者是对破坏的生态系统进行恢复性重建，后者是对退化的草地生态系统通过减压进行恢复；前者采取的是当地农民的就地致富、就地就业，后者采取的是生态移民；前者主要参与主体是农民，后者主要是牧民；前者农民的生计来源未被切断，生计方式没有改变，均不需要重建，后者牧民的生计来源被切断，生计方式被改变，均需要重建。这样，在生态战略地位、生态系统受损程度、经济市场化程度、宗教习俗及农牧民文化程度等方面均存在较大差异的情况下，山江湖区和三江源区农牧民的参与与响应行为有很大不同，当然，在不同的参与与响应行为下工程实施及其成效也会有很大不同。对比山江湖区和三江源区农牧民对政府主导生态建设工程的响应程度，有助于丰富人们对政府主导生态建设工程的理解和认识，并为未来国家及地方政府生态文明建设方略的制定提供科学依据。

《农牧民对生态建设工程响应的对比研究》一书沿着政府主导生态建设工程的农牧民初始被动参与、农牧民获得收益后参与行为自发调整、农牧民参与行为外部不经济性和农牧民参与行为自觉调整的思路，选择山江湖区的泰和、井冈山、兴国、宁都和三江源区的玛多为样区，运用参与式农村评估方法，对比分析农牧民参与生态建设工程的方式，以及参与收益后对生态建设工程的响应变化，获得了一系列较为重要的科学认识，如农牧民的生态适应性及其对生态建设工程的响应具有很大的偏好性、主动改善与被动接受为农牧民参与生态工程响应的主要区别、是否易于调整及是否清楚认识是农牧民对参与行为外部不经济性的关键差异、农牧民的自觉性响应行为框架的构建也具有自行主导与被动参与的特性等，对政府主导参与生态环境建设，调动农牧民参与生态建设的积极性和主动性，挖掘农牧民生活习俗的生态学意义，并将其运用于生态环境建设中，有着重要的科学指导意义。

中国自然资源学会理事长

刘纪远

前　言

伴随社会经济的发展和人们认识观念的转变，生态环境恢复与治理日益成为区域增强发展后劲、提升软实力的重要策略，“生态产业化，产业生态化”成为培育新的综合竞争力的主要手段。以追求最大经济效益为目标的不合适的人类活动往往会对区域生态环境产生较大的影响(退化或破坏)，而对遭到退化或破坏的生态环境进行恢复或治理，因其产生效应的公益性、服务对象的遍在性、投资额度的巨大性和建设成效的缓慢性，使政府理所当然地成为承担主体，包括规划布局、组织实施、资金投入、工程维护等方面。因此，政府主导下的植被生态恢复与治理，已成为近年来区域生态建设工程的关键主体，受到相关领域科研机构、政府部门和决策层的广泛关注，而且大量的研究成果、政策框架和治理模式均已发表和付诸实践，工程建设、治理成效、示范影响等方面均已取得很好的社会认可与赞同，当地居民也从中获得较为显著的效益。

当然，即便是政府主导的生态建设工程，其在规划布局、政策制定、工程施工、后期维护等各个阶段均少不了公众的参与和支持(不管是初期的参与还是后期的适应性调整阶段)，尤其是在整个生态恢复与治理过程中，始终要把公众福祉的提高与生态完整性的提升放在同等重要的位置，以便获得生态建设工程的“双重过滤器效应”。倘若仅注重生态或经济效益的任何一方面，都不可能获得生态建设的长效机制，哪怕在政府的主导下(没有经济收益的生态建设是不会长久的)。而且，还要把公众在日常生产、生活中表现出的与生态建设拟实施措施不谋而合的行为引入到生态建设过程中，尽量发挥其可能具有的生态学意义(这更有助于建设措施的实施)，对不利于生态建设的不合适行为，则尽量采用建设调控与生态补偿引导的方式来进行，以便实现以公众参与为界面的“自上而下，自下而上”的顺畅决策与实施。可以说，公众参与对政府主导生态建设工程的响应，在很大程度上决定了生态建设的成败，以及能否顺利推进并取得预期成效。

然而，从目前研究和实践层面看，有关政府主导生态建设工程的归纳与提炼，以及不同生态脆弱区政府采取措施和实施效果间的对比仍做得不够，尤其是当地居民对生态建设工程的响应更是缺乏探讨。生态系统按遭受扰动及其生态响应程度可分为退化和破坏两种，政府主导的生态建设工程常常采取的措施有退化生态系统的恢复和破坏生态系统的重建，而具体在实施上依据对当地居民的影响程度又可细化为就地重建、就地致富(居民的生计来源和生活方式均未受到太大的影响，体现为就地)，生态移民、异地就业 [居民的生计来源(被割断)和生活方式(很难适应异地习俗)影响较大，生计来源和生活方式需重建，体现为异地]。在不同的生态系统退化程度和不同的生态系统恢复模式下，当地居民在追求利益最大化的过程中，对政府主导的生态建设工程的响应也有很大差异。因为政府主导的生态建设工程一方面要恢复或重建当地的生态系统完整性，另一方面又要从治穷上治本，尽量拓展当地居民的生计来源(转移劳动力、移民再就业等)，并改善他们的生活方式(如饮食方式、能源消费等)，减少当地居民对原有生态系统的进一步扰动。

从某种意义上说，政府主导的生态建设工程其实就是协调或再造当地居民与原有生态系统间的关系，以及再造新的生态系统和新的人地关系。为此，不管从哪个方面来看，政府主导的生态建设工程都牵涉当地居民利益，并需要当地居民的参与和支持，否则是不可能取得成功的。

更为重要的是，当地居民在参与政府主导的生态建设工程的过程中也存在很大的阶段性，不同阶段的响应差异较大。通常情况下，在生态建设工程开展初期，当地居民大多是被动参与的，且政府在制定与生态建设有关的各项规划、政策时也常常将当地居民的参与流于形式，当地居民本身对生态建设是否能给其带来福祉仍没有信心，这样，在政府主导的生态建设面前，当地居民往往是被动参与，如投工投劳、政府提供投入而当地居民收益及提供优惠政策等。然而，伴随生态建设工程的逐步深入，当地居民从参与生态建设的过程中一旦获得预期的或与预期相差不大的收益时，其参与生态建设的态度就会随即改变，由原来的被动参与转变为主动改善，即自发参与生态建设。而且，投入主体也由原来的政府主导转变为当地居民的自行投入，当地居民积极参与，政府为其提供宽松的环境和便利。更进一步，若当地居民在自行投入、自行参与生态建设后(即自发参与后)获得更好的经济收益，或者在自发参与的过程中为追求最大的经济收益，他们会自行创造或探索出许多有益的参与生态建设的模式，而且他们参与的积极性和投入的方式也发生了很大的变化(如流转、入股、联营等)。在这种情况下，当地居民的参与程度和参与方式均由自发转变为自觉。因此，就当地居民参与生态建设工程的响应阶段看，可细分为被动、自发和自觉三部分。

江南花岗岩红壤丘陵区和高原草地生态系统作为中国生态脆弱区的典型代表，因其独特的生态战略地位和面临的关键生态态势的严峻性而引起国家决策层面、科研机构的关注与重视。如严重的水土流失很大程度上威胁到鄱阳湖及与之相连的大流域的生态健康，尤其是江西省宁都县和兴国县的山场生态系统已达到被完全破坏的境地；因超载过牧诱发的草地退化已对中国三大江河源头地区产生较大影响，国家设立三江源自然保护区也正是为了保护江河的源头。

与前述的生态退化的程度、政府所实施的生态建设工程的措施相对应，红壤丘陵区的山场生态系统完整性已遭到破坏，高原草地生态系统的完整性则处于退化状态。为此，国家层面实施了江西山江湖治理工程和青海三江源生态建设工程，而在具体实施过程中考虑到生态系统受影响的程度，在山江湖区实施的是“治湖必治江，治江必治山，治山需造林，造林需治穷”的逻辑治理思路，农民的生计来源和生活方式均未发生较大的变化；而三江源区实施的是生态移民、围栏建设、以草定畜等，牧民的生计来源和生活方式均发生较大变化。相比较，三江源区因实施生态移民，迁出牧民的生计来源被割断、生活方式被改变，这样，在生态建设的过程中，就要处理好“迁得出，安得稳，逐步能致富”三者间的关系，就是要重新建立新的生计来源和新的生活方式。而且，在农牧民参与两大生态建设工程的过程中，清晰地表现出被动、自发和自觉参与响应的差异，加之，农牧民在不同参与响应阶段的具体行为均有显著的界线，尤其是在主体责任的转变方面。

目前来看，江西山江湖区的山江湖综合治理自20世纪80年代实施以来，已逐渐形成比较成熟的模式和配套技术等，但面对转型期的人口移动、生产模式转变、生活方式改善等因素的影响和作用，建设过程中新的农户参与方式也必将会出现，他们对原模式的适应程度，以及原模式能否在新形势下健康运行等，都是生态建设中农民参与响应所必须考虑的重要方面。青海三江源区以减压生态恢复为契机，实现草地减压基础上的生态恢复，但尚处于起步阶段，对牧民参与生态建设所表现的许多关键问题缺乏科学认识。本书以江西山江湖区为破坏生态系统的代表、以青海三江源区为退化生态系统的代表，在山江湖区选取泰和、井冈山、兴国、宁都为样区，在三江源区选取玛多县为样区，对比分析农牧民参与生态建设工程的方式，以及参与收益后对生态建设工程的响应变化。

本书共分为五章。第一章从生态战略地位与生态态势、生态退化的解释与调控、农牧民对生态建设过程的响应三方面，对比两大生态脆弱区的关键要素；第二章从农牧民面对生态退化的行为调整、农牧民对生态建设工程的理解偏好、农牧民参与生态建设的行为响应三方面，对比农牧民最初参与政府主导生态建设工程的响应，尤其是将农牧民的理解偏好细化为经济偏好、信仰习俗偏好和生产便利偏好，将参与响应细分为直接参与、间接参与和转产参与；第三章从农牧民参与的生态经济效应感知、直接响应行为调整、间接响应行为调整三方面，对比农牧民获得参与收益后参与行为响应的自发调整，而且把生态经济效应的感知分为经济效应、生态效应和衍生效应，把直接响应行为调整分为参与方式、参与行为和参与管理，把间接响应行为调整分为收益行为、认识行为和投入行为；第四章从农牧民参与行为的外部不经济性、参与行为调整的外部不经济性两方面，对比农牧民参与政府主导生态建设的外部不经济性，并将参与行为的外部不经济性分为直接外部不经济性和间接外部不经济性，将参与行为调整的外部不经济性分为大概率外部不经济性和小概率外部不经济性；第五章从农牧民参与行为面临的新问题、自觉行为调整框架、具体自觉行为调整、自觉行为调整风险四方面，对比农牧民参与响应的适应性自觉行为调整，特别是将面临的新问题细分为新的外部政策环境和参与行为的外部性裂变，将调整框架、具体调整行为和调整风险均细分为农民和牧民予以阐释。同时，在最后的结论部分对农牧民参与政府主导生态建设工程的响应行为进行归纳对比，并对本书存在的不足和接下来要开展的工作进行讨论。

本书使用的研究方法主要是参与式农村评估和基本的统计分析法。

本书在写作中使用的数据得到中国科学院地理科学与资源研究所三江源课题组的支持和帮助，尤其是参与数据收集与处理的芦清水副研究员、黄麟副研究员和匡文慧副研究员，本书的思路和框架设计得到中国科学院地理科学与资源研究所刘纪远研究员、邵全琴研究员和樊江文研究员的指导。本书的写作还得到重庆师范大学地理与旅游学院领导和老师们的支持与帮助。在本书最后成稿、校对与排版过程中，得到科学出版社的支持和帮助。本书的出版获得重庆师范大学出版基金、重庆市师范大学市级地理学重点学科的资助，在此谨致谢忱！

尽管本书作者在构思与写作过程中，完全使用由参与式农村评估获得的第一手资料，并查阅相关研究成果与政府主导生态建设工程已取得的成效，但受作者认识水平和实践经验的局限，可能会得出与已有认识或发现相悖的结果或结论，以及值得推敲乃至错漏的地方，敬请读者指正并赐教。

邵景安

2014 年 12 月

目　　录

第1章　绪　　论

农牧民是生态建设的主体，其对生态建设工程的响应决定了生态建设措施能否顺利实施和建设目标能否预期顺利实现(Zhang et al.，2007)。江西山江湖区(简称山江湖区)的山江湖综合治理工程(王成祖，1998；刘青等，1999)和青海三江源区(简称三江源区)的生态建设工程(李怀南，2003)，作为政府主导生态治理工程的两大典型代表，其建设过程离不开广大农牧民的积极参与。这一参与行为融入到保护区建设、工程调控等应对措施中，现均已取得很大成绩，生态退化状况基本得到遏制，并逐渐朝着良性演化的轨迹发展(鄢帮有，2004；赵新全等，2005)。如山江湖区山场林木的恢复、水土流失恶性循环的扭转、农民社会综合福祉的提升等，三江源区草地退化格局的正向演化、牧畜承载力的减轻等。

经宏观对比发现，山江湖区的生态建设工程是在被破坏的生态系统上开展重建，农民的生计来源没被切断，生产方式继续延续，实现的是就地生态重建与当地农民福祉的提高；三江源区的生态建设工程是在退化生态系统上进行恢复(生态完整性提高)，牧民的生计来源被切断，生产方式发生较大变化，实现的是生态减压恢复与牧民福祉就地提高与异地转产相结合的方式。因此，两大政府主导的生态建设工程代表两大类型，山江湖区的生态建设工程只要在生态重建过程中，完成农民的就地致富，就能实现生态建设的预期目标；而三江源区的生态建设工程则须在生态恢复过程中，实现牧民异地致富与转产就业，否则，牧民返牧的现象就不可避免，生态建设的预期目标就很难顺利实现。

众所周知，江西山江湖区的山江湖综合治理工程自20世纪80年代实施以来，通过保护区建设、工程措施与生物措施耦合调控、流域综合开发、小流域治理等的农民参与，达到了集中型生态重建的目的，现已逐渐形成比较成熟的模式和配套技术等(王晓鸿，2007；褚家永，2008)，成为中国生态治理工程走向世界的样板。但是，面对转型时期的人口移动、生产模式转变、生活方式改善等因素的影响和作用，生态建设过程中，新的农民参与方式也必将出现，他们对原模式的适宜程度，以及原模式能否在新形势下健康顺利运行等，都是生态建设中农民参与响应所必须考虑的重要方面。

青海三江源区以减压生态恢复为契机，通过生态移民、牲畜结构调整、西繁东育等措施，并辅以保护区建设、围栏建设、冬夏草场划分、人工增雨等措施(Wang et al. ，2001)，实现草地减压基础上的生态恢复和牧民福祉的提高。但由于建设时间相对较短，总体尚处于起步阶段，对牧民参与生态建设所表现的许多关键问题缺乏科学认识，如对生态建设工程本身的认识、对牧民参与积极性与主动性的认识等。

其实，山江湖区的农民参与重点涉及农民对山场的管理和投入(钟太洋等，2006)，而三江源区生态建设的牧民参与，主要以目前所实施的生态移民、以草定畜和围栏建设为主体(芦清水，2008)。将这两个生态建设工程间的农牧民参与响应作对比，有助于从根本上弄清不同生态类型、不同文化传统、不同经济发展水平等条件下，农牧民参与政府主导生态建设工程的形式、目的、态度等的不同。同时，对比结果也可为不同生态区农牧民参与策略的制定或调整提供新的视角与思路。如山江湖区的农民参与山场管理的实践，可借用到三江源区牧民的生态移民过程中试行，反之亦然，进而促进不同生态区农牧民参与策略间的融合与互补，提高政策制定的适应性，提高生态建设目标实现的可能性。这样，农牧民和决策层也就更易于理解驱动山江湖区农林生态系统退化和三江源区草地退化背后潜在的根源，同时，农牧民也就会更自觉地参与到生态建设当中，生态建设策略也就会取得更好的成效。

当然，辨识农牧民对山江湖区与三江源区政府主导生态建设工程的响应，还有利于决策层站在国家战略需求的高度，认识全国的生态态势，并从大的区域层面制定、实施适应性调控对策，有利于将局部地区农牧民自发实践且易于生态恢复的参与行为和方式，运用到未来的决策过程中，实现农牧民参与行为(原有或调整后)的生态学含义。我们知道，农牧民一定对其世代生活的地方最为了解，且最有发言权，毫无疑问，他们会对如何恢复与重建其居住区周围的生态系统有一定的想法和预期，而且也会对现行的治理措施有一定的看法，如现行措施的适宜性程度、自身参与程度、存在问题，以及拟改进策略等。而所有这些知识的获得，都必须深入对比不同生态建设工程下的农牧民参与行为，更要将山江湖区的集中重建和三江源区的减压恢复结合起来。

选择山江湖和三江源两大区域，分析农牧民对政府主导生态建设工程的响应，还有另外一层含义，就是政府在进行生态建设工程时不能一味地追求生态状况的好转，还需要兼顾当地居民福祉的提高，即注重“生态完整性提高的同时，至少不降低居民福祉”，否则，农牧民根本就不可能参与到生态建设工程上来，甚至会做出有损生态建设工程的事情。换句话说，一定要考虑生态建设的“双重过滤器效应”，才能实现农牧民参与的持续性和持久性。

本书选择山江湖区的泰和、井冈山、兴国、宁都和三江源区的玛多为样区，运用参与式农村评估和基本统计学方法，对比分析农牧民是如何参与生态建设工程的，对生态建设后的变化感知如何，以及他们获得预期参与收益后对生态建设工程的参与响应变化，尤其是最初的被动参与(响应)，获得预期收益后参与行为的调整(自发调整和自觉调整)，以及整个参与过程所可能导致的外部不经济性等。

本书重点是找出不同生态工程下农牧民的参与程度、收益状况及其对这一收益的行为响应，识别现有生态建设工程所实行的适应性调整对策是否有利于农牧民的参与，以及未来的可调整方向和策略。针对山江湖区的农民参与，考虑如何构建更为集中的生态重建框架，规范农民山场管理投入的合理性，朝着有助于山场生态恢复的方向发展；而青海三江源区的生态移民，则探索如何实行稳健的减压，开启新的生态补偿方案，以获得牧民的积极参与，减少牧民迁移而牲畜仍寄宿在草场上的现象发生；分析两个生态建设工程中的农牧民响应是否存在某种程度的互补性、可借鉴性，为未来生态建设制定更为合适的农牧民参与策略提供数据基础和科学依据。

第2章　区域生态状况对比

江南花岗岩红壤丘陵区和高原草地生态系统是中国生态脆弱区的两大典型代表，如江西山江湖区和青海三江源区。政府引导下的植被生态恢复和治理，成为近年来中国区域生态建设工程的重点，受到相关领域科研机构、政府部门和决策层的广泛关注(王成祖，1998；郑度等，2002)。当然，大的区域性生态建设必须由政府来主导，否则，就不可能整合资金、技术、劳动力等要素投入到生态建设上来，也不可能协调好相关部门的参与与配合。目前，已有大量研究成果、政策框架和治理模式发表和付诸实践(Qian et al.，2006；Liu L et al.，2006a)，并取得了一定的治理效果与可喜成绩，为服务于区域经济发展和生态保护的战略需求做出了重要贡献。本书综合回顾山江湖区和三江源区的生态治理工程，并重点分析农牧民的参与行为，找出上述区域未来研究的优先领域，探讨利于农牧民参与的生态治理模式和后续政策制定的研究方向和技术手段，以便于农牧民参与的响应有利于生态建设工程措施的实施，丰富人们对农牧民参与的理解和认识。

2.1　区域概况

2.1.1　山江湖区

江西山江湖区(113°34′E～117°33′E，24°29′N～30°05′N)位于赣南山区和北部长江之间，所辖面积为11.79万km^2。地域单元上由赣南山区、吉泰盆地和鄱阳湖流域三部分组成(陶国根，2009)。20世纪80年代初，因水土流失严重、生态环境脆弱、人们生活贫困等原因，该区受到区域乃至国家层面的重视。

山江湖区2008年选择泰和县、井冈山市、兴国县、宁都县为样区进行农民参与山江湖工程中的山场管理研究。研究区面积为1.12万平方千米，林地面积为80.29万hm^2($1\ hm^2=0.01\ km^2$)，总人口209.6万，辖88个乡(镇)、1190个村委会(图2-1)(江西省自然地理志编纂委员会，2003)。气候属亚热带或中亚热带湿润季风气候，雨量充沛；地貌以山地、丘陵为主，局部或兼有开阔河谷盆地区；植被有松、杉、油茶、毛竹等主要林木，野生动植物资源丰富；土壤类型主要有红壤、黄壤、黄红壤、棕红壤等，且全氮和有机质含量由黄壤、黄红壤、棕红壤到红壤依次降低；地下矿产资源丰富，主要有钨、煤、铁、铀、金、银等；农民经济收入除目前的务工收入外，主要来自于经营山场林木和农田种植；活立木积畜量达 2173.8 万 m^3，森林覆盖率除带有开阔河谷的泰和县为 50%，其他三县(市)达到 70%以上，井冈山市甚至高达 86%；植被覆盖度在水土流失最严重的兴国县也达到 72.2%，宁都县达到 75.2%。基本概况如表 2-1 所示。

山场林木来源上，泰和县以人工种植为主，井冈山市以天然林为主，而兴国县和宁都县则以人工飞播为主(江西省林业志编辑委员会，1999)。在经济和社会发展上，泰和县相继被补列为全国综合改革试点县和江西省唯一的县域经济改革发展试点县，几项主要经济指标均高于全省平均水平。井冈山市依靠红色旅游拉动区内经济的快速增长。而兴国县和宁都县则相对较差，水土流失严重、山场表土贫瘠，山场造林的直接经济效益不明显，生态效应则表现突出。

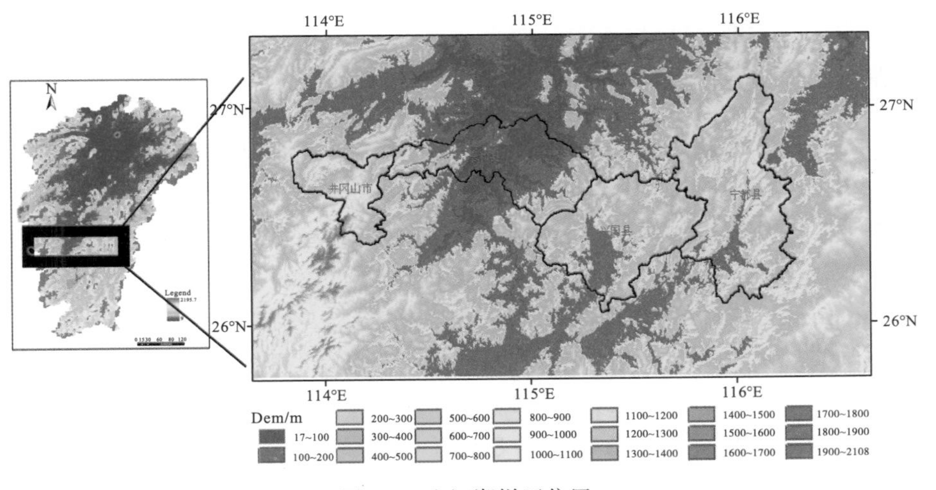

图 2-1　山江湖样区位置

表 2-1　山江湖样区自然、社会经济概况

县(市)	坐标	面积/km^2	林地/万 hm^2	人口/万人	气候	地貌	植被	乡镇	村	人均纯收入/元
泰和	114°57′E~115°20′E 26°27′N~26°59′N	2666	14.13	50	中亚热带东部季风	山地、丘陵和平原	杉木、湿地松、马尾松、毛竹等	22	367	3339
井冈山	113°49′E~114°23′E 26°27′N~26°49′N	1297	12.65	15	中亚热带季风	山地、丘陵	毛竹、杉木、杂阔等	17	106	2913
兴国	115°01′E~115°51′E 26°31′N~26°41′N	3209	24.17	73.2	亚热带季风湿润	山地、丘陵	马尾松、杉木等	25	370	1358

续表

县(市)	坐标	面积/km^2	林地/万 hm^2	人口/万人	气候	地貌	植被	乡镇	村	人均纯收入/元
宁都	115°40′E～116°17′E 26°05′N～27°08′N	4053	29.34	71.4	亚热带湿润季风	山地、丘陵	马尾松、杉木等	24	347	1591

截至目前，山江湖生态建设除全省统一实施的贴息贷款造林、消灭荒山造林、退耕还林、生态公益林建设，以及山、水、田、林、湖生命共同体的综合开发治理的系统工程外，还布置的生态治理工程有：水土流失严重区实施小流域综合治理与生态恢复(邓新安等，1992；刘青等，1999)，如泰和县千烟洲小流域、兴国县果溪河小流域和绊溪小流域，以及宁都县的47条小流域和梅江河流域等；天然林实施自然保护区建设和天然林保护工程(雷环清等，2005)，如井冈山及各县天然林区；各县(市)开挖竹节水平沟、修筑塘坝、建设水土保持林、开发经济果木林、种草、封禁治理、改造省柴灶、兴建沼气池等都普遍开展；而且，为促进农民致富，地方政府和林业部门还鼓励农民进行“铲山”垦扶，如毛竹和油茶的“低改”、施肥等。

经过近30年的生态治理和经济发展，山江湖区基本达到“提高生态完整性和改善居民福祉”的“双重过滤器”效应(褚家永，2008)。泰和县千烟洲小流域，现已形成“丘上林草丘间塘，河谷滩地果与粮，畜牧水产相促进，加工流通更兴旺”的健康产业链结构，并实行“乔、灌、草”、“种、养、加”、“长、中、短”3个“三”有机结合，有效地控制了水土流失的持续发生，提高了水土保持和水源涵养能力，大大促进了当地农村经济社会的可持续发展(岳天祥，1997；Liu et al.，2008b)。

兴国县实现了“六减六增”的治理效果，扭转了“天晴干巴巴，下雨就是沙”的严重水土流失的局面(梁音等，2007)：一是水土流失面积减少15.2万 hm^2；二是年土壤侵蚀量由1106万 t减少到331万 t，保水效率增长66%；三是水旱灾害频率减少48.8%，旱涝保收面积增加3266.67 hm^2；四是土壤肥分流失量减少27.7万 t，粮食亩产增加129 kg；五是河床平均降低0.26 m，冬季有水河段增加160 km；六是贫困人口由26.7万减少到8.7万，人均收入由121元增加到1970元。

宁都县小流域治理面积达5.39万 hm^2，年土壤侵蚀量由1986年的484.4万 t降低到2003年的249.6万 t，水土流失面积占全县总面积的比例下降10个百分点。2000年，47条已治理的小流域农民年人均纯收入达2700元，高出全县农民人均纯收入的60%(Xu et al.，2003；刘柏根等，2005)。而且，水土保持还为从根本上解决山区暴雨洪灾积累了经验(Zhang et al.，2004)。

2.1.2　三江源区

青海三江源(89°21′E～102°17′E，31°31′N～36°15′N)位于长江、黄河和澜沧江的源头地区，所辖面积为 29.50 万 km^2，地域单元上由青海南部的 5 个藏族自治州组成。20 世纪中后期“大跃进”思想的驱使下，源区牲畜数量[在 20 世纪 70 年代末期达到顶峰(摆万奇等，2002)]远远超过草地的承载能力，草地生态系统受损严重[如约 90%出现不同程度的退化(李穗英等，2009)]，水源涵养能力降低，产水量减少，黄河源唐乃亥水文站的监测对此作了很好的印证(郈龙飞等，2011)。为确保源区生态战略地位——“中华水塔”、高寒生物基因库和东亚气候启动区，2005 年国家投入 75 亿元用于生态功能的维持和恢复及牧业经济发展和牧民福祉提升(马松江，2010)。

依据生态建设的中期评估，源区在生态移民、以草定畜、配套建设等方面取得可喜成绩(青海省西部开发退牧办，2006；三江源课题组，2007)。但是，移民补偿按户展开(8000 元/年)，补偿期 10 年内禁牧条件下保留草地使用权，没有考虑牧民家庭人口多少、牲畜多寡、草场肥瘦等因素，势必诱发牧民认为的不公平现象的发生，而且，牧民对 10 年后的生活来源及稳定性持怀疑态度，人畜大户(真正的草场压力户)不愿迁出，迁出的多为少畜户或老人，有的甚至将家庭分割后部分迁出，以享受国家优惠政策，致使草场压力并未根本减轻。

三江源区选择“黄河源头第一县”——玛多进行牧民参与生态移民的响应研究。玛多地处青藏高原东北部、黄河的源头地区(96°55′E～99°20′E，33°50′N～35°24′N)，所辖面积为 2.4 万多平方千米，现辖扎陵湖乡、黄河乡、黑河乡和花石峡镇等乡(镇)(图 2-2)(玛多县志编纂委员会，2001)。

玛多县湖泊众多，素有“千湖之县”之美誉，有著名的扎陵湖、鄂陵湖。气候属高寒半干旱气候区，年均气温为−4℃，年均降水量 321 mm。四周环山，中部开阔、平缓，相对高差较小，地势高亢，海拔为 3900～5300 m，为典型的高原地貌形态。土壤类型以高山草原草甸土、高山草甸土为主，且土壤的垂直地带性分布较强。植被以草地为主(高寒草甸和草原)，间有少量灌木分布(Yang et al.，2006)。其中，高寒草甸主要分布在山坡地及滩地和河谷高阶地带，草群低矮，分布不明显，具有覆盖度高、产草量低、食用价值高等特性；高寒沼泽草甸，分布在排水不畅的平缓滩地、山间盆地、碟形洼地、冰川下缘或湖泊周围等地带，草高 20～35 cm，产草量也较高；高寒草原常分布在滩地、宽谷、高原湖盆的外缘，河流高阶地、剥蚀高原面及干旱山地等，面积较为广阔且连续性较好，草群营养成分含量较高，但是，秋季因草场种子成熟，牲畜的适口性较差。

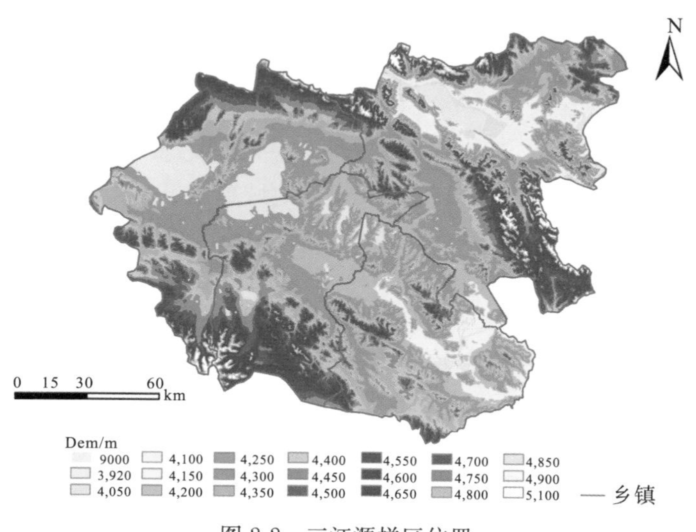

图 2-2　三江源样区位置

截至 2000 年年底，玛多县人口为 10890 人，城镇人口为 2083 人，藏族约占总人口的 85.7%。玛多属典型的牧业县，2005 年牧业产值达 3400.38 万元，占全县国内生产总值的 46%，牧民人均纯收入 1899.9 元(青海省统计局，2006)。玛多县牧民的风俗习惯是信奉藏传佛教，追求人畜共生、循环轮回，将周围的山、水、草场视为其生活中不可或缺的部分，周围的山、水有的被尊为神山、圣水。

玛多县居民主要的生产与生活方式为游牧。牧民通常将自己的家养牛羊看成放生，且从生到老死都一直看护、照料。这也就是我们通常所说的，牧民常常以自己所拥有的家畜数量来衡量其财富的主要原因，从而导致草场牲畜数量很难减少，草场压力居高不下(摆万奇等，2002)。牧民非常珍惜生命，一方面，牲畜很少被宰杀，也不出售，放牧过程中获取的牛羊毛(乳)等畜产品大多供自己消费，而且，他们也有部分会与农区或其他牧区交换，以换取自己生活缺少的必需品，如青稞等；另一方面，牧民也不排斥对自己生产、生活产生影响的动物，如狼、田鼠等。其实，这均与牧民的信仰有很大关系，即不杀生，慈悲为怀。牧民通常把大部分时间和精力投入到朝圣、诵经、磕头等信仰活动之中，且牧业藏民一有闲暇便参与信仰诵经，经幡围绕帐篷随处可见。

牧民的不杀生且以牲畜数量衡量自己财富的信仰习俗，使得草场压力越来越大。尽管 1978～2005 年的 28 年间，玛多县牲畜数量和草地压力指数呈下降趋势(图 2-3)，与整个三江源区的变化趋势一致，但该县 20 世纪 70 年代牲畜喂养较多，草场压力过大，草场退化在那一时段就已形成(摆万奇等，2002)。1978 年，玛多县牲畜存栏数量达 105.53 万羊单位，而届时的草地理论载畜量为 65.43 万羊单位，可见，光就牲畜存栏看，与理论载畜量相比，超载就近 1 倍之多，而随后的年份内也大都处在超载范围。可以说，虽然近年来，草食家畜饲养量和草地载畜压力指数呈降低趋势，但 20 世纪 70 年代退化格局的形成，使得目前较小的超载扰动就可能带来较大的退化现象发生。

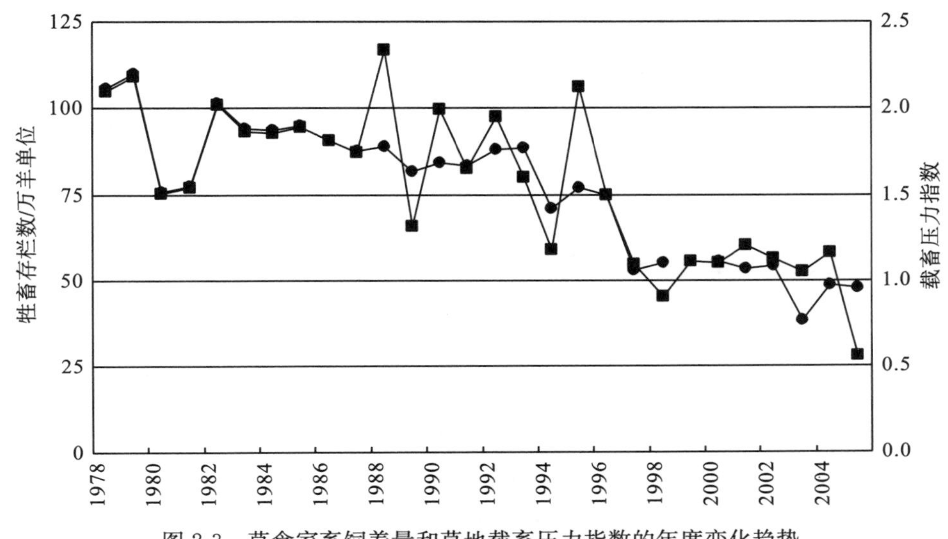

图 2-3　草食家畜饲养量和草地载畜压力指数的年度变化趋势

因此，为减小草地的压力，国家于 2004 年在整个三江源区实行生态移民、以草定畜、围栏建设等生态建设工程，旨在从减压的角度恢复源区草地生态系统的健康演化。

2003 年，生态移民在玛多县扎陵湖乡试点，国家投资 3016 万元，整体搬迁 388 户 1800 人到果洛藏族自治州州府所在地大武镇，禁牧草场 37.2 万 hm^2，减畜量 11 万羊单位(陈洁，2008)。2004 年，辖区范围内的黄河乡和黑河乡的退化天然草地实施围栏禁牧，共减畜量 5.28 万羊单位，其中黄河乡减畜量 1.06 万羊单位，黑河乡减畜量 4.22 万羊单位。这一过程中，国家以户为单位进行饲料粮补助，共投入 246.9 万元，其中，黄河乡 47 户年补助 134.1 万元，黑河乡 376 户年补助 112.8 万元。

截至 2005 年，全县生态移民涉及 1396 户 6166 人，禁牧草场 372689.93 hm^2，减畜量 138014 羊单位。生态移民及其随之而来的围栏禁牧、饲料粮补助，有效地减轻了部分草场的载畜压力。

2.2　生态地位和态势

南方红壤丘陵区农林生态系统和高原草地生态系统属国家生态战略区划的典型重点区域，也是国家重点生态脆弱区，在国家和区域经济发展和生态保护中占有重要的战略地位，如山江湖区是长江中下游河湖密布区、水土流失重点防控区等，三江源区是整个东亚的气候启动区、高寒生物基因库等。为此，明确其在国家生态建设中的地位与生态态势，对理解生态演化的事实与趋势，辨识气候变化和人类活动对生态演化的可能影响，以及应对策略的制定等都不可或缺。

2.2.1 生态战略地位

关于山江湖区和三江源区的国家和区域生态战略地位，现有研究获得了一些一致的认识。山江湖区囊括鄱阳湖和流入该湖的赣江、抚河、信河、饶河、修河等5大河流及其流域，构成一个完整的、相对独立的水系和水陆相地理生态大系统(Lu et al.，2007；Ma et al.，2007)。区内的山、江、湖是江西乃至长江中下游生态环境问题的源-汇-纽带之根本(李长安等，2000)，且山、江、湖和林间关系协调共生(李长安等，2001)，形成“山水田林湖”生命共同体，任何一个环节出现问题都可能影响生命共同体的健康协调运行，生态-经济、环境-发展紧密相连，贯穿着山江湖区域持续发展的始终(Qian et al.，2005)。山江湖的得名，来源于山、江和湖间的有机逻辑关系，即治湖必须治江，治江必须治山，治山必须治穷，即要想确保鄱阳湖的安全，必须加大与其相连的几条江河的流域治理，要治理江河就要在沿岸的山场开展植被恢复，要实现山场的植被恢复目标，就必须将提高农民的福祉放在首位，治穷以减少因生计所需而对山场的压力。

三江源区作为高原草地生态系统的典型，地处青藏高原腹地、青海省南部，因是黄河、长江和澜沧江的源头地区而得名。目前，三江源是中国乃至世界的“生态源”和生态安全制高点(Zheng et al.，2002；Qian et al.，2006；丁忠兵，2006)，它通过黄河、长江和澜沧江将源区的生态环境与东部和全国乃至东亚的生态环境紧密联系在一起，调节和启动着北半球的气候格局，其生态战略地位在于江河之源，高寒生物资源库，全球气候变化的响应、调节与启动区(郑度等，2002；姚檀栋等，2006)，控制着整个东亚的气候格局与气候演变态势。

生态战略地位上，山江湖区影响着长江中下游和中西部地区的生态问题，而三江源区控制和决定全国乃至东亚地区的生态安全，生态战略地位均显独特和不可替代(表2-2)。

表 2-2　山江湖区和三江源区的生态战略地位

山江湖区			三江源区		
项目	表征	地位	项目	表征	地位
流域耦合	众山地、河网、湖泊和地表覆盖间相容共生	体现生态系统的完整性，开发治理的系统论思想	江河之源	河流密布，湖泊、沼泽众多，冰川广布	有助于全国实现人和水的和谐相处
治理-开发统一	山青、水绿、人富，集中治山、治江、治湖间关系的根本理念	有助于山场利用的持续性，经济发展的细条性，农民增收的稳定性	高寒生物资源库	物种分化和分布中心、生物多样性资源宝库和基因库	环境变化最敏感、最完美的载体和自然环境演变过程最忠实的记录者
环境-发展一体	立足生态，着眼经济，系统开发，综合治理	解决源-汇-纽带之根本，附载于社会-经济-生态和环境的框架中	气候响应与调节区	调节大气、水量循环，人类与环境和谐相处的试金石	全球气候变化的被动适应者，也是气候良性演化的主动创造者

2.2.2　生态态势

山江湖区和三江源区的关键生态态势作为生态系统变化解释与适应性调控的先决认知，近年来成为分析脆弱生态系统并制定恢复策略的研究热点，现已做了大量研究。山江湖区的生态问题主要源于历史因素产生的森林覆盖度降低、严重水土流失、生态格局破碎，区域经济贫困等诱发的“人与自然”间的恶性循环(李家永等，1996；Li A.　et al.，2006；褚家永，2008)，加之市场经济驱动的为追求高收益行为的调整，也会对鄱阳湖流域的土地利用格局产生影响，进而在脆弱基底上产生更严重的生态问题(Wu et al.，2006)。另外，土壤退化、生物资源衰减、环境污染加重、湖区血吸虫病区扩大和贫困人群增加等问题(黄秋萍等，2006；李立周，2007；Zhao et al.，2008；Wen et al.，2008)，也伴随鄱阳湖流域生态问题的凸现而日趋严重。但是，目前伴随非农务工工资的提升，务农劳动力机会成本增加，大量农村青壮年劳动力进城务工或居住，从而使得山江湖区的人口压力大大减轻，有助于山场生态环境的正向演化与恢复。

三江源区独特的高寒环境所塑造的独特景观(Wang et al.，2003；郑度等，2004)(如地质历史原始而又年轻，自然条件多样而又严酷，生态系统复杂而又脆弱，生物物种资源丰富且易遭到破坏等)，在全球气候变暖及局地人类活动的共同驱动下，生态环境日趋脆弱，突出表现为：冰川消融、沼泽疏干、草场退化加剧、水土流失严重、江河源头来水量减少，以及草原鼠害猖獗等(Feng et al.，2005；Li X R et al.，2006；唐红玉等，2006)，但源区的主要草地退化格局在 20 世纪 70 年代就已形成，而近 40 年的变化仅是这一基础上的进一步发展或调整(Liu J Y et al.，2008)。

关键生态态势上，三江源区重点防治草地退化(减压恢复)、超载过牧，而山江湖区的山江湖工程则以山场植被的恢复、水土流失治理作为重中之重(集中重建)，如表2-3所示。

表2-3　山江湖区和三江源区的关键生态态势

山江湖区		三江源区	
项目	态势	项目	态势
森林植被破坏	森林覆盖率从新中国成立初期的60%左右下降到20世纪80年代初的31.5%，不少成片天然林遭到滥伐，大量毁林开荒，且木材过量采伐也消耗了大量的森林资源	草场退化加剧	高寒草甸年均退化率由20世纪80年代前的3.9%上升到90年代末的7.6%，高寒草原平均退化率同期由2.3%上升到4.6%
水土流失严重	20世纪80年代初，仅赣南山区，年泥沙流失就达5335万t，流失面积达110万km^2，占其山区总面积的35%以上	水土流失严重	据青海2000年土壤侵蚀遥感调查，源区水土流失面积为9.62万km^2，占该区总面积的31.87%
经济发展贫困	1985年GDP为208亿元，贫困人口为400万以上，经济收入陷入“山光、田瘦、人穷”的荒凉境地	源头来水减少	20世纪90年代与80年代相比，黄河、长江、澜沧江的年平均流量分别减少27%，24%和13%
土壤退化加重	据统计，鄱阳湖区耕作层土壤有机质含量因得不到补偿和水土流失等原因，一般已由20世纪50年代的3%以上，下降到目前的1.5%～2.0%	草原鼠害严重	目前鼠害面积约503万hm^2，占总面积的17%，占可利用草场面积的28%，高原鼠兔、鼢鼠、田鼠数量急剧增多
生物资源衰减	生物多样性破坏十分严重，过去较常见的水生、湿生和沼生植物正在消失或严重退化，底栖动物数量、种类减少，但野猪数量剧增	生物多样性降低	生物多样性受到破坏，物种种类和数量锐减，尤其是源区的藏羚羊、野牦牛、雪豹等动物种群遭受破坏较为突出和严重

2.3　生态退化解释与调控

生态战略地位与态势基础上的退化解释与调控，有助于理解和应对如何恢复、重建退化的生态系统，使其朝着健康的格局演化。关于山江湖区的生态问题和三江源区的草地退化的解释，现有研究已有很多积累，而且在此基础上也开展了一批生态保护和建设工作，并取得初步成效，但面对经济的市场化、气候变化的突变性等，研究在区域性突破上仍需深入开展。

2.3.1　生态退化解释

生态退化的产生都有一定的直接或潜在的驱动因素，而不管是花岗岩红壤丘陵区的山江湖，还是地处高原环境的三江源，文献表明：气候-土地覆盖-人类活动系统在演替过程中遭到干扰失去平衡(Godoy，1984)，或干扰超过原生态系统的调节或恢复能力时，就会导致生态系统的退化或逆向演化(陈小勇等，

2004)，且越是脆弱的生态系统，其抵抗外界干扰的能力越弱(Li X R et al.，2006；郭正刚等，2007)，其遭到干扰后恢复为原有生态系统健康程度的能力越低，即脆弱性强，适应性差。可以说，山江湖区和三江源区的生态退化，实质上是自然环境的脆弱性本底、全球气候变化和区域人类活动影响的共同作用的结果(胡细英，2001；Liu et al.，2008b)。

但是，从近 30 年来的变化情况看，人类活动的扰动居于主导地位，而自然环境的本底格局和全球气候变化则从根本上控制着山江湖区和三江源区生态系统演化的基本态势，如表 2-4 所示。山江湖区 20 世纪 50～60 年代的“大跃进”时期、80 年代山权到户(先分田后分山)等，以及农民为了生计(用材、变卖、用能等)而对山场进行过度索取的行为，如过量采伐、清理林下植被、“低改”等(王成祖，1998)，驱使“山无树，地无皮，河无水，田无肥，灶无柴，仓无米”恶性链条的形成。

三江源区草地生态系统的退化根源于 20 世纪 50～70 年代中期的草畜关系急剧恶化，草场压力过大，超载过牧严重，致使到 20 世纪 70 年代末期草场压力达到最大，草场退化的根本格局已经形成。改革开放以来，尤其是 2000 年以来，外来人口的涌入(如挖虫草、矿产资源开发等)和市场经济与传统文化的影响(如鼠害猖獗、畜群结构调整等)(三江源课题组，2007)，而且近 30 年来三江源区年降水量呈现减少和全球气候变暖趋势也促进了草地生态系统的逆向演化(Wang et al.，2006)。

表 2-4　山江湖区和三江源区的区域生态退化解释

山江湖区			三江源区		
因素	因子	驱动特征	因素	因子	驱动特征
自然本底	砂质、石质基底	植被破坏后很难恢复，水土资源失衡演化，基底环境恶性循环	自然本底	降水较少、植被稀疏等	原始性和脆弱性，植被破坏后很难恢复，加之冻融作用频繁
气候变化	气温、降雨	气温、降雨变化无常，驱动区域植被格局演化，常与作物生长不同步	气候变化	气温、降水、湿润指数	降雨量减少，气温升高，整体气候变化以暖干化趋势为主
人类活动	人口增加、乱砍滥伐	“大跃进”时期的砍伐和毁林造田，山权到户时的利益驱动	人类活动	人口剧增，超载过牧，乱采滥挖	人口增长下片面追求牲畜存栏，利益驱动地采挖沙金、药材等

当然，在自然本底相对稳定、气候变化也相对缓慢(除极端气候外)的条件下，静态的解释能够反映近年来山江湖区和三江源区生态退化的基本趋势，但是现有研究中，针对山江湖区和三江源区生态退化的解释，尤其是对人类活动的影响也是静态考虑得较多，而动态考虑得不足，这将会给生态退化的解释带来很大的偏差。如山江湖区因经济市场化、工农业比较效益居高不下等原因，

大量人口从事第二、第三产业或兼业活动，减少了对山场利用的压力(如用柴、用材、林木销售等都很少)，有利于山场的持续发展和生态恢复(许怀林，2006；Shi et al.，2007)，但同时，由于大量劳动力外出务工，通常老人和妇女带几个孩子，农村劳动力缺乏使得农忙季节焚烧田坎和秸秆现象普遍，进而带来较大程度的火灾隐患或火种很难管理(常出现孩子带火上山的现象)，尤其是2008年较大冰冻灾害后，大量的枯枝落叶在短时间内集聚、干枯为可燃物。可以说，人为活动变化的影响存在双向性，必须动态权衡是正向的影响大还是负面的影响大。

再如，三江源区本身的人口数量并不多，人口即使有一定程度的增长，其本身活动所造成的影响也往往不会超过生态系统的调节与恢复能力(景晖等，2005)。其实，不管是人口增加还是超载过牧，都是源区外人口的需求所驱动，而不是区内人口的增加所造成，如对畜产品的需求(肉、奶、皮等)、对虫草的索取等，就是很好的例子(张志良等，2005)。区内人口活动的增加仅仅作为生态退化的直接原因，背后潜在驱动因素则源于区外人口和市场需求的入侵。

因此，针对人口流动及其行为的变化对山江湖区和三江源区生态退化的影响应有新的解释，而不能单纯地从静态来看。否则，就会出现放大或缩小人口变动对生态变化的作用，甚至将某一方面的作用(正向或负向)给予放大或缩小，进而影响适应性对策的制定和执行。

2.3.2 区域生态调控

生态调控作为减缓或适应区域生态问题而主动采取的调控性对策，近年来日益成为人们研究应对生态问题的主要突破口，即适应性。当然，对于山江湖区和三江源区的生态问题，也主要从如何使农牧民不再是生态恶化的制造和被动适应者，转变为从主动调节与适应者的角度出发，实施系列生态系统的恢复与重建工作，并制定一系列保护资源可持续利用的法规政策。但是，不同生态脆弱区的适应性生态调控对策不尽相同，这就要求适应性对策的制定和安排必须基于区域生态环境的本底格局、生态退化的关键驱动因素和未来格局演化。

为重建山江湖区“山”、“江”和“湖”间的和谐的生命共同体关系，恢复植被，减少水土流失，消除贫困等(胡振鹏，2006)，江西省党委、政府实施了山江湖综合生态治理工程，包括植树造林、消灭荒山、封山育林、小流域综合治理等的建设，基本实现山江湖区生态环境在“保护中发展，发展中保护”的根本目标(李国强等，1998；Guo et al.，2008)。

三江源区为从根本上扭转源区生态恶化的趋势，保护“中华水塔”和高寒生物基因库，体现国家需求，中央有关部门和青海省政府实施了保护区建设、工程调控、生态移民和人工增雨等措施（Wang et al.，2000；Lu，2008），草地资源和野生动植物资源得到有效保护，生态恢复和保护初见成效，牧民生产、生活在这一过程中也获得了很大程度的改善，如表 2-5 所示。

表 2-5　山江湖区和三江源区的区域生态调控

山江湖区		三江源区	
措施	建设成效	措施	建设成效
保护区建设	建立各类自然保护区 44 处，面积达 25 万 hm^2，森林公园 46 个，面积达 20 万 hm^2，最大的井冈山自然保护区面积达 15873 hm^2	保护区建设	20 世纪 80 年代开始，先后建立隆宝湖、可可西里、三江源 3 个国家级自然保护区。总面积达 19.74 万 km^2，占源区总面积的 54%
工程调控	受损生态系统得到恢复与重建，共植树造林 230 万 hm^2，森林覆盖率上升到 60.05%，重度水土流失面积下降到 130 万 hm^2，年均进入鄱阳湖泥沙量减少到 1409 万 t	工程调控	2000 年全面开展天然林保护，2000～2002 年，保护天然林资源面积达 111.82 万 hm^2，各项投资累计达 8067 万元，完成人工造林、飞播造林、封山育林等公益林建设 2.95 万 hm^2
综合开发	综合开发、流域治理、农林体系建设等示范基地（试点）、推广点、综合开发基地和小流域治理样板，形成遍布山江湖的试验示范网络	生态移民	截至 2007 年年底，已有 12611 户、5.9 万名生态移民搬迁进城，住进 43 个移民社区及人口相对集中区
推广培训	建成区域发展中心及 3 个生态农业推广和培训中心，仅近几年，举办各类培训班 1400 多期，培训农民和基层技术人员 12 万多人（次）	人工增雨	截至目前，总共拥有人工增雨点近 80 处，保证已退化的 1000 万 hm^2 天然草原休养生息

从表 2-5 中可看出，山江湖区的山江湖综合治理主要是在政府构建样板、模式和提供成套技术条件下的广大农民的积极参与，而三江源区的生态调控措施更多地以政府主导为主，涉及牧民切身参与的只有政府主导下的生态移民、以草定畜和围栏建设。事实上，生态调控措施都是为尽量恢复与重建一定历史时期，人类活动扰动前的景观格局，提高生态完整性和居民福祉。

山江湖区生态重建工程从一开始就切中了农民的命脉，从治穷开始，进行治山、治江、治湖，走出了一条关系农民切身利益的生态重建路径，当然，为了摆脱贫困，农民参与的积极性相对较高（刘青等，1999；黄国勤，2005），但是，针对具体的参与过程仍可划分为三个阶段：被动参与、自发调节和自觉响应。详细分析可知，山江湖工程的调控和综合开发措施，从一开始就有农民的广泛参与，而不管是 20 世纪 80 年代的山权到户、90 年代的消灭荒山，还是 2000 年以来的退耕还林（Liu et al.，2006；胡振鹏，2006）。虽然，在这一过程中，政府也起到主导作用，但这种主导仅仅提供了环境和示范，农民的参与建设与参与后的受益才是山江湖工程取得今天生态恢复成效的重要力量（阳士提，2001），这也是鄱阳湖流域山江湖生态建设措施与三江源的重要不同。

山江湖工程中的集中型生态重建措施也同样是与南方湿热的气候条件、开放的民俗文化、成熟的市场经济等分不开的，20 世纪 80 年代的被动接受与参与，90 年代至 2005 年的积极参与，再到 2005 年林改后的农民自主经营和自行联营与流转，就是最好的见证与指示(许怀林，2006)。

三江源区采取政府主导源自于高寒严酷的生态基底、特殊的区域民俗文化、落后的区域经济等因素(Feng et al.，2006)，生态恢复与重建采取政府主导的保护区建设、工程调控、人工降雨等措施有利于生态建设的顺利推进，并获得预期的生态成效(Wang et al.，2007)，尤其生态移民和人工降雨措施，成效最为显著，大大减轻了草场的放牧压力，恢复了植被。但这些措施并未从根本上提高牧民利益，其参与的积极性也相对较低、较被动(Liu et al.，2005；马宝龙，2007)。

对此，为从根本上减轻草地的压力，把牧民从传统放牧生产中解放出来，2004 年实行了生态移民，刚性调控牧草关系，拉开了三江源区减压型生态恢复的序幕。2004 年 10 月，玉树藏族自治州治多县就有 56 户 250 多名牧民收起帐篷，搬入当地政府修建的新的定居点。

但是，现有对生态调控的研究仍缺乏有针对性地分析农牧民的参与行为，这其中就存在“决策与执行”的问题，只有农牧民的参与才能解决这一问题，而且可以把农牧民生产实践中的真知或问题反馈到决策层面。一方面，把农牧民生产实践中总结出来的应对或适应生态退化的措施，反馈给决策层，决策层在制定对策时可以将农牧民的应对措施作为决策的重要内容，实现农牧民生产实践的生态学意义，同时，在农牧民生产实践中更容易把决策层的意图执行下去，实现“自下而上和自上而下”的顺畅连通；另一方面，把农牧民生产实践中的不合适行为反馈给决策层，决策层可以有针对性地制定出应对或适应生态退化的措施，实现决策的有的放矢。

2.4 农牧民对生态工程响应

前面的分析可看出，无论是对生态战略地位与态势的认知，还是对生态退化的解释与调控的理解，最后都需落脚到农牧民行为的响应上。农牧民是区域生态活动的主要参与者，也是生态治理措施的切实践行者，政府主导的生态建设工程能否顺利执行，并取得预期成效，关键取决于农牧民对政府所制定的生态恢复与重建策略的响应与参与，但这种响应与参与受制于不同主体间区域民族习俗、不同利益主体间博弈等的共同作用，山江湖区和三江源区的生态建设也不例外。

2.4.1　农牧民参与建设

农牧民对政府主导生态建设工程的响应，首先看他们是否愿意参与该项生态建设措施，这已为很多文献所证明(池泽新，2003；Lucas et al.，2008)，而是否愿意参与又取决于农民最初对生态建设措施能否给自己带来预期经济收益。农牧民贫困和生态恶化之间的恶性环状作用放大了生态和社会问题间的累积效应，制约着山江湖区(赵其国，2006)和三江源区(Arthur et al.，2008)，甚至国家的可持续发展。为此，必须把农牧民从传统落后的生产和生活方式中解放出来，在生态建设措施制定过程中，充分考虑农牧民从中可能得到的获益点，让其对参与的经济预期有可以看得到的蓝图，否则，农牧民从最初就不可能参与政府所主导的生态建设工程，甚至成为措施执行的阻碍者。

对于山江湖区，主要借助山权到户、贴息贷款、林业使用权改革等手段(王晓鸿等，2006)，将农民的参与融入到小流域治理、立体农林复合开发等治穷的轨道上来，而三江源区则主要考虑牧民集中在城镇周边定居、舍饲圈养，实施生态移民、再就业培训(Tan et al，2004；Liu et al.，2005)，如表 2-6 所示。针对生态移民，青海省三江源生态保护和建设工程办认为，目前，在三江源生态保护和建设工程项目覆盖的其他地区，牧民群众自愿要求搬迁的积极性比较高，如为保护黄河源头地区脆弱的生态环境，恢复已经退化的草场生态环境，仅玛多县 2007 年就还有至少 600 多户藏族牧民要求搬迁，进入新的定居点(新华网，2007)。而且，自然保护区建设和封山育林项目的实施也有牧民参与的身影，但这种参与是在当地政府积极宣传和示范带动下所实现的，如 2005 年囊谦县 5600 多名牧民参与到具体的封山育林措施中，建设围栏 12.68 万 m，拉运、栽植补种苗木 94.5 万株、沙棘 40 万株等，有力地支持了生态建设工程的执行。

表 2-6　山江湖区和三江源区生态工程的农牧民参与建设

山江湖区		三江源区	
建设措施	参与方式	建设措施	参与方式
工程调控	山场自行造林、自行管护、抚育和“低改”，封山和公益林区不进行扰动	生态移民	直接参与搬迁，部分还参与搬迁后的生产自救，如培训与再就业等
综合开发	自行进行农林结构调整，维护立体系统的完整性	工程调控	树苗搬运、栽种，围栏修筑，封山看管
保护区建设	不采伐、取材、砍柴等，并防火、禁盗	保护区建设	不进行放牧、取土、挖虫草等干扰

山江湖区生态建设中，农民的参与行为更为广泛(王晓鸿等，2004，2006)，囊括时间更广，参与主体跨度更大，包括从 20 世纪 80 年代山权到户的集体和农民共同参与，再到 90 年代至今的农民、非政府组织(公司、企业等)的参与。但

山江湖工程中的农民参与与三江源区的参与方式有很大不同，这在表 2-6 中也能看到。山江湖工程的农民参与过多地体现在农民的自觉行动中，而三江源工程牧民参与则更多是在政府主导下的被动参与，虽然牧民对生态移民、以草定畜也有很大的积极性，但是，由于其参与需要打断原有的生计来源和生活方式，受宗教习俗的约束很难一时做到，加之移民后的生产、生活方式因语言障碍、文化程度等的制约又很难在短时间内重建。

像家庭联产承包责任制一样，山江湖区 20 世纪 80 年代初的山权到户，给农民参与山场经营带来了很大的奇迹，而当时山场采伐量多且频繁，造林成材慢，导致采伐超过了造林所带来的效益。90 年代左右的贴息贷款造林更促使农民投入到消灭荒山、农林综合开发、小流域治理等综合生态建设工程中(傅云，2005)。这一时期，山江湖工程中，农民通过实践创造出很多健康的生态重建模式：小流域综合开发治理、红壤丘陵区立体开发、山地生态林业规模经营、南方水田农林复合型生态经济、南方农区草地资源开发、大水面综合开发、湖区治虫与治穷结合开发、沙土治理开发、生态市规划和建设等(刘青等，1999)。2005 年的林业使用权改革，更为农民参与企业扫除了制度上的障碍，农民山场经营区内可以通过联营、转让、租赁、入股等方式参与生态建设，大大盘活了山江湖区山场林地使用权和经营权，有效地整合了资源要素，促进了多主体投入山场生态建设，激发了蕴含于山场生态建设过程中的生产力。

但现有关于农牧民参与政府主导生态建设工程的研究，过多从表面上认知生态建设措施和农牧民参与间的关系，并未获得农牧民参与或不乐于参与的背后潜在机理性驱动机制。如山江湖区的生态建设工程存在怎么让农民放心参与，如何创造宽松环境实现生态恢复与重建的共治等问题？从山江湖生态建设的实践和涌现的创新模式中可看出，农民参与已被放在了重要位置，且农民参与的积极性也相对较高、较主动(李娅等，2007；刘克春等，2006)。

三江源区的生态移民，也不单单就是牧民定居城镇或新居点，让草地重新休养生息，牧民们也必将考虑移民后的生计重建、就业安排等一系列社会经济问题(Yang et al.，2004)，新生计来源的重建不能仅仅依靠移民搬迁安置费，这样，新生计来源渠道的重构需要一个相当长的过程，尤其是再就业对迁出的牧民和地方政府来说，就是摆在面前的一大难题，而且，改变牧民根深蒂固的用牲畜数量来衡量自己所拥有财富的习俗，也需要一个长期的过程(Dong，2004)。

当然，生态恢复与重建所带来的生态系统宏观结构的变化，必须朝有益于农牧民生产、生活的方向发展，尽量将生态建设所可能取得的经济效应均衡于不同利益主体之间，否则，农牧民也不乐于参与或参与的行为不会持久，有的甚至也会作出有悖于生态恢复与重建初衷的行为，给已经或正在恢复与重建的生态系统带来很大的危害，这已被以前的参与行为所证明。

2.4.2　农牧民参与收益

区域生态战略地位的维持、退化生态态势的改善和适应性应对策略的实施等，都是在农牧民参与后获得收益的前提下才得以持久，并朝着更为良性的方向发展。众所周知，没有达到预期收益的农牧民行为是不会持久的(谭淑豪等，2004)，生态建设中涉及众多利益主体，不同利益主体间的博弈和矛盾永远都会存在，关键是看如何协调经济效应在不同利益主体间的分配，使其不至于出现利益过度倾向某一方主体，而其他主体利益受损的局面(汪兴玉等，2008)。

按照目前移民安置补偿标准(没考虑牧民家庭人口和牲畜数量)，三江源区生态移民实行搬迁户在补偿期限 10 年内保留原来草场使用权，并禁止放牧活动，且每年每户获得安置补偿费最多 8000 元(马玉成，2007；王小梅等，2007)，如表 2-7 所示。考虑到没有牲畜后的生活着落，以及迁出 10 年后的生活来源等问题，牧民特别是人口较多的常常不愿迁出，而这些牧民家里一般牲畜较多，是主要的草场压力户(绽小林等，2007；陈洁，2008；王小梅等，2008)。愿意迁出的牧民一般是人畜较少，或考虑国家补助与放牧的年收益相当，或生活较懒的牧民，迁出后的补助收益较放牧还要多。更有甚者，部分牧民迁出获得国家补助和提供的住房，而牲畜仍然由自己的亲戚、邻居或弟兄在原有的草场上放养，致使草场压力并未减轻，有的甚至加重了。

山江湖区农民的参与收益，从生态建设工程本身的历程中能够看出，如山权到户时的自行收益、国群合办或集群合办收益，消灭荒山时的贴息贷款和农林复合立体开发收益，林业使用权改革后的联营、买卖收益等(中国 21 世纪议程管理中心，1991)。

但是，对比三江源区的牧民参与收益渠道，山江湖区的农民参与收益更为稳定和广泛，而三江源的建设参与则相对狭窄，且受政策变动、牧民间差异的影响，变动性较大(崔延虎等，2006)。山江湖的农民参与收益，除自行收益外，还包括国群合办、联营、入股、租赁，以及贴息贷款、用柴、用材等，三江源除安置补偿外，还有安置房、畜棚、学校、医院，以及对移民进行转产就业前的培训、职业介绍等(Liu L et al.，2006；马茹芳，2006)。

经过山江湖工程近几十年的建设，目前，鄱阳湖流域社会经济快速发展，群众生活水平大幅度提高，资源利用率平均上升 5～10 个百分点，粮食增产 5%～10%，农民增收 20%以上，600 多万人口摆脱了贫困(陈美球等，2006)。更为重要的是农民参与收益的提高，也为山江湖区广大农民参与可持续的水土资源利用与保护提供了样板、模式和成套技术。当然，在这一过程中，农民参与也存在收益不公的问题，如国群合办一般山价分成，而村集体作为群众的代表，首先抽取部分管理费，剩余部分再按人口多少均分给农民，结果挫伤了农民参与的部分积极性。

表 2-7　山江湖区和三江源区生态工程的农牧民参与收益

山江湖区		三江源区	
收益方式	收益渠道	收益方式	收益渠道
价值收益	自行或联营收益，或国群合办、集群合办收益，贴息贷款，农民还本，林业部分付息，买卖山场收益	价值收益	安置补偿 8000 元/(户·年)(期限 10 年)，移民资金补贴
实物收益	田、水、路、林和村的综合治理，用材(做家具、建房等)、用柴方便，且房舍和田坎也得到保护	实物收益	提供安置房、畜棚，配有学校、医院及道路、给排水等基础设施，草场丰腴
参与培训	模式推广与示范培训	就业转产	提供就业岗位，二次创业技术培训

对于山江湖区的山江湖综合治理工程，尽管很多研究已从利益最大化的角度分析了山江湖工程中的农民参与收益，但这一收益忽略了收益背后所可能出现的隐性生态问题，如大概率、小概率外部不经济性等，而如何规范农民为追求利益最大化而进行的参与行为，如山场的粗放经营、“低改”、火灾隐患管理、山场联营与流转等，仍是未来所要优先考虑的问题。

三江源区的生态移民，现有研究或政策决策过多地强调镇域或县域范围内的迁移，而大区域跨县范围内的牧民迁移很少涉及。而且，在牧民从何处移，搬向何处去，移民后干什么等方面，均认识不足，尤其是牧民对移民本身的认识，以及移民后可能出现的对自身不利的影响，涉及更少。加之没有从根本上考虑解决移民的脱贫致富问题，存在少数移民回迁的现象，难以达到“搬得出、稳得住、能致富”的目的。在很多情况下，生态移民最易解决的就是“搬得出”的问题，“搬得出”很容易画出一个“。”，“稳得住”大多是一个“?”，而“能致富”则往往更是一个“……”。

因此，政府主导的生态建设工程，必须考虑建设所可能达到的生态经济恢复与重建的稳定而持久，而不是快速短暂，速战速决，这其中就要着重考虑参与主体农牧民的收益问题。因为，农牧民常常尽可能从自家收益最大化的角度适时参与，而不可能站在区域乃至国家生态需求的高度，积极为生态恢复或重建参与政府主导的生态建设工程。

第3章 研究方案设计与材料方法

本书拟通过参与式农村评估获取关于江西山江湖区泰和县、井冈山市、兴国县、宁都县的农民在山江湖生态建设工程中参与山场管理的信息，以及三江源区玛多县的牧民参与生态建设中生态移民的资料数据，对比分析两大生态建设工程中农牧民对政府主导生态建设的参与响应，农牧民在从生态建设中获得收益后的自发参与响应，以及为更好适应生态恢复与重建的农牧民参与响应的适应性行为调整，这些均贯穿于农牧民被动参与—主动参与—自觉适应的生态恢复与重建链条中。

3.1 方案设计

3.1.1 基本思路

本书主要涉及如下三个方面。

1. 农牧民对政府主导生态建设工程的响应：被动参与

借助参与式农村评估获取的农牧民认知资料已出版历史文献、报告等，分析山江湖区和三江源区近年来所制定的与农牧民直接有关的生态移民、山场管理等措施，以及农牧民对这些生态措施的理解及其在具体生产、生活中的执行行为，找出农牧民对政府主导的生态建设措施响应的不同，识别背后潜在驱动因素。生态建设工程源于生态退化达到一定程度的政府主动适应，而农牧民则在政府主导的初期通常被动响应参与，但生活在不同生态类型、民俗文化、经济市场化程度中的农牧民，其响应参与的程度、意识及其对生态建设工程的理解会有很大不同。

2. 参与收益后农牧民参与响应的自发调整：主动参与

通过对农牧民参与生态建设后获得的收益分析，结合其被动参与生态建设的过程，理解农牧民参与生态建设收益后的参与响应变化，对比山江湖区的山场管理和三江源区的生态移民中，农牧民获得参与收益后的参与响应程度的变化。预期收益作为农牧民持久、良性参与生态建设的根本目标，控制着农牧民参与行为的自发性。山江湖区的农民和三江源区的牧民也只有从被动参与中获得预期收益后，才能主动地自发调整自己的参与行为。农牧民主动参与是生态建设工程深入发展的首要前提，也是其自觉适应生态-经济发展态势的开端，以最初的参与收益为前提条件。

3. 农牧民参与响应的适应性自觉行为调整：自觉适应

利用上述分析结果和数据，识别山江湖区和三江源区现有生态建设工程在农牧民参与响应方面存在的问题，查明外部不经济性产生的原因和可能产生的危害，理解农牧民对生态建设的预期及其对未来的想法，厘定基于政府主导的农牧民参与生态建设的适应性行为调整。弄清农牧民对生态建设工程的自觉适应，有助于从根本上解决生态-经济间的冲突，这也是生态建设所必须考虑的重中之重。通常，农牧民的自觉适应蕴含在与政府主导的生态措施的博弈当中，离不开政府和自身行为的相互适应性调整，而且，这部分研究对验证前两部分的结果有重要启示性。

3.1.2 预期目标

对比山江湖区和三江源区政府主导的生态建设工程中农牧民的参与响应，找出在不同生态系统类型、文化习俗、经济市场化程度等方面共同作用下，农牧民对政府主导生态建设工程的理解及其适应生态-经济变化的行为预期与可能调整。本书以山江湖区和三江源区的生态建设过程中，分别与农牧民切身利益有关的生态移民和山场管理投入为切入点，通过对农牧民参与行为变化轨迹的量化，分析农牧民在政府主导的建设初期是如何被动参与响应的，在获得初期的参与收益后，其参与响应又是如何变化的，以及农牧民在其参与过程中的主动适应性行为又是如何调整的等。根据上述山江湖区和三江源区农牧民参与行为的对比，分析产生农牧民参与行为差异的背后潜在驱动因素，为未来政府制定合适的生态适应性策略和农牧民参与行为的合理调整提供理论基础。

3.1.3 拟解决的关键科学问题

根据本书的基本思路、预期目标，拟解决如下关键科学问题：

(1)针对生态建设工程初期，分析农牧民的参与响应程度，以及建设工程本身在有益于生态恢复与重建的同时，是否有利于在短期内实现农牧民增收的目的；

(2)理解农牧民从最初参与生态建设中获得预期收益后的参与响应变化是朝好的方向发展，还是相反，识别驱动这一变化的潜在因素，及其具体的驱动过程与轨迹；

(3)分析农牧民对适应性生态建设参与响应的预期和想法，进行政府和农牧民间的适应性调整，构建合适的“自上而下和自下而上”连通的农牧民参与生态建设措施的对策框架。

3.2 技术路线

基于上述基本思路、预期目标和拟解决的关键科学问题，本书研究制定了如下技术路线，如图 3-1 所示。

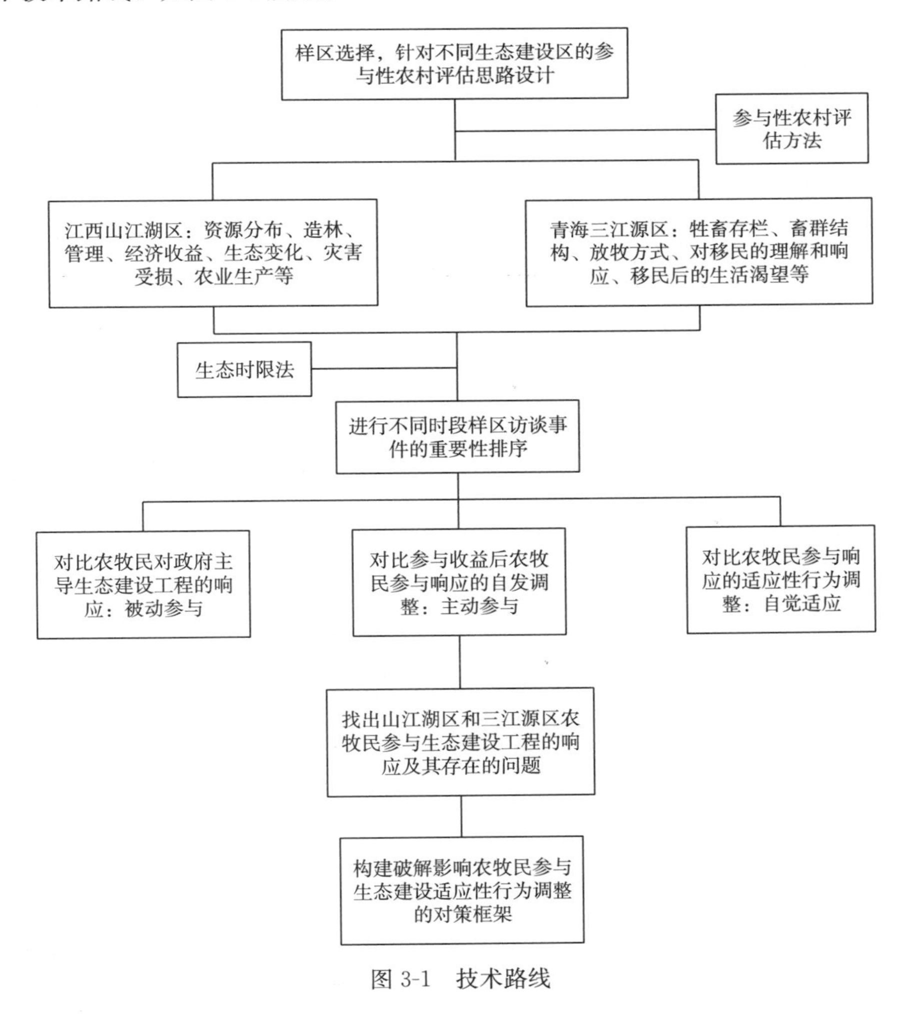

图 3-1　技术路线

3.3 数据来源

3.3.1 参与式农村评估

参与式农村评估(participation rural assessment)，作为对目前无法通过正式调查技术或某种方法收集的数据而使用的一种辅助方法，现已被众多学者所接受，并认为是一种有效的数据采集方法(Maalim，2006)。通过该方法收集到的资料数据可信度高，有助于人们对研究问题的深入了解和认识。该方法通过和样区内的当地相关人员的启发式访谈，获取研究所需的相关信息。但是，会谈前必须确定主要访谈对象，设计好会谈的主题，如需要解决的关键科学问题是什么?哪些人对这些科学问题较为熟悉?而且调查者必须掌握一定的诱发技巧，以便引起访谈对象的谈论热情，避免敏感问题，避免受访者因认为自己身份低下而自卑(注意语言、穿着、态度等)而不想接受访谈或影响访谈进展，以得到全面、准确的资料数据(Shackleton et al.，2002)。

通常情况下，在一定访谈主题和拟定提纲范围内，向被采访者进行开放式提问，有时需要启发式引导，但整个采访过程又不局限于单一狭窄主题，而是围绕主题让农牧民在和谐的气氛中发表自己的看法，并提出自己的愿望预期，以及对目前存在的问题提出自己的想法(Malley et al.，2006)。该方法集中了调查者与被调查者共同参与信息收集、问题分析和决策设计等优点，运用不受场地的限制，既可在农牧民家中，也可在田间地头、草场牧地或生产工地。本书具体做法如下所述。

1. 江西山江湖区

通过对不同地貌景观类型的设计，进行受访谈村庄和农民的选择，但入户方式、入户地点和受访农民的类型不拘一格。入户方式既包括单一农民访谈，也包括多户统一访谈；访谈地点有农民家中、田间、山场和林木加工地；访谈户型有农民、村林业管理员、原(现任)村干部、林业站工作人员和乡(镇)政府干部。但不管采取什么样的方式，访谈目标只有一个，就是要找到对近30年来的山场变化状况，以及农民如何参与山场生态建设，又是如何从中受益的等方面的知情人。2008年3月25日～2008年4月24日，作者对山江湖区4县(市)进行了直接的参与式访谈，访谈人员直接到农民生产、生活或工作的地方访谈，而没有地方政府的参与或配合，访谈内容涉及村庄山场资源分布、造林、经营管理、经济收益、生态变化、冰冻灾害受损、农业生产等。

2. 青海三江源区

使用中国科学院地理所三江源课题组于 2006 年 8 月 1 日～2006 年 8 月 30 日和 2007 年 7 月 15 日～2007 年 8 月 15 日的两次野外考察资料(三江源课题组，2007；芦清水，2008)，主要涉及牧民访谈、牧业政策中的政府和牧民行为的变化，以及现有资料文献的相关研究结果和描述。但与山江湖区所进行的方式不同(绕过当地政府的参与，直接进行农民访谈)，此次访谈是在当地政府的配合下展开的(因语言障碍显著，牧民分散，且主要采取沿主干公路随机访谈能遇到的牧民，可选择性较小)，因为草原站干部对当地牧民、草地、生态移民等较了解。访谈分为 3 个时期，内容涉及牲畜存栏、畜群结构、放牧方式、对生态移民的理解和响应、移民后的生活渴望等。

由于三江源区生态移民所发生的区域地貌类型相对单一，地形起伏也不大，草地分布和牧民扰动因地形、地貌方面影响的变异性不明显，调查并未进行地形、地貌间的简单区分，且牧民聚居分散，牧民结构也相对单一，适合逐个牧民访谈。玛多县地广人稀，交通不便，牧民访谈采取沿汽车行驶沿途区，随机选择调查对象的方式进行调查。当然，在入户方式、地点、户型等方面也较山江湖区简单得多，入户方式通常为对单一牧民进行，而对多牧民统一访谈则较少。访谈地点也较多选择在牧民家中，而在牧民放牧地或其他活动中的很少。访谈牧民类型也主要是一般牧民，很少遇到牧区乡村干部。因此，三江源区的牧民访谈相对简单，很少涉及访谈地点、群体、群型等的变异，而山江湖区就有很大的不同，下面重点详细介绍在山江湖区的具体做法。

3.3.2　调查景观、村庄和农民选择

1. 调查景观设计

山江湖区的农民访谈主要根据地貌的起伏状况进行景观单元的划分：山区、丘陵区、开阔的河谷盆地区(图 3-2)。不同地貌景观单元塑造出异质的景观格局，而农民行为则根据地貌景观格局的特点进行着响应或作用，即适应、改造或重塑。在农民访谈时也发现，在不同的地貌景观格局下，不管是植被景观格局、生态变化、管理模式、山场投入等方面，还是农民意愿与偏好、经济收益、不经济性行为胁迫等都有很大不同。而且，就是在相同地貌景观单元内，农民参与行为的响应与作用也要看山场上的林木成不成材(经济收益)，或即使成材，但收益权归谁。

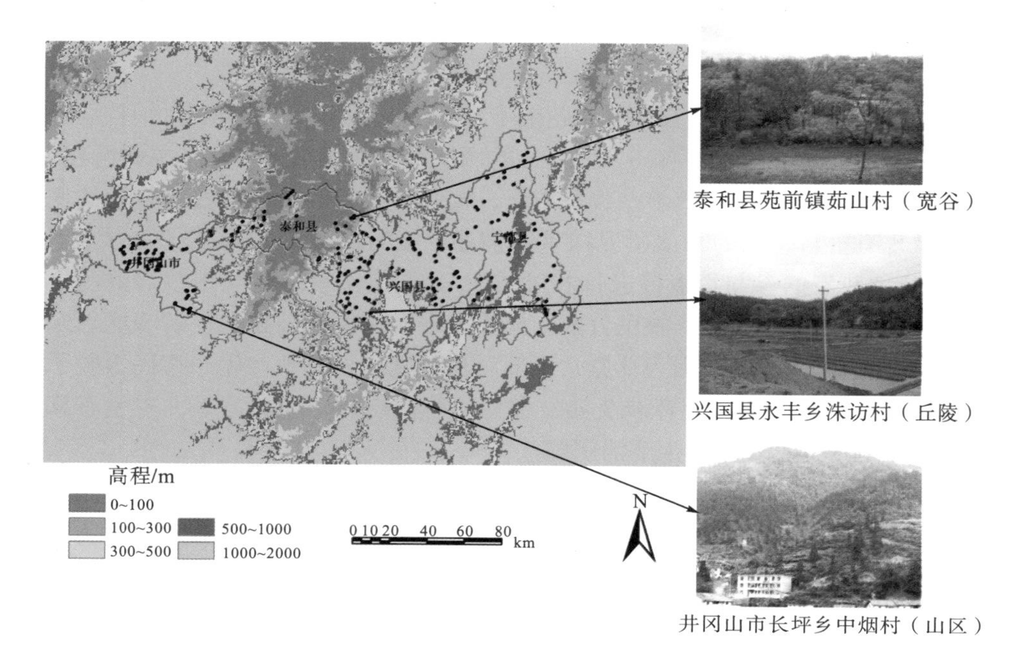

图 3-2　山江湖样区的访谈空间村分布

同是山区，如果山场林木不成材，或山场林木即便成材，但收益不归农民享用，农民就可能不会对山场进行投入、管理，或根本不关心山场的生态建设，更有甚者可能会做出对山场有不经济性的外部行为。然而，倘若山场林木成材，且成材后也归农民享有，农民的投入、管护等方面的积极性就会大大提高，山场生态、收益等方面的变化也就会截然相反。当然，丘陵区和开阔河谷盆地区也都存在这种情况。另外，在进行地貌景观单元选择时，通常临近相同单元不进行重复选择，即使重复，也在村庄和访谈农民的选择上作适当调整，以提高访谈结果的代表性，这样，访谈村庄、户数等也不会集中在某一区域，减少相同单元内的访谈时间，提高访谈效率。

2. 访谈村庄选择

山江湖区访谈村庄选择的原则要兼顾主要的地貌景观单元类型、植被分布的非均一性、交通可通达性等特点。研究目的决定了村庄选择主要展现在丘陵和山区，因为只有这些区域才能体现出山江湖生态建设工程的成效、农民收益及其参与行为的响应，如造林状况、经营管理、经济-生态效应、冰冻灾害的受损和农业生产等。而开阔的河谷盆地区的访谈则可理解为丘陵、山区上游的生态建设成效对下游开阔河谷区农业生产稳定性(如旱涝、水土流失等)的作用，应考虑到当地农民对这一作用是如何响应与参与的，参与收益后的行为又是如何调整的。

同时，在具体选择村庄时，要考虑到选点散布的均一性和植被的非均一性分布。就山区来说，我们不可能集中在一个乡(镇)选择很多村庄，而在另一个乡（镇）则选择很少，通常在不同村庄考虑植被分布、山场林木成材或经营管理的非均一性，如有的以毛竹为主，有的是湿地松，有的是杉木或油茶，而有的毛竹和油茶进行了“低改”，有的没进行，有的山场成材，有的不成材等。另外，我们访谈时也正值山江湖区的雨季，这时村庄的选择也必须考虑雨季交通的可通达性，如滑坡、塌方、泥石流等灾害，有些村庄甚至用最简易的交通工具也不能到达，在考虑到雨天安全的情况下，部分村庄也就未能采访。

整个访谈过程中，除了短距离车不能通过而可以徒步的以外($<1.5\ km^2$)，我们共使用了 5 种交通工具，如越野车(千烟洲站的)、摩托车(千烟洲站上工人的)、面包车(中龙乡和宁都县农民的)、出租车(泰和县、井冈山市、兴国县的)、农用机动三轮车(宁都县东韶乡汉口村农民的)。在访谈中，我们遇到如下情况时就不得不调整我们对村庄的选择：村落找不到农民，有的即使能找到农民，但其对要访谈的内容知之甚少，或知道一些但又表达不清，甚至根本听不懂。

由于外出务工人员较多，很多在家里的是老人、妇女和儿童(所谓的“386199 部队”)，春耕季节他们经常到山场劳动，村里找不到农民(都锁了门)。而有些农民即使了解但表达很不清楚或听力不好，如上了年纪的老人等，还有部分根本就不了解山场的事，甚至不知道自己家有几亩田，如妇女等(“女主内、男主外”的习俗决定的)。当找不到其他农民，或找不到对访谈内容了解且表达清楚的农民，我们只有考虑到邻近村庄开展访谈。

3. 访谈农民选择

农民是山江湖区访谈的主体，不管是在地貌景观单元设计、受访村庄选择，还是入户方式、访谈地点及户型等方面，都是围绕农民访谈进行的。农民对访谈内容的认识存在较大的个体差异，但一个村子的基本情况是可以从一户或几户农民那里获得的，包括近年来山场变化，如哪个阶段进行了大规模造林，如何管理，政策变化，以及它们之间的耦合作用对山场环境的影响等；山场栽种及后期管理投入与收益，如如何清理、栽种、管护等，油茶、毛竹如何进行“低改”，湿地松如何进行割脂，生态状况又是如何变化，以及冰冻灾害与农民管理行为的关系等。我们知道，同一个村落甚至邻近村落的农民都是互相认识的，他们通过集镇进行商品交换，不同村庄联姻、串门，田间劳动，休息或娱乐等简单或朴素的方式进行着有关村庄近年来变化的信息交流与沟通。

访谈过程中，针对一个村庄，我们必须找到多于一户的农民，他们对本村山场变化、投入阶段、参与行为、农业生产、管理投入、收益分配等方面的情况都很了解，以及对这些情况间的关系也有深刻认识，且表达清楚，只有这样，我们才能完成一个村的访谈任务。如果没能找到的话，我们就会把这样的村作为无效村庄，而会在这个村庄的邻近村继续访谈。这样，访谈一户最多用时3.5 h，而最少用时也达40 min。如此访谈获得的信息量是非常巨大的，而且非常真实。

在具体农民的选择上，我们首先从性别、年龄、文化程度，以及交谈过程中的具体情况进行筛选。访谈过程中发现，留守妇女在家中一般不管事，对访谈内容通常一无所知，也不关心。年纪大的老人(80以上的)，有些对访谈内容认识很深(山场的整个变化都历历在目)，表达也清楚，想法也较为独特，但更多的是表达不清楚或听力不好，无法进行顺畅交流。而年轻人(特别是40岁以下)，有些对访谈内容有很清楚的认识，而且知道一些农民的现实需求、现实政策需要怎样完善等内容，如山场管理模式、农业适度规模经营等方面配套政策，但更多的是，他们对访谈内容中所涉及的过去信息不甚了解，如有的那时还小，有的长期在外地务工等。

对此，访谈中对农民的选择主要集中在40～75岁，这部分群体对访谈内容非常了解，而且在表达交流上不存在任何问题。另外，在访谈户型的选择上，我们完全是随机访谈，而不是专访村庄林业管理员、原村干部或现任村干部，很多都是随机偶然遇到的，或在对农民进行访谈时，林业管理员或村干部也聚集上来，这样就会一起访谈。当然，村干部或林业管理员对山场的生态建设了解和认识要比一般的农民要清楚些，但农民对如何管理有亲身体会，说起来栩栩如生。农民访谈的随机性还体现在，倘若农民对访谈内容一无所知，或知之甚少，或表达不清等，我们都会在村子里随机访谈下一户，直到找到一户对山场生态建设、参与响应等了解清楚的为止。

3.3.3 调查入户方式、地点和户型

1. 访谈入户方式

山江湖区的访谈入户基于农民的生产或生活习惯(如饮食、劳动、娱乐等)、村落聚集形态(如独户、聚居等)、田块分布格局(如集中连片、零星分布等)等进行，采取单一农民走访和多户统一访谈(图3-3)的模式。单一农民走访主要基于单户，这时农民通常单户独居、田块零星，农民在家中吃饭、做家务或在田间劳动等，而多户统一访谈则基于单一农民访谈的思维，利用农民聚居、田块集中等优势进行，这时农民通常在一起聊天、劳动、娱乐或进行信息交流等。

实际访谈中，更多是在进行独户访谈时，又有很多村民集聚过来，这样单一农民访谈也就变成了多户统一访谈。单一农民走访可获得近年来山场林农生产、相关政策、生态变化、农民受益等方面的认识，而多户统一走访则可在多户争论过程中，获得上述材料的均衡认识。通常农民对某一访谈内容有不同看法，而单户的表达能力、知识文化水平，以及平时对农林生产实践的关注等方面都有很强局限性或异质性，多户的认识相对全面，且认识较为深刻，解决问题的办法较为客观。这样他们就会对同一内容进行争论、补充等，最后得出他们对访谈内容的共同认识。

2. 访谈入户地点

基于农民的生产实践，访谈地点不拘一格，除了采用直接入户访谈外，还采用田间访谈、山场访谈、村(乡)办企业加工地访谈等形式(图 3-3)。访谈时间为 2008 年 3 月 25 日～2008 年 4 月 24 日，而这段时间正值山江湖区农村春耕农忙之时，农民忙着施肥、耕田、排灌水、育秧、插秧等生产工序，而且农村青壮年劳动力外出务工较多，在家的仅是老人、妇女和儿童，除了雨天，直接入户访谈是很难进行的，家中找不到人，都在田里劳动。这时，我们就要到田间、山场进行访谈(农民一边劳动，一边与我们聊天)。田间访谈可以获得直观的山场林木、生态变化、农业生产，以及农林间关系的感官认识，而山场访谈是农民将我们直接带到他们的责任山、自留山或其承包的山场上，介绍近年来的山场变化、收益情况、生态环境、相关政策实施等，以及 2008 年冰冻灾害所造成的影响程度。但是，由于访谈地点与农民的生产劳动地相叠加，在访谈时，访谈者就要找准很好的切入点，即受访者较为感兴趣的谈话点，否则，受访者感觉访谈的内容与自身无关或关系不大，甚至觉得不可能给自己未来的生产、生活带来好的预期，而不予配合。换句话说，此时对访谈者本身的要求较高，即从受访者可能最关心的利益点入手，再向外延伸，联系到本次访谈主题。

另外，还有部分留守人员利用空闲在村(乡)办就地原材料加工厂做工，在这里进行访谈，除了可以了解农民的上述情况，还可以获得农民山场的管理模式、收益方式、村(乡)办企业或引进企业的缘由，山场林木就地粗加工后的价格变化。加之田间和山场访谈可以直观地认知村庄周围的一些基本景观特征，如地貌格局、土壤质地、水土流失、田块大小、人均耕地、山场状况等，从而对农民的回答有感官判断，有助于辨识从农民那里获得信息的真实性。

(a)泰和县禾市镇景丰村(单一农民访谈)

(b)井冈山市大陇镇源头村(入户访谈)

(c)宁都县赖村镇石街村(田间访谈)

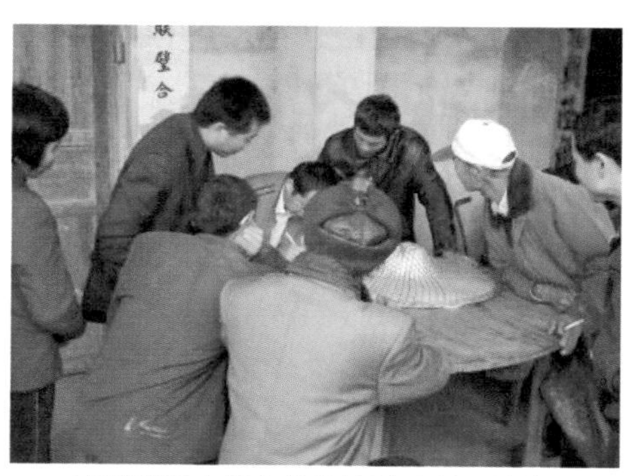

(d)泰和县上模乡高芫村(多户统一访谈)

(e)泰和县桥头镇店前村(加工地访谈)

(f)宁都县黄陂镇大湖村(山场访谈)

图 3-3 山江湖样区入户访谈地点

3. 访谈入户类型

不同农民群体因其在社会中所处的角色、文化背景、生活阅历、利益攸关等方面的不同，而对统一访谈过程中的内容常常会有不同的看法或偏好。为全面了解山江湖生态建设工程实施以来所产生的效应，以及农民参与和行为对这一效应的响应，整个建设过程中的政策取向，农民受益及偏好等，本次农民访谈的入户类型涉及农民、村林业管理员、原村干部、现任村干部、林业站工作人员和乡(镇)政府领导(图 3-4)。农民直接访谈可以了解在没有地方政府介入的情况下，农民对近年来山场植树造林、生态变化、经济收益、农民行为、现行政策、受灾情况等方面的认识。这样，农民在接受访谈时没有什么后顾之忧，不会对访谈内容再三考虑，也不会想这样说会不会有什么不妥，甚至受到处分。访谈随心，获得的农民的认识也较贴近真实。

(a)兴国县良村镇约口村(农民访谈)

(b)泰和县桥头镇店前村(村林业员访谈)

(c)泰和县老营盘镇林业站(林业工作站工作人员)

(d)泰和县小龙镇苏莱村(原村干部)

(e)泰和县小龙镇瑶岭村(现任村干部)

(f)井冈山市葛田乡(政府领导)

图 3-4　三江湖样区入户访谈类型

村林业管理员对山场变化、管理、周围环境状况、山场受损情景等的认识非常清楚，有的甚至能将管理方式的断面图绘出(立体造林、造林垦扶、“低改”等)，且归纳的条理性很强(如造林阶段划分、造林投入、收益模式等)。原或现任村干部对以前或目前全村的上述信息变化比较了解，尤其是对不同阶段山场林木栽种、管理模式、利益分配、农林关系等方面，可以站在村甚至农民的角度考虑如何适地适树造林、外来树种引入的利弊等。林业站工作人员和乡(镇)干部对全乡(镇)的林业生产状况比较了解，对山场生态变化、农林关系、受灾状况等比较熟悉。

但是，不管是哪种类型的受访者，他们对整个山场变化的把握都是很有限的，且受不同利益主体间追求利益最大化的目标所驱动，他们不可能完全从科学的角度展开造林和管理(如引入湿地松、毛竹“低改”等)，各自单独的访谈也不能对近年来山场变化、周围生态环境状况、山场管理模式、农林关系，以及变化和存在问题的机理做出清楚的分析，而这些基本可以从归纳综合各自的理解和认识中得到解释，尤其是生态变化、农民行为和收益分配间的关系。

3.4 数据分析

山江湖区参与式农民访谈涉及 61 个乡(镇)、181 个村、508 户，其中，泰和县 15 个乡(镇)、44 个村、146 户；井冈山市 15 个乡(镇)、36 个村、78 户；兴国县 15 个乡(镇)、53 个村、155 户；兴国县 16 个乡(镇)、48 个村、129 户。访谈覆盖 4 个县(市)的主要地貌景观区，不论从调查景观、村庄和农民选择，还是调查入户方式、地点和户型来看，访谈收集到的数据都具有较强的代表性。而且，参与式访谈不是采取发放问卷再回收的方式进行，而是访谈人员手持问卷将问题逐一与受访农民交谈，且依据村庄、农民选择的方法，问卷就不存在无效问题。

三江源区共访谈牧民 151 户，而根据调查设计，考虑到调查户主必须为成家 25 年以上的牧民，文中使用的有效调查户数为 102 户，因为，只有这些牧民才有可能了解其所生活范围内的草地状况的变化，以及各变化阶段牧民行为的差异与适应性调整，尤其是 20 世纪 70 年代末至今的草场变化。

但是，针对不同区域的特点(山江湖居住集中、语言障碍性低、农民文化程度相对较高等，而三江源区牧民则刚好相反)，山江湖区采取不定项问卷和启发式访谈方式，在问卷设计、村庄选择、入户方式、户型筛选等方面严格按照随机原则，而三江源区则使用启发式访谈为主，对牧民聚落、入户类型和方式等没有考虑的余地，即地广人稀、语言不通，很难找到对调查内容较为了解的牧民。而且，对山江湖还区分不同地貌对山场环境、植被分布、环境变化、农民行为等的影响，三江源区虽然海拔较高，但地势起伏不大，地貌景观的差异性就没有体现。

另外，对于山江湖区访谈过程中的农民要求年龄为 40～75 岁，他们不仅对访谈涉及的过去信息较为了解，还对未来需求、现实政策需要怎样完善等内容有一定想法。三江源区因工程实施期限较山江湖区短，加之能表达清楚的牧民又不好寻找，对其年龄的要求为 25 岁以上。再者，山江湖区是在没有地方政府的配合下完成的(哪怕是小组长)，农民没有什么后顾之忧，不会对访谈内容再三考虑，也不会想这样说会不会有什么不妥，甚至受到处分。三江源区因牧民分散、语言不通而必须在当地牧业部门的带领下才能开展。在问卷时间安排上，山江湖区因随机农民的个体差异，访谈时间也相差悬殊，最长的访谈时间为 3.5 h，少的不到 20 min 就可结束(视为无效访谈)，三江源区牧民间差异不大，且访谈是在向导翻译的情况下展开的，访谈时间均在 1.5 h 左右。

本书因主要采用的数据基础为参与式农村评估方法获得和查阅现有已取得的科学认识，为此，在数据分析上，首先，依据江西山江湖区和青海三江源区的生态建设特点，以及被调查农牧民对生态建设的认知、表达和未来预期，剔除无效问卷。江西山江湖区的访谈因在村庄和农民的选择时均是随机抽取，共访谈 508 户，而且，针对访谈农民一开始就较为注意他们对生态建设的知情状况、是否能表达清楚、是否能听得懂被调查人员的访问、对未来是否有好的预期等，加之问卷是逐一、逐问题询问填写，不是调查人员分发问卷后，农民自行填写再回收的形式，因此不存在无效问卷。青海三江源区的访谈因生态建设时间短、生态退化时间长、语言障碍及居住分散等，仅访谈 151 户，尽管访谈方式与山江湖区一样，但仍需把不太知情的牧民剔除(牧民难寻找，总想找到一户就进行访谈)，有效问卷比率仅为 67.55%。其次，将访谈结果与主要生态建设事件(政策)相链接，并按时间先后标注在一个数轴上，生成生态时限图，进行农牧民对生态建设的生态经济效应认知的识别和分析；最后，因农牧民对访谈问题的回答有很大的随机性和趋同性，不具有构建模型进行分析的规律性，为尽可能体现问卷对问题反映的真实性，且尽可能反映被访谈农牧民的真实意愿，加之提炼少部分农牧民的较好想法，对整理好后的访谈问卷使用 Excel 进行基本的统计分析。

本书旨在对比山江湖区和三江源区农牧民参与生态建设工程的响应及其存在的问题，找出解决影响农牧民参与生态建设的适应性行为调整对策，构建山江湖区和三江源区生态建设的行为调整框架，为目前或未来政府主导生态建设工程方案的调整与制定提供科学决策依据。

3.5 特色与创新

1. 本书的特色

本书选择两大生态建设工程：江西山江湖区的山江湖工程和青海三江源区的生态移民工程，对比建设工程实施过程中农牧民的参与响应，在区域选择和研究视角上具有特色。

本书以“被动参与—主动参与—自觉适应”为思路，将农牧民参与生态建设工程的响应进行阶段划分，找出不同阶段农牧民对生态建设工程的响应，并对比所存在的差异及其背后潜在驱动因素，构建农牧民适应性参与响应的对策框架，分析思路和路径具有特色。

2. 本书的创新之处

本书以参与性农村评估方法获取的农牧民参与生态建设的资料数据为基础，并辅以文献参考，对比江西山江湖区和青海三江源区农牧民对生态建设工程响应间的差异，构建解决农牧民参与适应性生态建设的对策框架，结论可服务于目前及今后的国家战略生态需求，具有一定的创新性。

第4章　农牧民对生态建设工程的响应

生态建设工程的上马，大多源于国家或地方政府，在基于区域或地方的生态退化已经或将要对其经济、社会的持续发展产生一定影响时，而采取以政府为主导的生态恢复与重建措施(李文华，1996)，如开始于20世纪80年代中后期的江西山江湖区的山江湖工程(鄢帮有，2004；褚家永，2008)，90年代末期的青海三江源区的生态治理工程都是很好的例证(胡玉婷，2006)。

政府主导的生态建设工程离不开农牧民的参与和支持。通常情况下，生态建设工程措施的制定虽然有农牧民参与的影子，如乡村基层干部、农牧民代表等，但措施的最后形成往往都体现了国家需求和地方政府的意愿，而农牧民生产行为的体现则相对较弱(Walters et al.，1999)。可以说，这时的生态建设措施的实施，农牧民只能是被动参与，且其参与的行为往往会产生一定程度的外部不经济性(张智玲等，1997；Hansmann et al.，2006)。我们知道，农牧民与政府间存在不同程度的利益博弈，而且，在生态建设措施制定阶段，农牧民也不一定能够理解生态建设是否能给其现在或今后的生活带来更多的经济收益，当然，农牧民参与行为的外部不经济性也就不可避免。本章拟分析生态建设初期，江西山江湖区和青海三江源区的农牧民参与响应，并对其参与响应过程进行对比，结果可为现在或今后该阶段生态建设措施的制定提供决策依据。

4.1　农牧民面对生态退化的行为调整

通常，农牧民作为土地利用的最直接参与者，对所拥有或经营土地上发生的生态退化过程能够最先感知到，而当生态退化到对其经济收益有一定危害时，他们也会最先意识到，并本能地采取一定的应对生态退化的经营行为调整，以确保他们的经济收益不致减少到其难以接受的程度(Lambert et al.，2007)，如生态建设前，山江湖区农民对山场的“低改”措施和三江源区牧民对季节草场的利用等。这时的农牧民自发适应性行为调整，尤其是经实践检验的好的行为，成为未来生态建设工程规划的良好基础，同时也奠定了农牧民对现有生态建设工程的理解偏好。

4.1.1 资源禀赋格局

资源禀赋格局作为本底性要素，控制着区域生态、经济和社会发展的宏观格局，农牧民活动仅能在此基础上对地表覆被进行修改。山江湖区资源禀赋格局主要涉及地貌类型、土地利用方式、主要树种、林木类型等，而三江源区则相对简单，仅包括草场的季节性、草场的草地类型等。这部分分析数据中，山江湖区的均来自于农村参与性访谈，而三江源区的则主要来源于玛多县草原站提供的 1∶100000 季节草场分布图基础上的访谈调绘结果和参考现有文献。

山江湖区的样区地貌类型以山地、丘陵为主，而宽阔河谷区面积相对较少。基于访谈的 181 个村庄的 508 户农民对地貌类型、土地利用等的认识可知，农民对地貌类型及其基底上的土地利用方式的感知与现有研究的结果是一致的(江西省自然地理志编纂委员会，2003)，而且这种认识在各县(市)间没有表现出显著的差异。从图 4-1 中可看出，101 个村中的 271 户认为其属于山区，78 个村中的 193 户认为其居于丘陵区，而仅 11 个村的 44 户认为地处开阔河谷区，且图 4-1 中各县(市)农民对村庄在不同地貌分布的感知也展现类似态势。同时，图 4-1 也表明土地利用格局与地貌类型分布具有较强的一致性：山地(农区)、丘陵(农林交错区)、宽河谷区(农区)，符合王宗海等(2005)的适地适树和最适宜性利用原则。此外，本书对村庄和农民的选择也遵循山江湖样区的地貌特征及其基础上的土地利用格局。农民对其生活、生产区域宏观地貌基底和土地利用格局的认识，有助于减少不合适的土地利用行为对区域生态-经济环境的扰动。

人工林成为山江湖区林分的主要起源类型(不管是不同地貌景观区，还是不同行政区域)。总体上，受访的农民中有 82.87%认为进行过人工造林，其次认为山场林分起源为天然林的达 34.65%(图 4-2)。丘陵山区人工林的广布，很大程度上反映了曾经强烈人为扰动后的生态环境状况，以及人们为恢复重建扰动前的生态环境所采取的措施。丘陵山区在未遭到人为破坏之前，天然林或天然次生林较多，而当天然林遭到砍伐并演化为次生林后，伴随人们对山场的继续索取，进而出现大面积连片残山或荒山、荒坡，逐渐也就形成人们需求与山场供给间生态-经济的恶性循环(Gottfried et al.，1994；Börner et al.，2007)。例如，天然林的生态完整性相对较高，受损演化为次生林后，水源涵养、水土保持、生物多样性维持等生态服务功能大为降低，而人为获得更多的利益的扰动越发迫切，进而进入了“越砍越少，越少越砍”的怪圈。

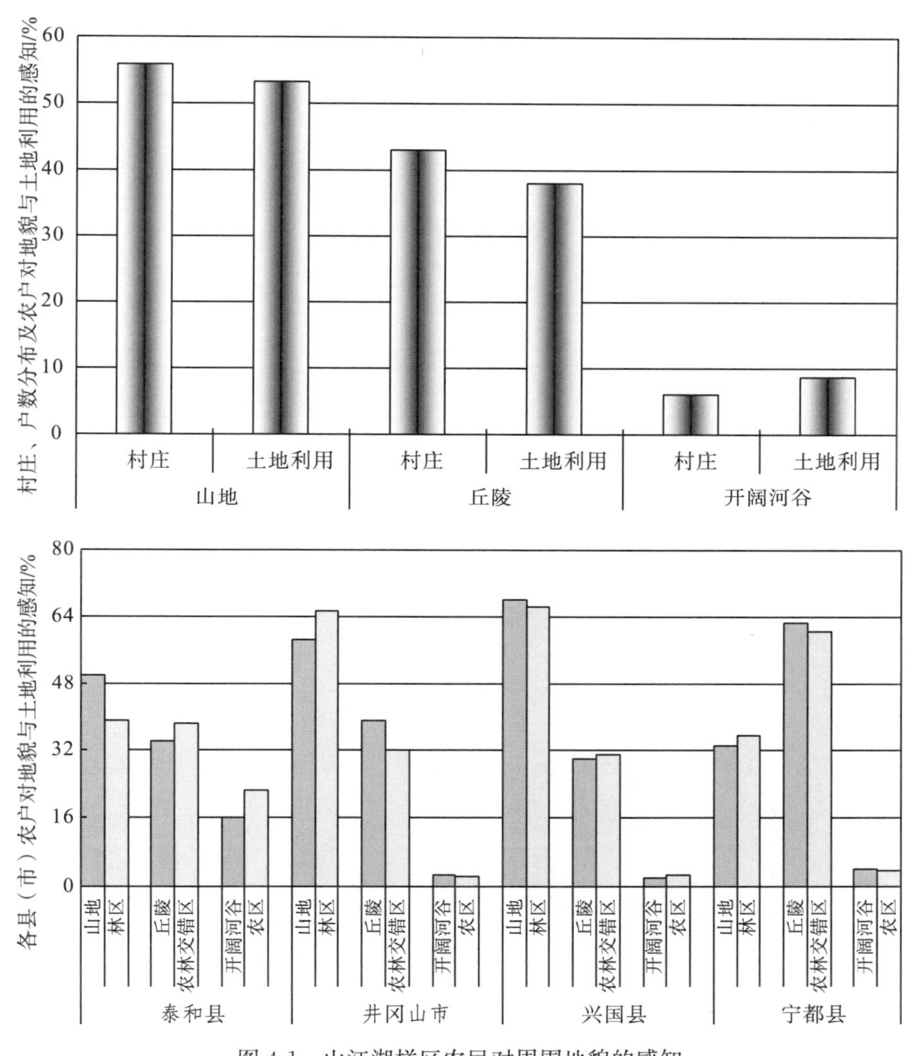

图 4-1　山江湖样区农民对周围地貌的感知

注：农民对同一问题可以同时有几个选择，这样，按总访谈户数进行计算时，出来的结果可能会大于等于 100%（以下同）。

为此，人工造林改变山场生态退化环境也就成为国家或地方政府恢复、重建原有健康生态系统、提升生态服务功能的政策偏好，山江湖区的人工林起源也可从这一思路中找到。同时，农民对林分起源的认识，有助于让他们回想过去的生态环境状况，并分析造成现在或曾经生态恶化的主要驱动因素，增强他们对山场的管理投入和参与现有生态环境的保护与改善。

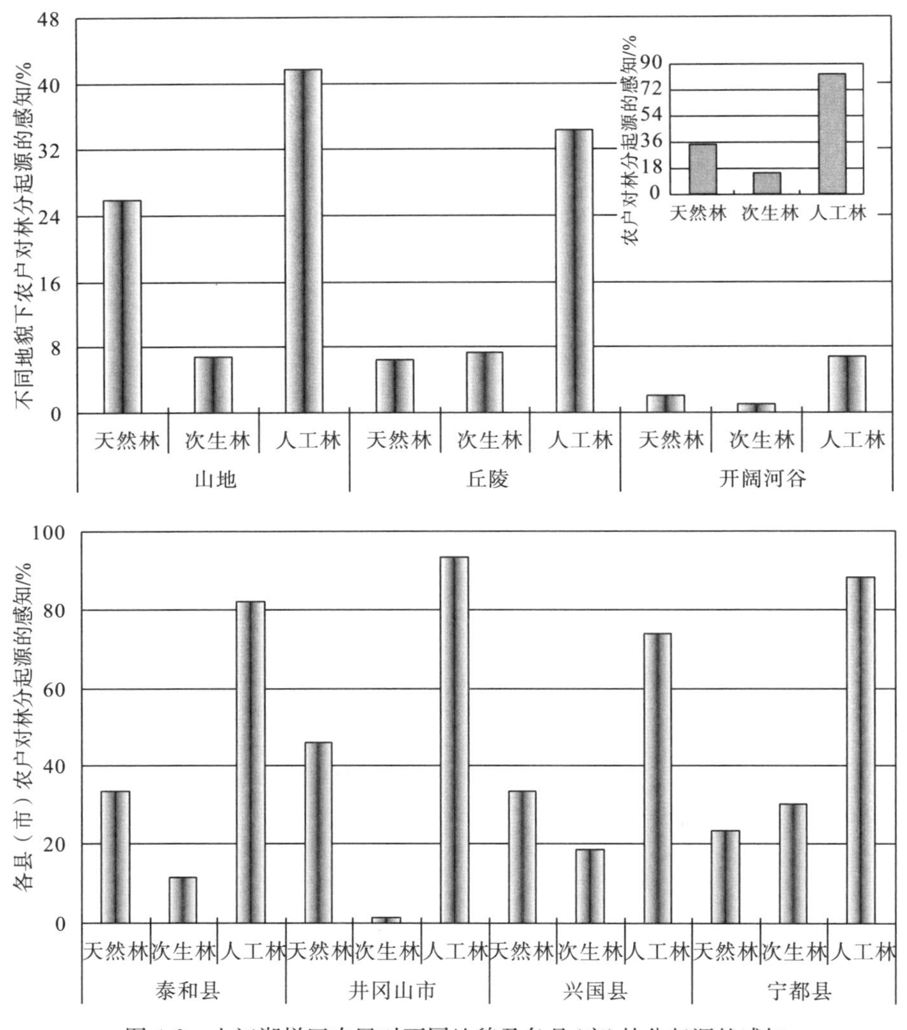

图 4-2 山江湖样区农民对不同地貌及各县(市)林分起源的感知

树种的分布展现出很大的区域差异性。杉木、马尾松广布于整个山江湖区，而湿地松、毛竹、油茶和杂阔则分布相对集中。从图 4-3 中可看出，分别有 73.23%和 56.69%的受访农民认为树种分布以杉木和马尾松为主，而其他树种间的差异总体上不明显。不同地貌间，杉木和马尾松在山地和丘陵区的主导地位已毋庸置疑，而达 14.37%的受访农民认为，湿地松主要分布在丘陵地区，分别有 17.72%和 21.85%的受访农民发现，毛竹和油茶大多出现在山区。同时，山场树种在不同县(市)的分布也体现了不同地貌间的上述格局。如杉木和马尾松在各县(市)也分布较广，而湿地松主要出现在泰和县，毛竹以井冈山市最多，油茶主要出现在兴国县。

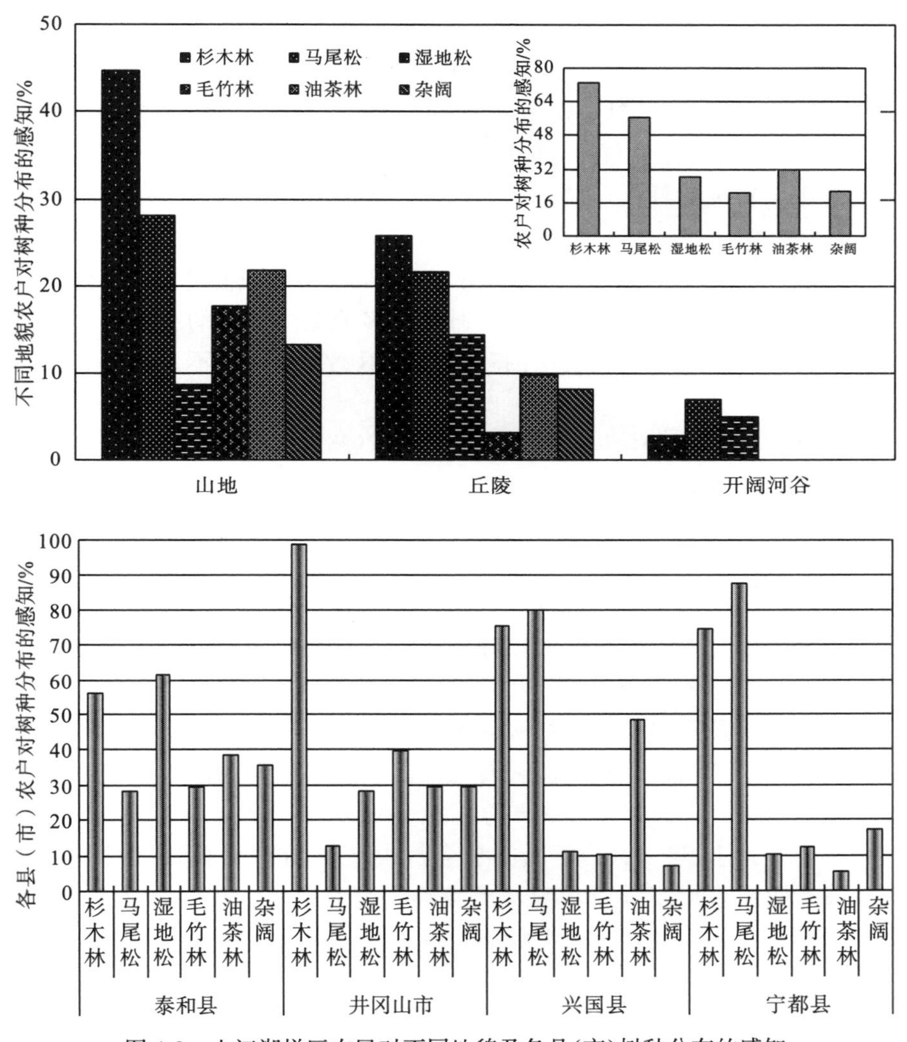

图 4-3　山江湖样区农民对不同地貌及各县(市)树种分布的感知

可以说，农民对树种在不同地貌和县(市)间的分布感知基本反映了农民对山场环境的变化及其适地适树的认识，如外来引种的湿地松，对低温较为敏感，适宜在丘陵、低山或相对平缓区域生长(Zheng et al.，2008)，否则，一遇冻害就会对湿地松的生长产生很大影响。2008 年春季的百年不遇的特大冰灾，农民访谈的结论(对湿地松的认识)也说明了这一点。认识树种的适宜性分布有助于减少农民山场造林的盲目性，提升不同地貌适树营造的有序格局。

用材杉木和马尾松占据了林木用途的重要位置，湿地松因适宜性相对较差而受到限制，同时，经济林中的油茶分布较毛竹广。当然，林业用途的分布，不管是总体特征，还是不同地貌，以及各县(市)的特征，都与相应特征的树种分布格局一致，即树种决定用途。

总体看来，受访农民中分别有77.17%和59.65%视杉木和马尾松为其日常用材林，而仅有29.72%认为湿地松为其用材林，另外，视油茶为经济林的农民占49.41%，这与树种分布的总体格局是一致的。林业用途决定农民为追求经济收益而对山场管理的投入，如杉木、马尾松的抚育，油茶和毛竹的“低改”等(肖立平，2002)。

三江源区的地貌、土壤、植被等分布，3.4.1节区域概况部分已经作了详细介绍，且参与式农村评估发现，牧民通常过多地关注草场的季节性分布，而对这些好像与其放牧没有直接联系的环境基底不甚了解，也不关心，这也说明收益率先决定意识和行为。

据牧民访谈(图4-4)，玛多县三季草场面积(851132.2 hm^2)明显低于两季草场(1434139.3 hm^2)，而且，三季草场中以冬季草场面积最多，达340155.1 hm^2，夏季草场面积最少。两季草场中夏秋场面积居多，为775440.4 hm^2。空间分布上，三季草场主要分布在玛多县东部，而两季草场大多分布在玛多县西部。玛多县地处三江源区的东西结合部，其实，牧民对季节草场的划分，反映了他们对控制草场发展的水热资源的认识和响应，以及如何利用这些资源发展牧业生产的感知，Liu等(2008)对三江源区的研究也获得这样的结论，水热条件决定草场的划分。玛多县东部紧邻三江源区的东部地区，那里水热条件相对较好，牧民将其用作三季草场，而西部地区属三江源区的东部向西部的过渡区域，水热条件相对较东部差，被划为两季草场。

借助玛多县志(玛多县志编纂委员会，2001)，详细分析牧民对季节草场的认识，发现牧民也对不同季节草场的草地类型有一定的理解，如三季草场中，冬草场以紫花针茅为主，其次为藏蒿，芦清水(2008)在对玛多县的研究中也发现类似结果。不同草地类型的植被适口性、营养成分各异，表现在牧民认识上就是季节性、轮牧方式、利用率，以及产草量和载畜能力等的不同(表4-1)。

但是，这些主要来源于牧民对长期的放牧行为、牲畜啃食习惯等的观察。理解牧民对草场草地类型的认识，利于牧民和政府生态适宜性行为的调整，如围栏建设、退牧还草等。

对比山江湖区和三江源区农牧民对资源禀赋的认识可看出：山江湖区农民不但对山场地貌、林业资源分布、适应性程度等有着深刻的了解，也清楚如何利用山场资源获得更大的收益；而三江源区的牧民虽然也对季节草场及其相对应的草地类型有一定的认识，但这种认识尚处于初期阶段，没有持续利用草场资源的行为意识。

我们知道，山江湖区农民的文化水平较高，经济市场化程度趋于成熟，而三江源区的牧民文化水平低、宗教习俗地方特色强，经济市场化也仅处于萌芽时期，结果山江湖区的农民在经济利益的驱动下，有意识地认识山场资源环境的可能性较大，认识程度也较深，而三江源区牧民则仍就以传统放牧习俗为主，对季节草场、草地类型等的认识仍处于原始阶段。

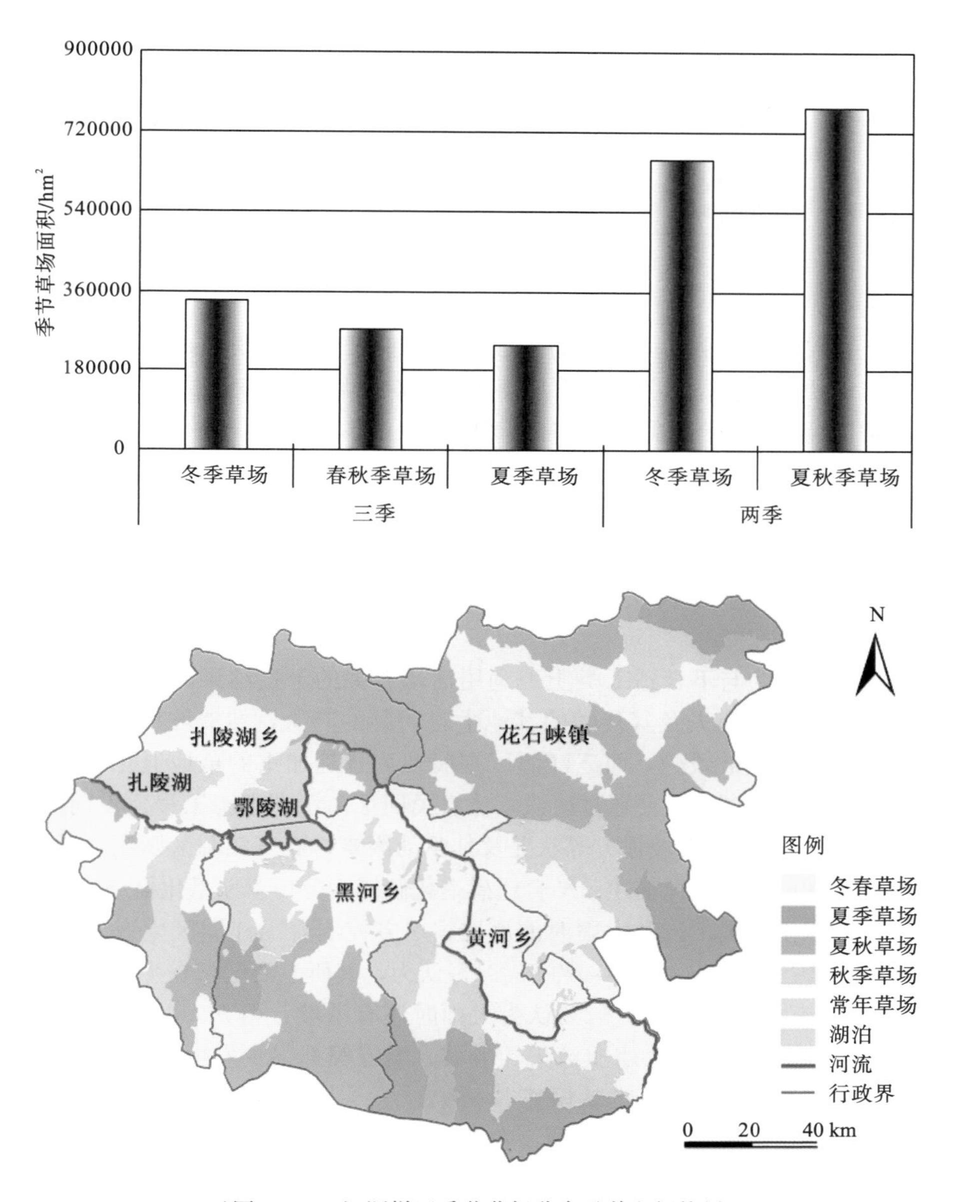

图 4-4　三江源样区季节草场分布及其空间格局

表 4-1 三江源样区玛多县的草场产草量、载畜能力

季节草场	草地类型	产草量（鲜草）/(kg·亩$^{-1}$)	载畜能力（羊单位年需草场面积)/亩	季节草场	草地类型	产草量（鲜草）/(kg·亩$^{-1}$)	载畜能力（羊单位年需草场面积)/亩
冬	Ⅰ	213.4～292.0	5.6～7.7	春秋	Ⅰ	235.5～292.0	5.6～7.0
	Ⅱ	59.4～169.2	9.7～27.7		Ⅱ	141.3	11.6
	Ⅲ	57.8～91.3	18.0～28.4		Ⅲ	60.6～63.5	25.9～27.1
	Ⅳ	41.7～919.9	26.3～39.4		Ⅳ	57.1～61.9	26.3～28.8
夏	Ⅰ	103.3～292.0	5.6～15.9	夏	Ⅲ	39.3～63.8	25.7～41.8
	Ⅱ	44.0～169.2	9.7～37.9		Ⅳ	36.7～61.9	26.3～44.8

注：数据来自玛多县志(2001)。Ⅰ. 滩地藏蒿；Ⅱ. 低山小嵩草钻叶风毛菊；Ⅲ. 低山、丘陵、滩地紫花针茅；Ⅳ. 丘陵扇穗茅、风毛菊

而且，农牧民对山场或草场的索取与其对禀赋资源的认识程度一致，与经济收益越密切，农牧民越关心。山江湖区农民对山场的经济索取(经济林、用材林、日常用品等)较三江源区牧民对草场的索取(仅衣食)要强得多。对比农牧民对禀赋资源格局的认识，有助于认清其对所生活区域的自然状况的了解程度，可为生态退化原因、农牧民行为调整提供数据基础。

4.1.2 生态退化状况

生态退化作为与不合适人类土地利用活动有关的干扰结果，山江湖区主要体现为严重的水土流失及其伴随的其他生态问题的产生，如滑坡、塌方、河床上升、房屋和田坎被毁等，而三江源区则展现为日趋加重的草地退化、载畜量降低等。本书山江湖区主要通过访谈，让农民回忆山江湖生态工程建设前(山场造林前)的水土流失、滑坡塌方等状况及其驱动因素，而三江源区则主要通过牧民对季节草场的退化状况描述，结合遥感退化解译，分析草地退化格局。

严重的水土流失，以及大雨时的滑坡、塌方控制着山江湖区生态建设前的主要生态态势。在受访农民中，约 68.31%认为，其所生活区域在生态工程建设前水土流失较为严重，而 29.92%认为大雨时还有滑坡、塌方、泥石流等出现，但仍有 28.35%的农民认为水土流失、滑坡、塌方等都很少发生(图 4-5)，这一结果与赵其国等(2007)描述的认识基本一致。

但是，不论上述哪种生态问题，在开阔河谷区发生的可能性均较小。山区和丘陵区农民对水土流失严重的反应差异不大，分别高达 32.48%和 31.10%，而 18.11%的农民认为滑坡、塌方主要发生在山区，丘陵区相对较少。17.52%的农民发现水土流失、滑坡、塌方在山区较少发生，因为有些山区本来植被较好(近年来变化不大)，而有的山区不通公路，人为扰动较少(路通道哪里，扰动就延

伸到哪里），就是砍了树也卖不出去。而且，农民也认识到兴国县的水土流失最为严重，占受访户数的 90.32%，其他三县(市)间差异不显著(55%～65%)。

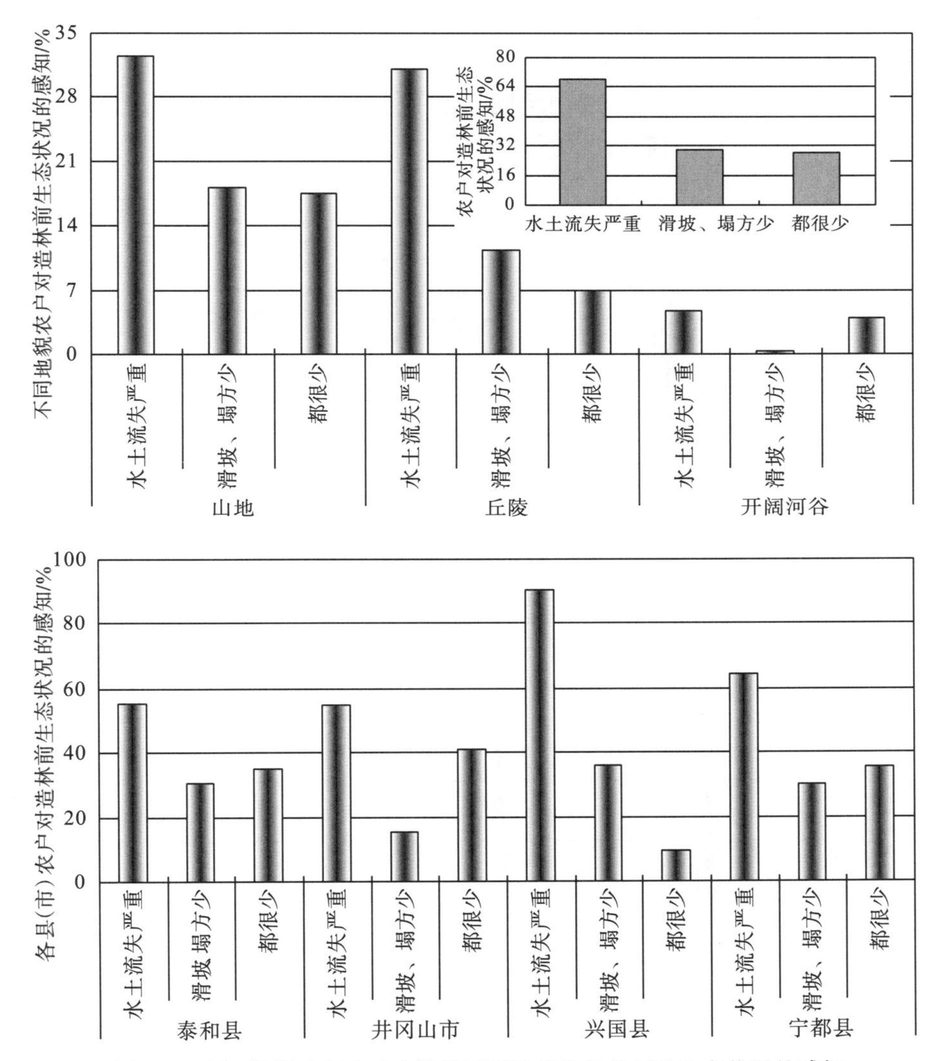

图 4-5　山江湖样区农民对建设前不同地貌及各县(市)生态状况的感知

另外，农民对滑坡、塌方发生认识，泰和县、兴国县和宁都县间没有明显差异(均为 30%～36%)，但以井冈山最低(15.38%)。对于生态问题都很少发生的反应，41.03%的农民认为是井冈山(山区植被变化相对较小，山场生态环境变化也不显著，即便没有高大乔木，次生灌丛、低矮乔木仍会密集分布)，30.82%和 30.23%的分别认为是泰和和宁都。农民对生态问题的认识，反映了其对所生活区域的地形地貌、植被分布、经济收入、交通状况、干扰行为等的综合理解，如开阔河谷区植被相对较少，近年来的生态状况变化显著。

在农民认知上，山江湖区生态建设前的河床变化以未变化为主，但河床逐年上升的也占很大比重，达 15.94%(图 4-6)。当然，一定程度的水土流失不可能造成河床的上升，而且是农民日常肉眼就能直接察觉到，但是，倘若农民日常生活中能觉察到河床的上升，说明水土流失是非常严重的(甚至达到可怕的程度)，地表流失对河流的输泥沙量非常大。

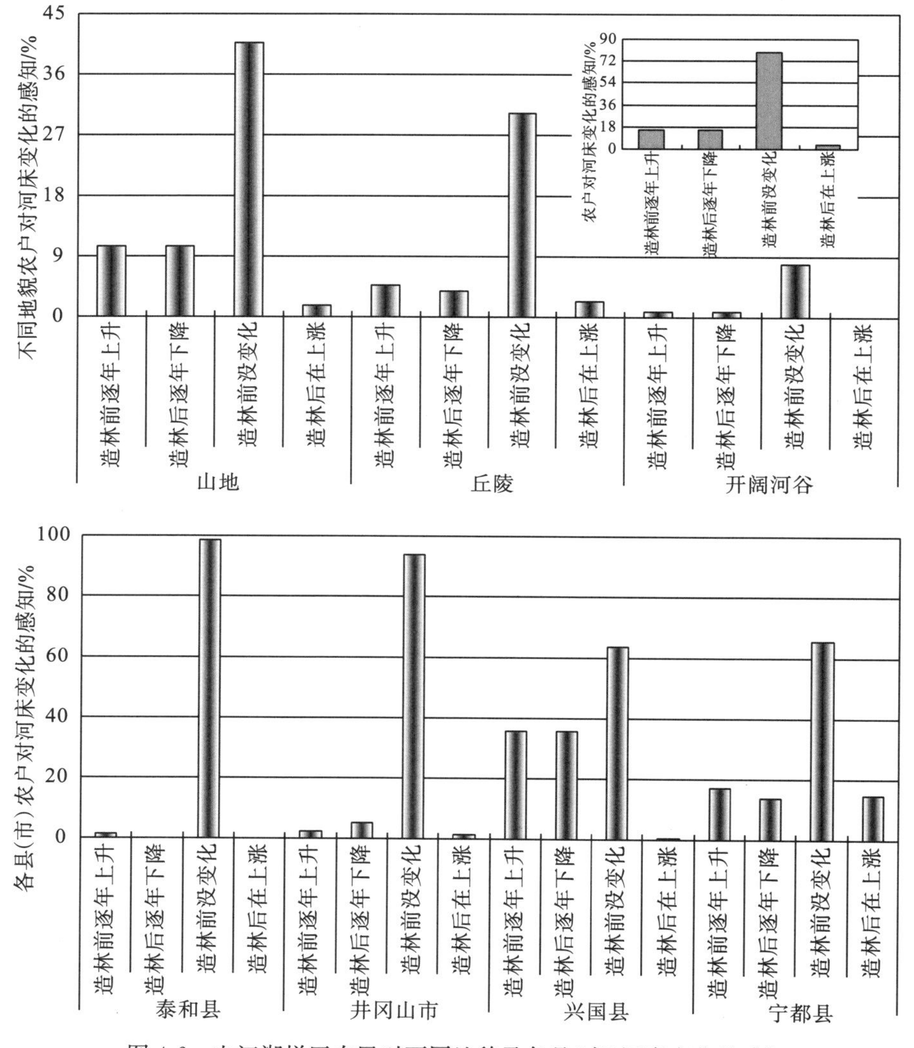

图 4-6　山江湖样区农民对不同地貌及各县(市)河床变化的感知

不同地貌间，农民对河床上升的感知主要发生在山区(10.43%)，其次为丘陵区，开阔河谷区较低。山高、坡陡，雨季地表径流丰富(径流深较为明显)，人为的轻微扰动都可能产生一定程度的水土流失，更何况有乱砍滥伐、清除林下植被、炼山等高强度干扰活动发生。不同县(市)间，农民的感知也是以河床未发生变化为主，但对河床上升明显的感知主要出现在兴国县(35.48%)，其次是宁都县(17.05%)，这说明两县的水土流失是非常严重的。

访谈结果与曾被中外专家称为“江南沙漠”的说法是一致的(雷环清，2007)，也符合兴国县曾流传着：“光山秃岭和尚头，洪水下山遍地流；三日无雨田龟裂，一场暴雨沙满丘”的说法。

雨季河溪水的混浊性与区域土壤类型，以及人为扰动的程度有很大关系，农民对山江湖区的这一感知主要体现为黄浑、不浑两种，分别为访谈农民的77.36%和21.26%(图4-7)。虽然山江湖区通常被称为南方红壤丘陵区(Xu et al.，2003)，但当地农民则大多认为土壤颜色以黄泥巴土占多数，而很少有红泥巴土出现，因此，从农民那里获得的雨后河溪水浑浊性也多为黄色。浑浊性反映降水时的水土流失状况，以及携带泥沙的多少，水越混、携带泥沙越多，流失越严重。

当然，不同地貌和县(市)间的农民对河溪水雨季混浊性的感知，与相应范围内农民对水土流失程度及河床变化的认识一致。如河溪水黄浑主要发生于山区(42.72%)和丘陵区(30.31%)，且以井冈山市(88.46%)和兴国县(94.19%)为主，但泰和县和宁都县的也多为60%～70%，而不浑的则主要出现在泰和县(37.67%)和宁都县(29.46%)。农民对雨季河溪水水色的认识，反映了他们对自己利用、管理山场的不合适行为已有一些反思和感性认识。

雨季山江湖区雨季河溪浑浊水，通常雨停2～3天后才能变清，已成为受访谈农民的广泛共识，占比达73.52%，且认为雨停后第2天就变清的仅有25.34%(图4-8)。如前所述，雨后河溪水越浑浊，水土流失越严重，雨停后河溪水澄清所需的时日越长。

不同地貌间，山区和丘陵区农民对雨后2～3天，浑浊河溪水变清的反应没有显著差异，分别为35.39%和33.78%，这说明山区和丘陵区水土流失都很严重，山高坡陡，天然降水形成地表径流的可能性较大，雨后河溪水澄清所需时日较长。但是，认为第2天就变清的也主要出现在山区(16.21%)，因为，部分山区山场植被覆盖度较高，在地形起伏较大、交通可达性较差的情况下，人为的干扰活动很难介入(甚至很少人居住在这些地区)，从而使得水土流失的发生可能较少。

不同县(市)间，雨停2～3天后，认为兴国县和宁都县河溪水变清的受访农民最多，且它们之间的差异不显著，分别为90.41%和87.93%，而雨后第2天河溪水就变清的主要发生于泰和县(54.80%)和井冈山市(36.11%)。这说明，样区受访农民不仅能够直观地认识水土流失的严重性、河床上升、河溪水颜色等，而且能从河溪水雨后浑浊持续的时间来分析，王海滨等(2007)对密云水库周边农民对生态环境保护的认知与响应的研究中也获得相同的结论。

借助三江源课题(2007)和芦清水(2008)的分析结果可知，玛多县的草地退化较整个三江源区更为严重。从季节草场看，20 世纪 70 年代末~90 年代初，冬春季草场退化面积就达 45. 54 万 hm^2，而 20 世纪 90 年代初~2004 年的冬春草场退化增加为 50. 42 万 hm^2，增加 10. 72%，相应地，夏秋草场退化面积由 44. 09 万 hm^2 增加到 57. 56 万 hm^2，增加 30. 55%(表 4-2)。比较夏秋草场与冬春草场的退化，发现夏秋草场退化扩张的速度较冬春草场要快，是冬春草场的 2. 85 倍。而且，草场鼠害和缺水严重，20 世纪 90 年代中期，鼠害面积 149. 88 万 hm^2，缺水面积 30. 88 万 hm^2(玛多县志，2001)。

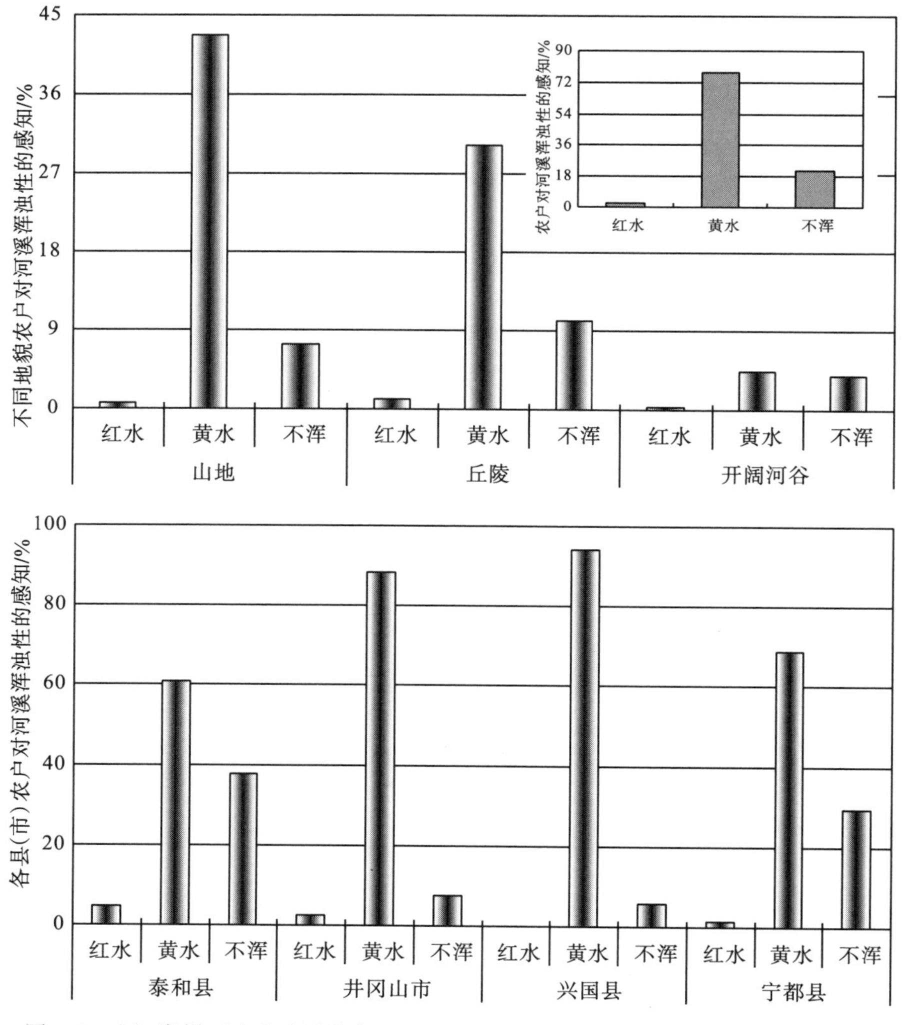

图 4-7 山江湖样区生态建设前农民对不同地貌及各县(市)雨季河溪浑浊性的感知

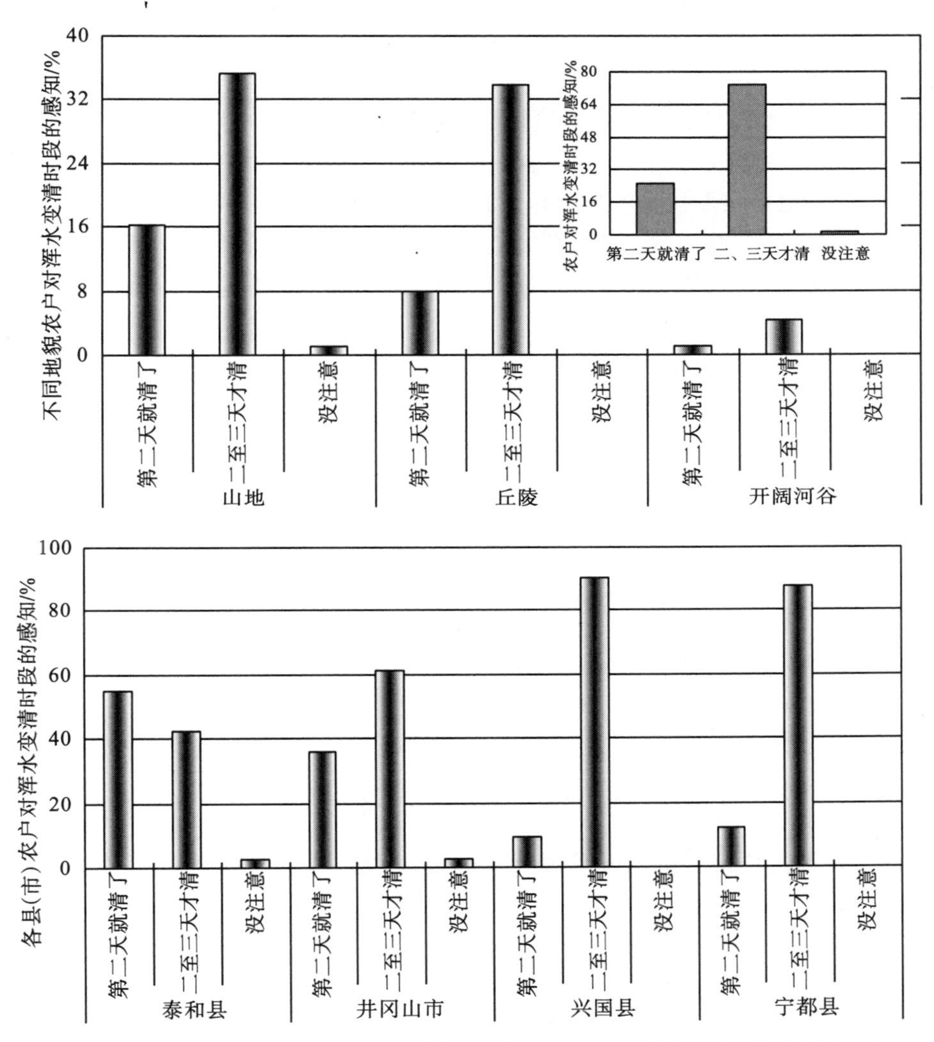

图 4-8　山江湖样区生态建设前农民对不同地貌及各县(市)雨季河溪浑浊变清时段的感知

表 4-2　三江源样区草地退化

草场退化	面积/万 hm²		
	20 世纪 70 年代末～90 年代初	20 世纪 90 年代中期	20 世纪 90 年代初～2004 年
冬春退化	45.54		50.42
夏秋退化	44.09		57.56
鼠害缺水			
鼠害面积		149.88	
缺水面积		30.88	

但是，玛多县的季节草场退化与牧民的放牧时间有很大关系(图 4-9)。访谈发现，冬草场退化面积较大且严重，源于每年 11 月初～次年 6 月初的长时超载的放牧压力，且由于冬场地处海拔较低、向阳避风而适合牲畜越冬，牲畜踩踏也驱使啃噬剩余草根的风蚀退化。同时，春场短时间的过渡(通常牲畜啃完即转移夏秋场)，也导致夏秋场的长时超载牧压而加速退化，这些均已被牧民的放牧行为所认识。可以说，不同区域草场的放牧时段，成为牧民长期认识草地类型，满足牲畜生长需求的结果。这一结果与 Liu L. 等(2006)对达日县的牧民调查结果一致。

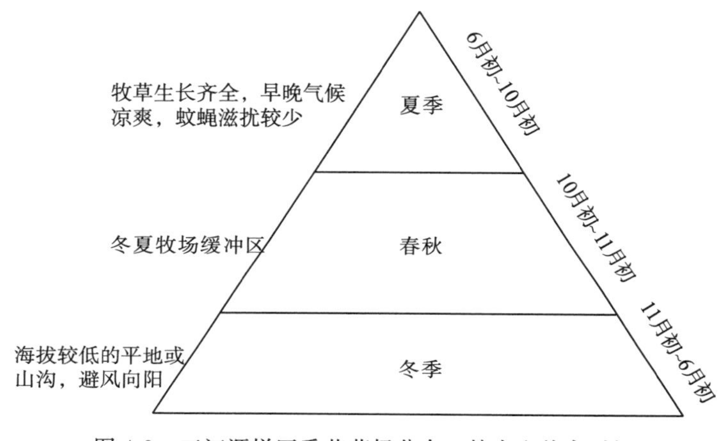

图 4-9　三江源样区季节草场分布、特点和牧畜时间

而且，通过详细分析，还发现牲畜数量(尤其是成年母畜数量)很大程度上决定夏秋草场和夏秋草场退化的速度，且在很大程度上决定夏秋草场的退化是否快于冬春草场。牲畜数量越多，次年繁育或越过冬季的牲畜就越多，春季和夏秋季草场的压力就越大。冬春季牲畜数量较夏秋少，夏秋又是牲畜上膘的时候，这样，夏秋草场的压力就较冬春草场高。

加之受市场经济的影响，夏秋上膘后的牲畜为避免冬春拉膘，夏秋末就将部分牲畜出售出去，致使冬春草场压力较小。另外，倘若牲畜越冬的比率较低，为确保家庭牲畜数量，牧民就会调整畜群结构，提高牦牛的比率、增加母畜数量，从而也使夏秋草场的压力不减。

对比农牧民对山江湖区和三江源区生态退化状况的认识发现，前者退化集中体现为水土流失，而后者则表现为季节草地退化。对于水土流失的感知，农民形象地通过河床上升、河溪浑浊性，以及雨后变清所需时段来描述，而牧民对季节草场退化的认识不太明显，主要通过当地草原站对季节草场的勾绘，并与三江源区草地退化叠加，结合季节草场的划分来源于牧民多年放牧行为对草地本身和牲畜习性的认识，如母畜数量、畜群结构调节等，进而获得牧民对生态退化的感知。

当然，牧民的生活习俗、宗教信仰、文化程度等限制了其对草地退化的感知，思想宿命，并与环境和众生相依，所以，他们对草地退化的认识及退化有可能对牲畜和家庭收入带来的影响都很宿命，即使退化严重区的牲畜受到很大影响，他们也认为是自身的业力，而不会与之尽力抗争。而山江湖区农民对生态退化的认识，虽然也仅处于表面感知，但较三江源区的牧民要深刻得多。农民不会认为生态退化对其生产、生活的影响不能改变，而是因以前不合适的人为干扰所导致，这使得他们调整自己的生产、生活行为以适应退化生态环境的健康演化。

4.1.3　经营行为调整

如前所述，不管是山江湖区农民对生态退化的自发适应，还是三江源区牧民对草地退化的原始宿命，农牧民都会根据周围环境进行自发的行为调整，以适应生态环境的变化。山江湖区农民通过对水土流失、滑坡、塌方等退化驱动因素的认识，自发通过合适的山场管理措施进行适应，如油茶和毛竹的“低改”，河道筑坝拦沙等，而牧民则主要进行放牧时间的调整、季节草场的划分来减少草场压力，但有时更加严重地增加了草场的牧压，加速草地退化。

山江湖区生态退化的原因，农民认为最主要的就是山场林木较少，并有乱砍滥伐现象，而且工程修建(道路、水利等)、房屋建设等也会引起一定的工程性水土流失、滑坡、塌方等(图 4-10)。77.11%的受访农民认为，20 世纪 60～70 年代“大炼钢铁”时山场林木过度砍伐、80 年代初山权到户时的自行砍伐等都造成了山场林木大大减少，包括乔木、灌木、灌丛乃至草皮等。而且，丘陵、山区由于贫困、能源缺乏等原因，也存在乱砍滥伐现象(用于自家用材、变卖、能源消费等)，33.40%的农民持这一观点。上述结果，可以从王成祖(1998)获得的结论得到印证。

另外，28.45%的受访农民发现，山区特殊的地貌构造，如起伏较大、曲折迂回等，公路修建和房屋建设必然涉及重塑或改变现有地貌景观格局，进而引起严重的线状或点状的水土流失、滑坡和塌方等灾害发生。不同县(市)间，驱动农民自发展开适应性行为调整的原因差异较大。因山场林木较少而产生水土流失、滑坡、塌方的主要出现在兴国县(93.55%)和宁都县(86.99%)，而因乱砍滥伐诱发的主要发生在宁都县和井冈山市，分别占受访谈农民的 60.16%和 43.84%，因修建工程和房屋建设导致的较多分布在泰和县(52.24%)和井冈山市(43.84%)。山江湖区农民对生态退化问题产生原因的认识，为其自发采取适应性调整行为提供了感性基础。

农民基于对上述生态退化问题及其驱动因素的分析，访谈中发现，他们也自发地采取了一些适应性调控对策，如植树造林、修筑拦沙坝、油茶的等高筑坎“低改”等。图 4-11 虽然表明，受访农民中 92.12%的认为水土都是任其流失而不采取任何防治措施，但仍有 3.03%和 6.87%的认为，为保护自家的房屋、田坎不被冲毁，已分别采取在河溪中修拦沙坝、捞沙等措施疏通河溪，尤其山区农民对这一点体现得更为深刻，分别有 3.03%和 4.85%的受访农民持这一态度。

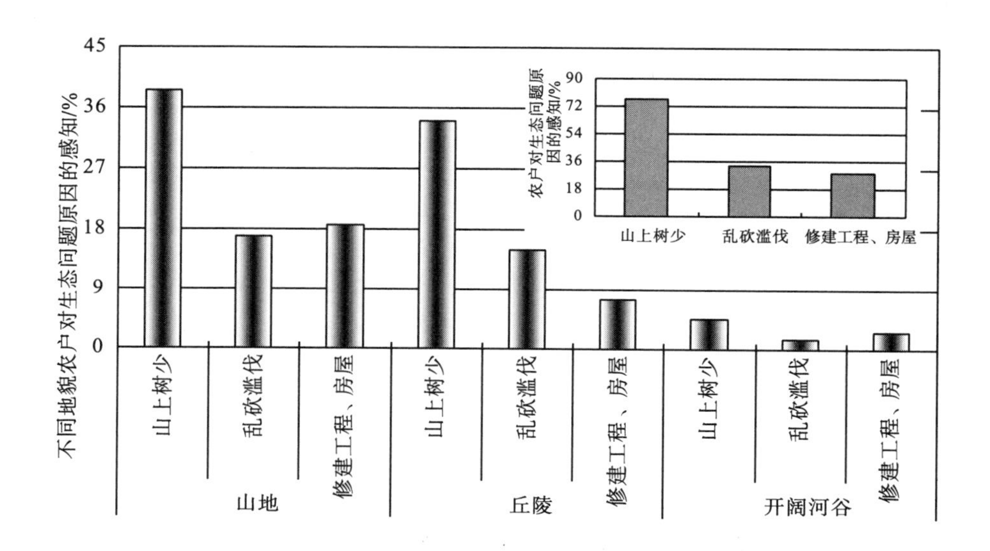

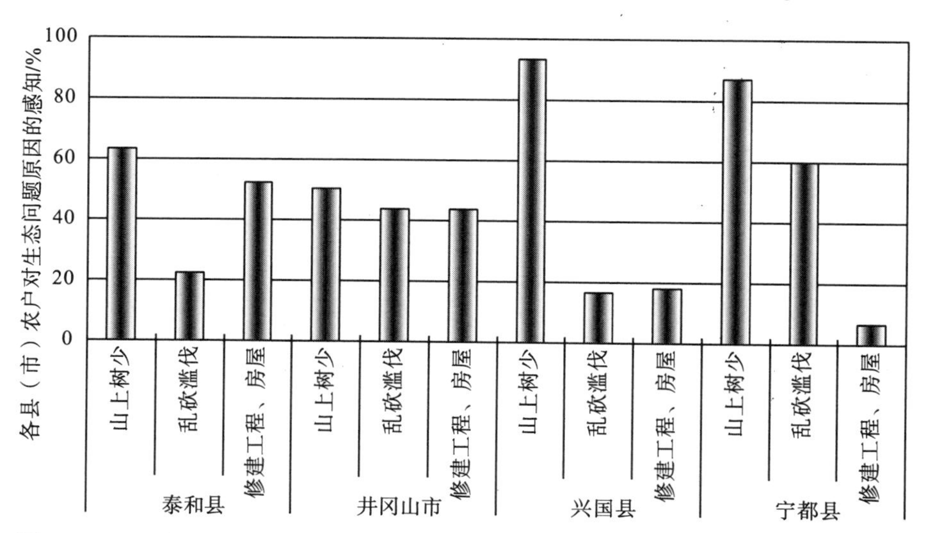

图 4-10　山江湖样区生态建设前农民对不同地貌及各县(市)生态问题产生原因的感知

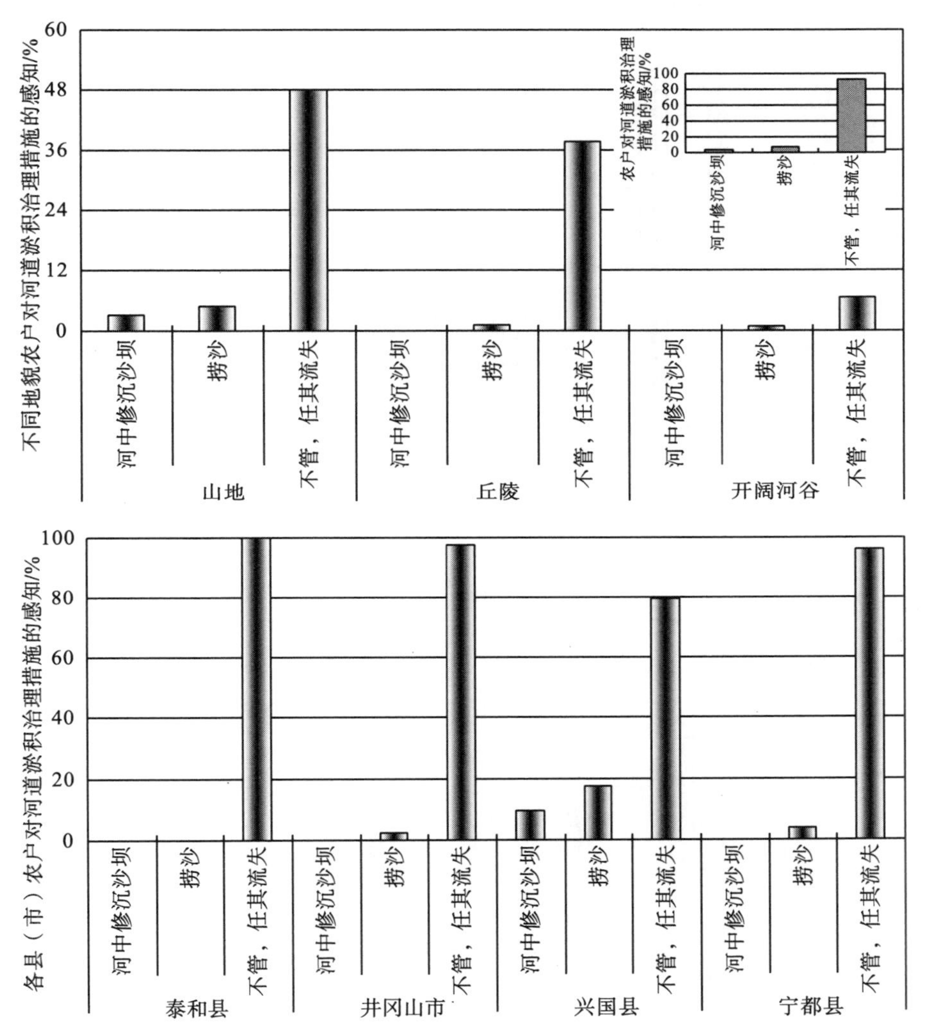

图 4-11　山江湖样区生态建设前农民对不同地貌及各县(市)河溪治理措施的感知

不同县(市)间，采取拦沙和捞沙措施的主要出现在兴国县，分别占受访农民的 9.68%和 17.42%。而将农民采取的治理措施与生态退化程度相对比，可看出，农民反映的生态退化与治理措施两者之间具有显著的正相关关系，符合人们对生态退化响应的基本规律，即扰动脆弱性、调节适应性等，Pinstrup Andersen 和 Pandya Lorch(1998)也发现了类似结果。

20 世纪 80 年代山权到户后，农民就开始积极地管理山场，主要涉及“铲山”、“低改”和防偷，但也有部分因农民没有收益而不管(图 4-12 和图 4-13)。农访认为，“铲山”、“低改”和防偷占据泰和县、井冈山市和兴国县的主要山区部分，而不管则主要出现在宁都县范围内，占受访农民的 61.24%。

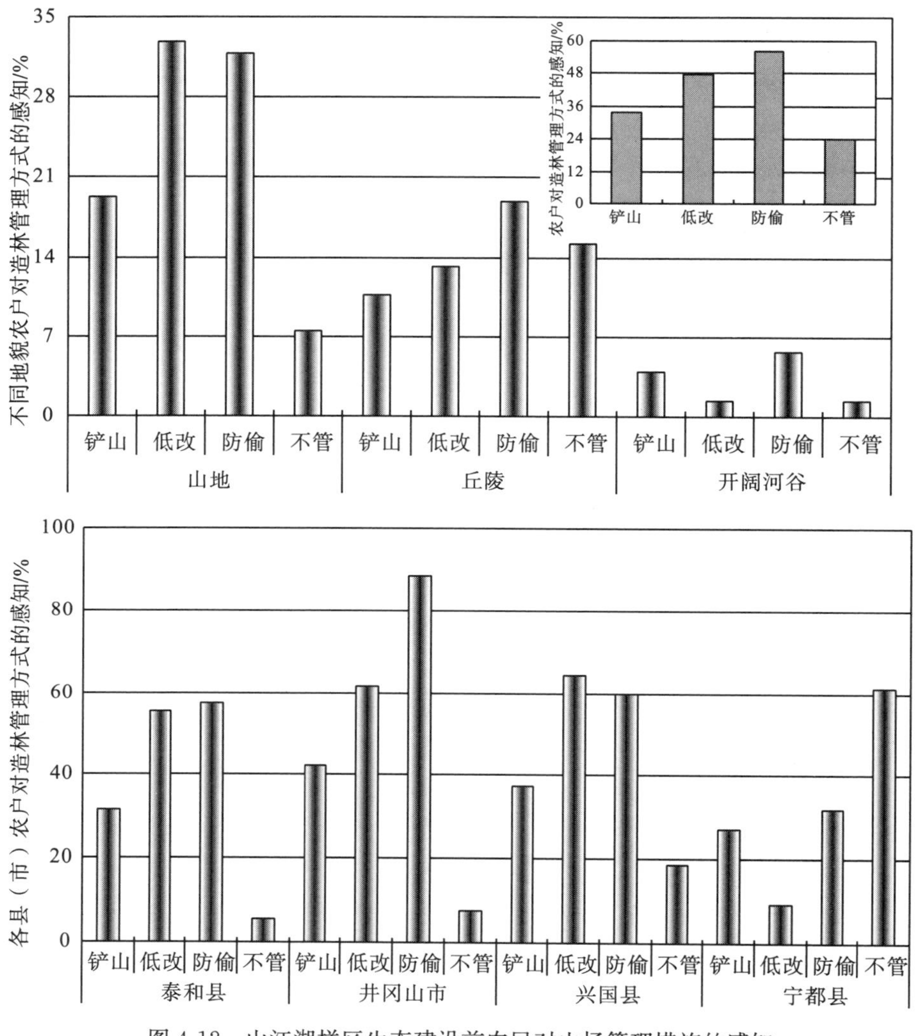

图 4-12　山江湖样区生态建设前农民对山场管理措施的感知

通常，为减少林下植被的争水、争肥，林木栽种后的 3～5 年常常实行“铲山”，但仅清除林下没有用的杂树、灌草及边杈等，这样不仅使保留的林木成长较快、顺直，而且因清除后林下的次生灌丛速生(水热条件较好，适宜植被生长)，也不会带来较大的水土流失发生，且清除后的植被又不带出山场，可以肥土。而在林木成林后，农民基本都不进行清理林下植被，经济效益较好的除外，如油茶、毛竹、湿地松等。农民也清楚，林下植被的清除会引起一定的水土流失，因为，清除一方面减少了地表植被的覆盖、松动了表土层，另一方面，清除也给雨水直接打击疏松表土提供了可能。但是，疏松表土增加的入渗因缺少植被覆盖的阻拦，而较有植被覆盖增加的入渗流失严重。钟太洋和黄贤金

(2006)对江西兴国县、上饶市、余江县等地的农民水土保持行为分析也获得上述结果。

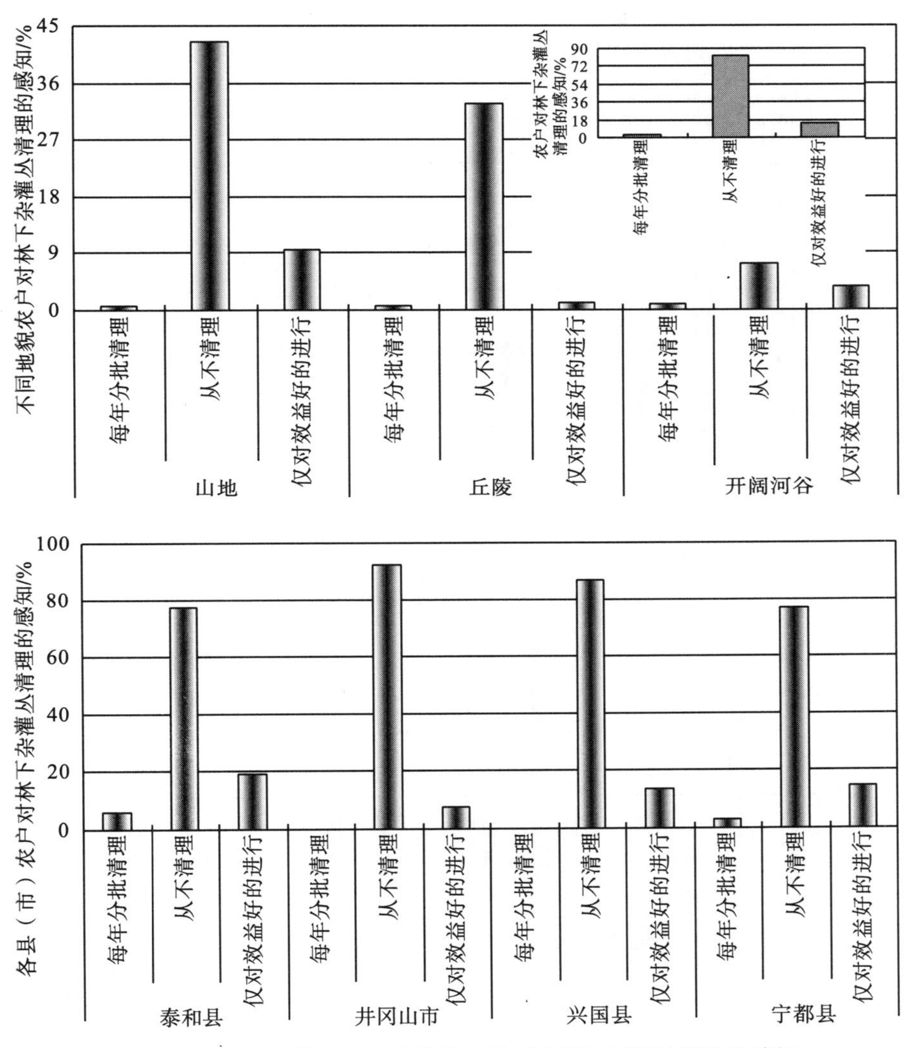

图 4-13　山江湖样区生态建设前农民对山场林下植被清理的感知

农民对油茶和毛竹“低改”，占山江湖区受访农民的 90%以上(图 4-14 和图 4-15)。受访农民认为，“低改”的目的主要是为减少因水土流失造成的土层变薄、肥力下降等对油茶和毛竹生长的影响，提高家庭收入。具体措施上，农民的油茶“低改”主要采取以除杂灌、茅草、垦复翻耕等，但为防止水土流失导致土层进一步变薄、土壤肥力进一步下降，通常，农民于端午节前后要完成油茶山的“低改”工作，且大部分为横向“铲山”(沿等高线)，低改时，70 cm

一个坎，1/3 垦，2/3 盖，雨季坎可以挡土，而且规范了山坡上的水流渠道(作横向排水沟之用)。而毛竹则实行“三砍、三留”，砍密留稀，砍劣留优，砍小留大，但毛竹垦扶主要使用“穴垦”，而不是大面积的翻耕，同时，乔木阔叶林，特别是落叶阔叶林，秋季落叶可补充土壤腐殖质，土壤更肥沃。

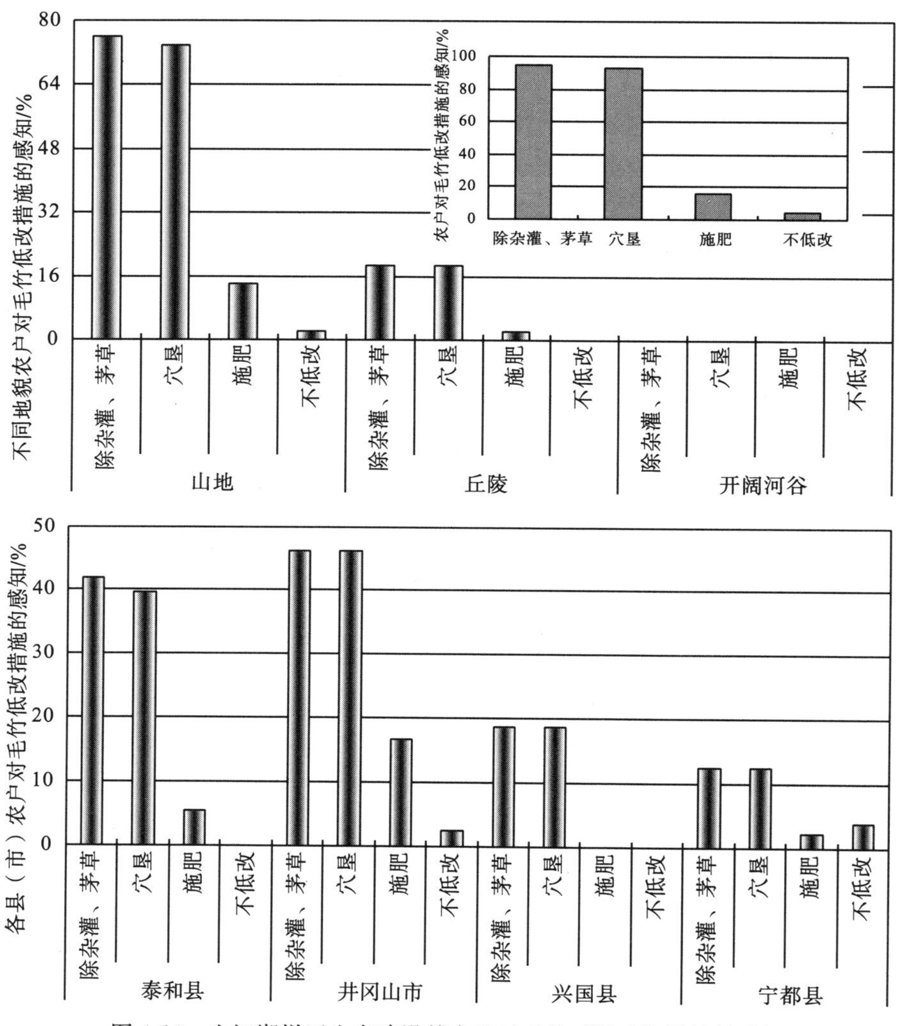

图 4-14 山江湖样区生态建设前农民对毛竹“低改”措施的感知

另外，在“低改”的时间间隔上，油茶 20 世纪 90 年代中期前每年都要进行，而毛竹则 3～4 年进行一次。可以说，为增加收入，减少水土流失及其带来的危害，农民长期实践的保土、蓄水、保肥管理措施有重要的生态学意义，在制定相应生态适应性对策时还是值得考虑的。但是，目前伴随大量青壮年劳动力的外出务工，油茶和毛竹的“低改”开展的相对较少，有的甚至演化成了残山。

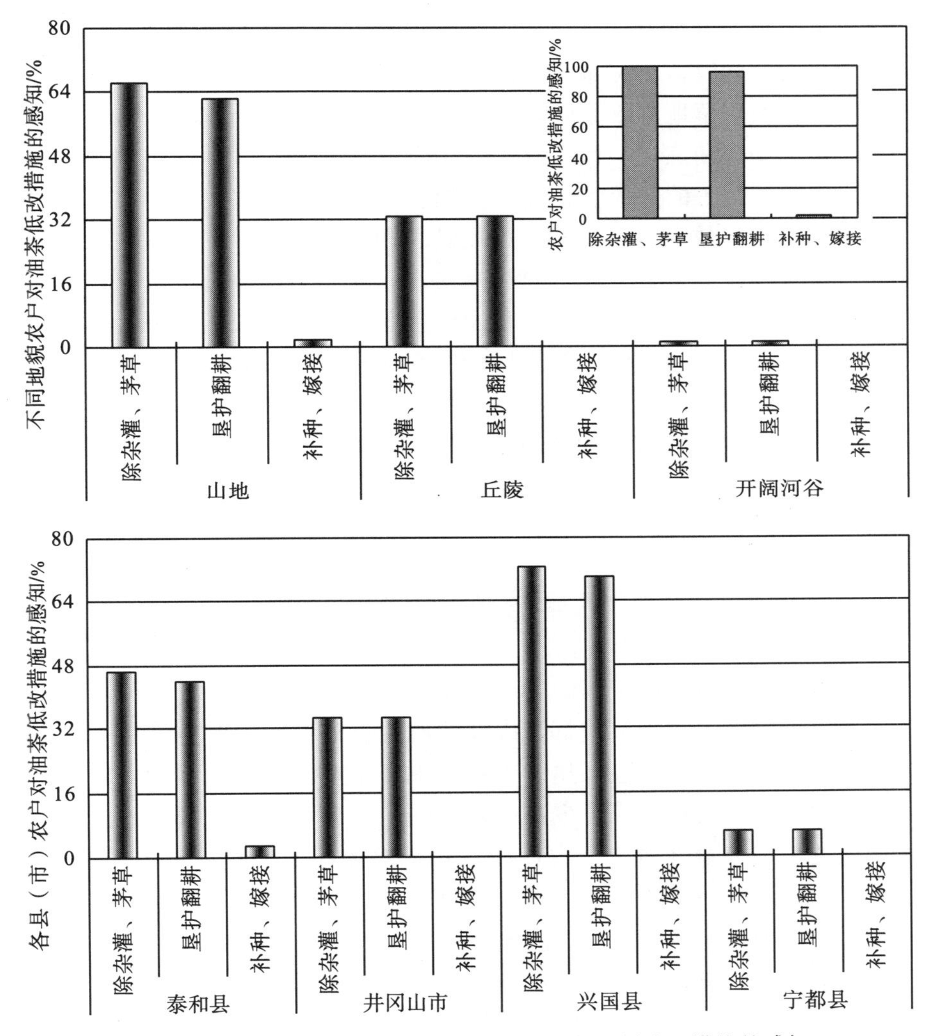

图 4-15　山江湖样区生态建设前农民对油茶“低改”措施的感知

前面分析可知，三江源区草场退化的主要原因就是牧压过大，这也已为牧民通常的放牧行为所感觉和证实。为维持牲畜数量，牧民也开始进行放牧时间的调整。但牧民访谈显示，仅有 0.7%的牧民改变了季节放牧的传统时间，而 99.3%的牧民仍按原有的季节草场的放牧时间进行牧畜(芦清水，2008)，但这微小的放牧时间变化符合牧草的季节性生长发育特点和消长规律。

而且，不同牧民间也通过亲戚间的共同使用，非亲戚间的买卖方式转移牧压。对玛多县牧民超载行为调整研究表明，牧民购买其他牧民草场的为超载总牧民的 34.3%，向亲戚家借用的占 25.7%，变更草场使用季节的占 8.6%。可以说，面对超载，牧民已逐渐开始调整自己的放牧行为来转移牧压，来达到草场资源与牲畜数量间的利用“时空互补”和“资源互作”等，以有效减轻冬春场的放牧压力，同时，在尽量不减少或少减少目前家畜饲养规模的基础上，加快育肥增效，实现草地畜牧业高效发展和生态恢复的双重成效——减压增效。

对比山江湖区和三江源区农牧民对生态退化问题的行为调整发现，山江湖区农民对水土流失等的适应性行为调整幅度较三江源区牧民对草地退化的行为调整大得多，且成效显著，尤其是山场管理和油茶、毛竹的“低改”等。这是由于农民追求经济利益最大化的意识所决定，而同时，他们也认识到山场植被恢复对保持水土的重要性，以及一旦发生严重的水土流失等灾害，必然对其经济收益带来长期的危害。但三江源区的社会习俗：牲畜数量衡量财富，草场使用的季节轮替，禁止谋利用性的牲畜出售和转变草场使用季节，使得上述很少的转变季节草场的放牧时间和亲戚、邻居间的租、借、买等成为牧民生态适应性调整的一大创举。但牧民也清楚，牧场转移压力也是需要成本的，而且转移的草场通常质量较差，这在一定程度上限制了牧民转移牧压的积极性。

4.2 农牧民生态建设工程的理解偏好

政府主导的生态建设工程能否顺利实施，并取得预期效果，关键取决于农牧民对生态建设工程的理解偏好，以及政府生态建设工程的完善能否体现农牧民的这一偏好。农牧民对生态建设工程的理解主要看这一工程的实施是否能给其带来更大的经济收益，或至少在一定时间内不会造成其经济收入的下降。如山江湖区的生态公益林规划，农民能否获得较相同山场收益更多的生态补偿，三江源区的生态移民，牧民能否得到较移民前更多的安置补偿，且比原驻地生活得更好。否则，一旦政府主导的生态建设工程给农牧民带来的收益与农牧民的预期相差太远，或者所采取的措施不能被农牧民所接受或应用，农牧民就很难将其偏好融入到生态建设过程中。

4.2.1 经济收益偏好

农牧民对生态建设工程的理解与支持，不管是山江湖区的山场造林、小流域治理等，还是三江源区的生态移民、退牧还草等，最根本的首先均将落脚于农牧民的经济偏好上，即经济是第一位的。通常情况下，农牧民并不能预期某项生态建设工程是否能给其带来更多的经济收益，或至少不使目前的经济收益受到影响而降低。这样，农牧民在生态建设工程的实施初期大多只能是被动参与，这已被大多数生态工程所证明(赵延庆，2003；刘啸等，2007)。

沿着山江湖区生态建设工程的命脉——治山-造林，农民最关心的就是造了林后，山场收益是谁的，并以哪种方式进行山场的经营管理或收益分成。因此，山江湖区农民对生态建设工程的经济收益偏好，不是简单、直接地收入多少钱的问题，而是转化为山场的经营使用权是谁的，如何经营管理，如何进行收益分成等。图 4-16 表明，山江湖区的山场经营使用权以集体和个人所有为主，而国家所有的较少，即国有林场较少，大多均已划归集体经济组织或承包到户。其中，58.07%的受访农民认为山场经营权属于集体所有，51.57%的认为属于个人所有，而仅有 20.87%的认为归国家所有。

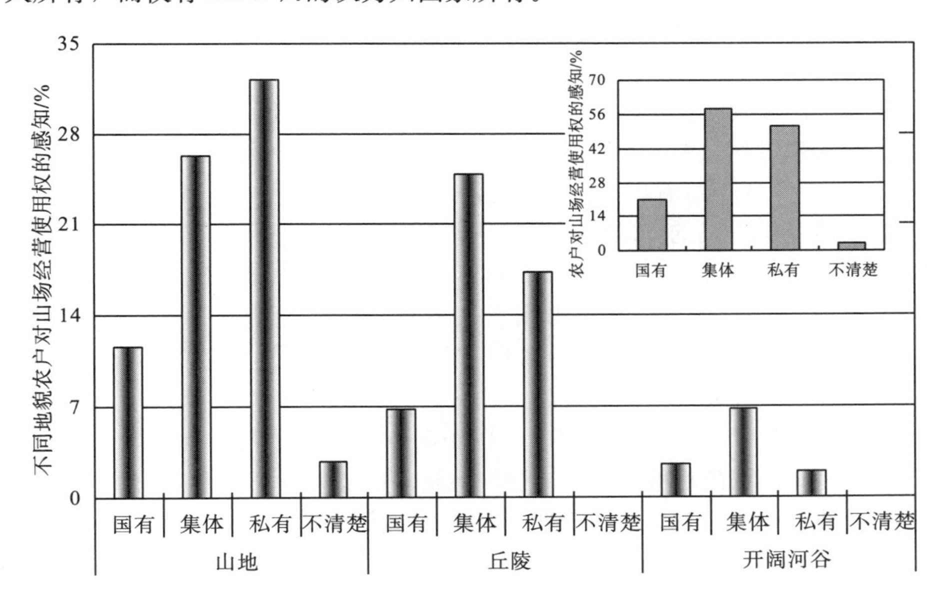

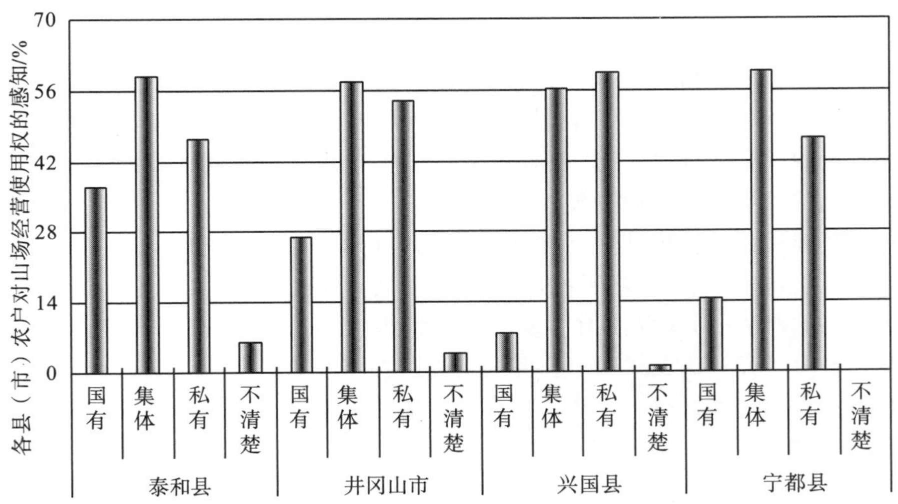

图 4-16　山江湖样区农民对山场经营使用权的感知

不同地貌间，农民对山场经营使用权的认识也是以集体和个人所有为主，但是，在山区受访农民认为个人所有的要多于集体，而丘陵区则相反。同时，山区和丘陵区，也有部分山林属于国有林场。不同县(市)间，农民对山场经营使用权的认识也具有上述格局，但国有的主要分布于泰和县和井冈山市，尤以泰和县最多，占受访农民的36.99%。山场经营使用权决定造林后的收益分成，即产权决定收益，进而影响农民对山场造林参与的积极性。可以说，山区和丘陵区山场经营使用权的不同，表现为这些区域的农民参与山场造林的积极性也会有一定的差异，而总体上县域间的山场经营使用权差异不显著，进而带来农民参与在县域上也基本一致。

总体上山江湖区受访农民对山场经营使用权与收益间的关系认为：个人所有农民投入积极性较高、集体所有农民没有收益、国家所有农民不敢投入。对比图4-16和图4-17可看出，农民积极渴望生态建设过程中山场经营使用权归个人所有，占受访农民的62.01%，而对集体所有存在的问题也给予了明确说明(如收益难保证)，占受访农民的47.24%。而且，不同地貌间，山区农民由于经济收益靠山(靠山吃山)，其对山场个人所有经营的期望有嘉，占受访农民的38.39%。不同县(市)间，泰和县和井冈山市的山场林业收益较好，农民也较期望山场经营使用权划归个人所有。

详细分析显示，虽然山江湖区的山场部分已划归个人所有，很大程度上提高了农民经营山场的积极性和主动性，但是，这部分山场大多是农民的自留山，还有部分收益较差的责任山，而收益较好的责任山至今仍归村集体经济组织所有，甚至村集体经济组织为了获得尽可能大的经济收益，还将山场经营使用权承包给其他公司(企业)经营和使用。收益的分割，农民也就不会对这部分山场进行投入和管理。当然，国家所有的经营使用权通常属国有林场，农民不敢也不需要投入。可以说，产权、收益、投入间的关系决定农民参与山场造林、管理和建设的积极性，山场经营使用权的个人所有决定农民参与的可能性较大。如何提高农民的参与响应也必须从这一根本点切入，否则，没有经营使用权，没有合适的收益分成，就没投入的积极性。

山场自留山经营模式主要体现为农民自行管理和集体合办，其次是国群合办，乡群合办和入股联营所占比重相对较低。从图4-18可看出，访谈中，约50.59%的农民认为其责任山主要由自行管理，39.76%的认为部分或全部参与了集体合办，而认为参与国群合办的占受访农民的20.47%。入股联营是目前农民自行根据自身所拥有的优势资源要素(如山场、资金、技术、劳动力和市场)，而实施的整合资源、优化利用的一种发展山场的新兴管理与利益分成模式。虽然在受访农民中发生的比重最低，但是从国家现行政策导向看(如林业经营使用权、抵押贷款、使用权流转等)，入股联营是未来较为有发展潜力的模式，符合

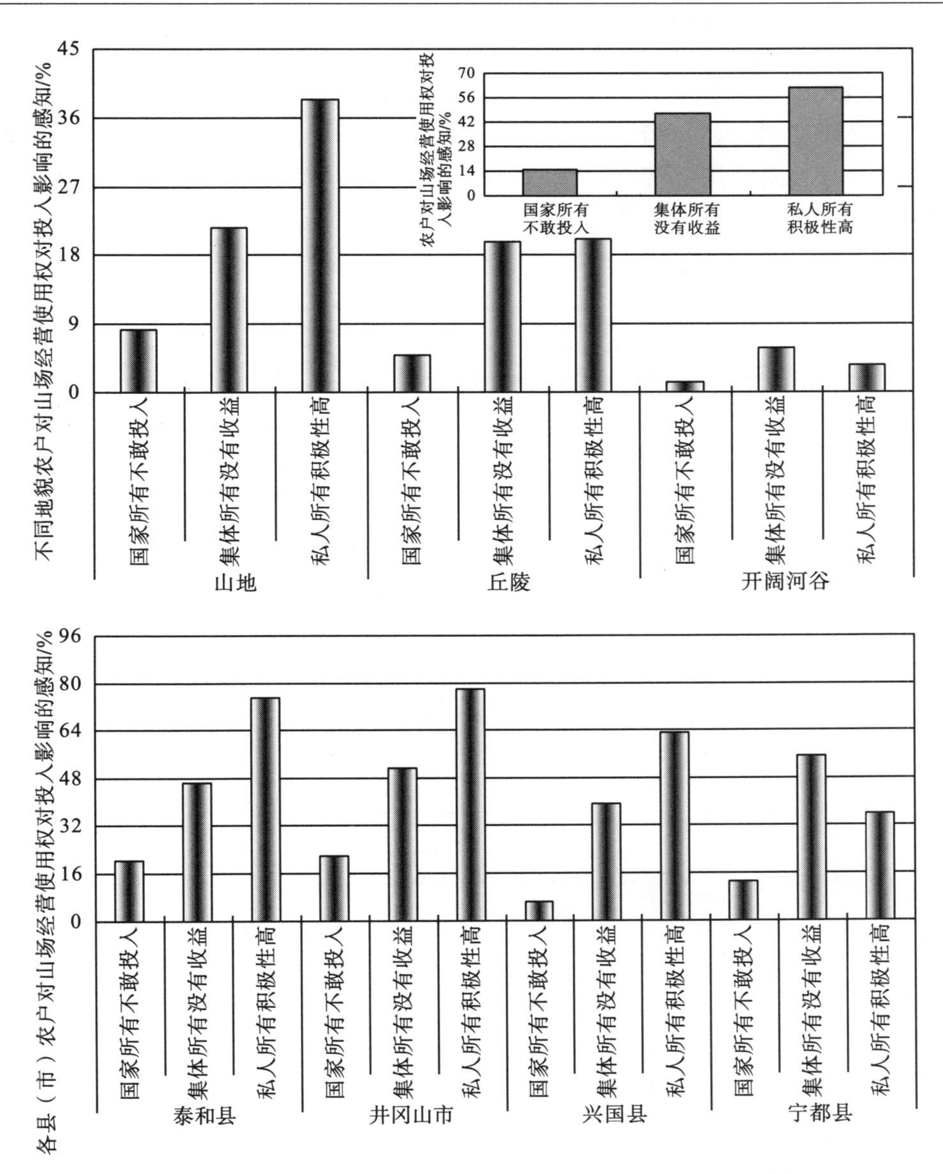

图 4-17　山江湖样区农民对山场经营使用权对收益影响的感知

统筹城乡发展与资源流动整合的主题。

不同地貌间，山区以自行管理为主，占受访农民的 31.10%，这与山区经济收益靠山，农民对拥有山场经营使用权的呼声较高，而也有部分山场因没有收益才划归农民自行管理的，如立地条件较差，造林后林木长势较差或根本不能成材的山场。丘陵区集体合办的农民(18.50%)略高于自行管理(16.53%)，但它们间的差异并不明显。丘陵区植被长势较好的山场，通常由集体经营和管理，而植被长势差的则大部分由农民自行管理，结果造成它们之间差异的不显著。但是，这种经营与管理山场的差异，使得农民对山场的投入和管理积极性受到很大程度的影响，如有的集体合办山场发生火灾，农民都不愿去灭火。不同县(市)间，农民对山场实行自行管理均占主导地位，集体合办发生在除泰和县以外的其他3县(市)，而国群合办则主要出现于泰和县和井冈山市，尤其以泰和县最多(38.36%)。

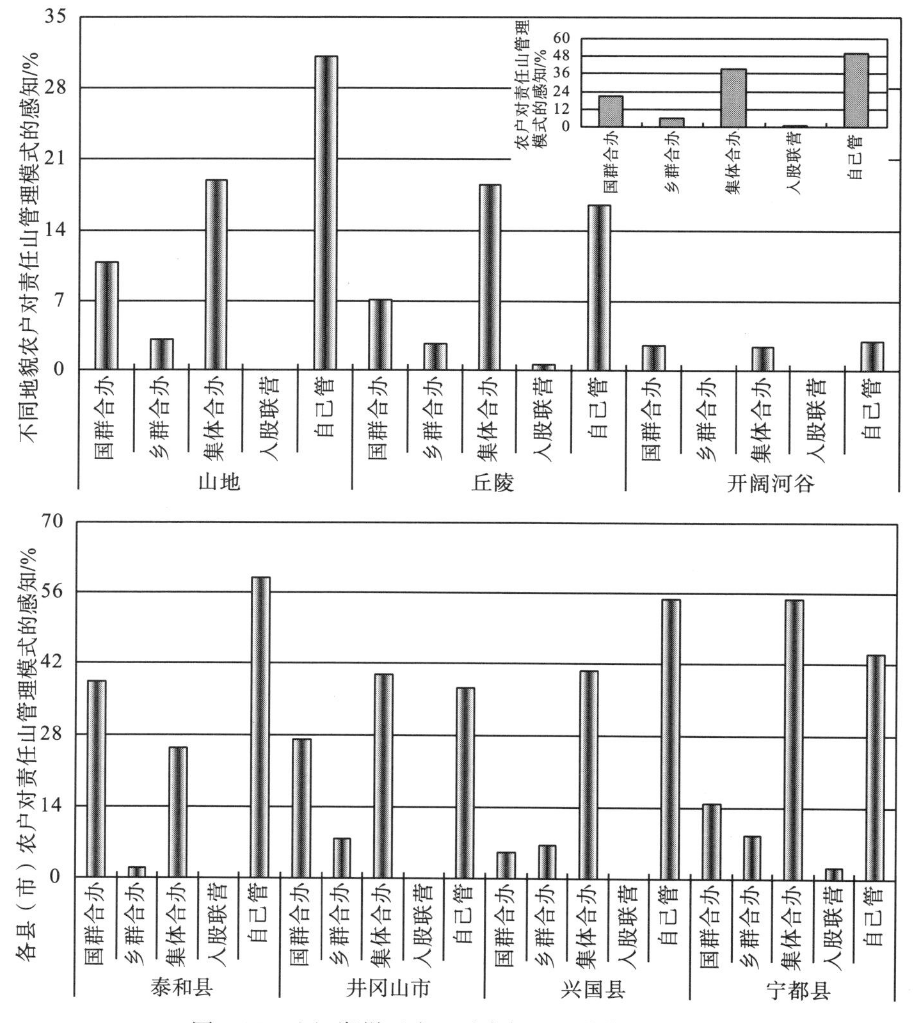

图4-18 山江湖样区农民对责任山经营模式的感知

结合上述山场经营使用权分布及其对收益分配的影响，有什么样的产权经营制度，就会有什么样的经营模式，而这一经营模式下的收益也必然体现为国家、集体和个人间的博弈，即产权决定经营和收益。山江湖区大部分山场由农民自行管理有益于农民自觉参与山场管理与建设，而如何将集体合办转化为农民自行经营，或者将集体合办的收益分成朝着有利于农民参与的方向转换，仍是山江湖区生态建设工程中为提高农民参与响应所必须考虑的重中之重。

在农民对山场管理模式的响应上，51.97%的受访农民认为国群、乡群、集体合办因收益分成更多地向国有林场、乡(镇)政府和集体经济组织倾斜，很大程度上导致农民的参与积极性较为被动，而 44.49%的受访农民根本就没参与上述管理模式，而是自行管理(图 4-19)。另外，2.56%的农民认为农民间的联营较好，即入股联营。具体做法就是，同村几户思维相对开明的农民按山场经营使

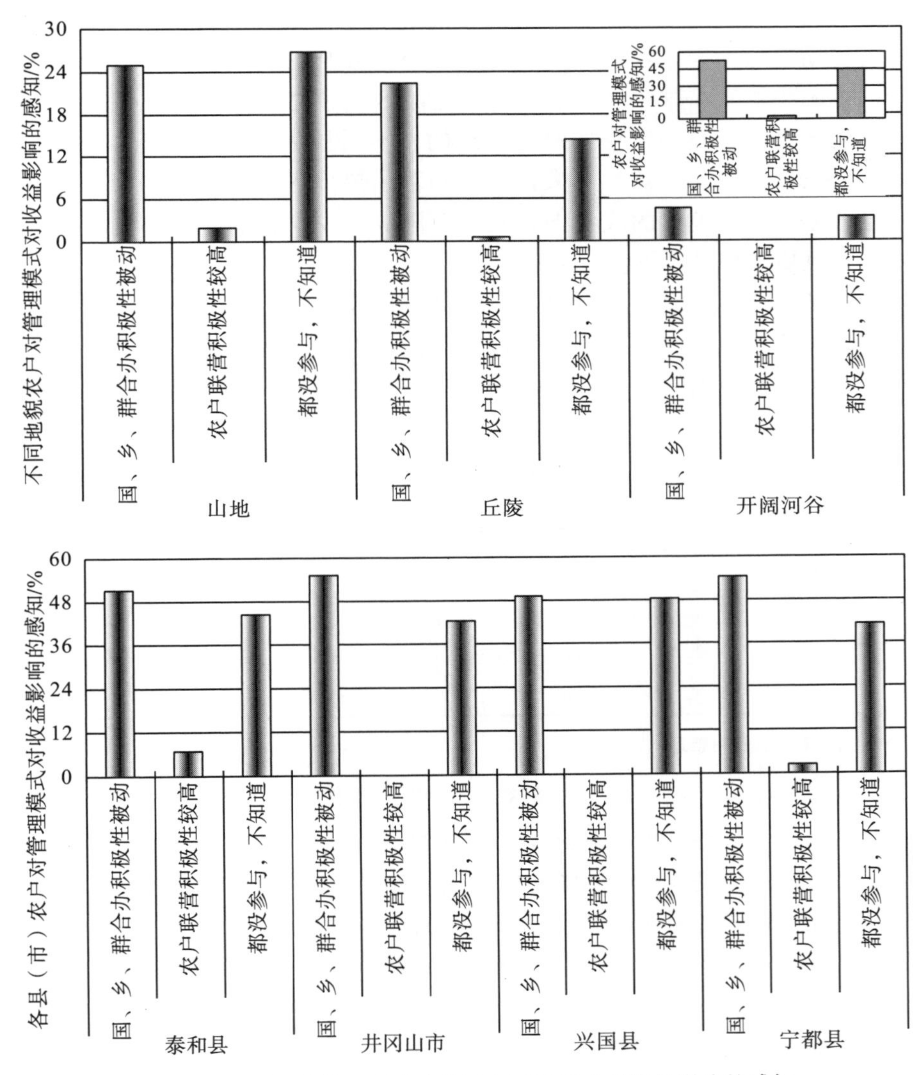

图 4-19　山江湖样区农民对责任山经营模式对收益影响的感知

用权入股，或以资金入股购买同村或邻村农民的山场经营使用权，再依据山场肥瘦、投资多少等核算股权，最终的经营管理收益按股分配，风险也按股共同承担。这一农民间的入股联营模式一方面动用了广泛的社会资源要素，如资金、劳动力、技术、市场、山场等，而且另一方面也减少了因国有林场、乡(镇)政府、集体经济组织介入可能给农民带来的收益损失。同时，农民间的联营也因利益切身(自负盈亏，自御风险)，其参与管理的积极性相对较高。

可以说，虽然目前农民联营模式发生相对较少，仅在泰和县和宁都县有少量发生，但是，它必定是山场经营管理的新鲜模式，农民自发的新探索，也即是未来山江湖生态建设工程所必须鼓励的农民参与响应模式。不同地貌间，山区农民被动参与国群、乡群、集体合办的与没参与的之间差异不大，而农民间联营的也主要发生在这一区域，但是，丘陵区上述之间存在较大差异的原因与造成丘陵区集体合办经营模式的是一致的。不同县(市)间，国群、乡群、集体合办的与没参与之间的差异不大，农民联营主要出现在泰和县和宁都县，尤以泰和县较多。经营模式的收益上，农民对国群、乡群、集体合办模式是不怎么看好的，且更多偏好于不参与。

在草场经营使用权上，20 世纪 80 年代中期，三江源区玛多县主要实行生产责任制，如草场承包到牧民、集体牲畜作价归户等，极大地调动了牧民的生产积极性，而且，为确保家庭牲畜数量不至于大幅度减少，提高越冬率，降低越冬牲畜冻死、饿死等对家庭牲畜数量的影响，牧民主动对畜种结构、适龄母畜比例等方面都进行了调整，如增加成年母畜数量、提高牦牛比率等(表 4-3)。

表 4-3　20 世纪 80 年代中期玛多县的牲畜作价、畜种结构和适龄母畜比例

结构	牲畜作价/头(只)	畜种结构	适龄母畜比例
马	7629	80%	50%～55%
牛	118629	19%	35%～40%
羊	406901	1%	30%～35%

注：据玛多县志资料整理，2001。

可以说，在三江源区生态工程建设初期，草场和牲畜的产权障碍已基本清除，但是，目前生态移民的开展又带来了新的草地和牲畜产权问题，如移民后的草场归属，没移民牧民的草场使用范围，移民后的牲畜作价(如何作价，作价了是迁出呢还是留在原地，以及它们的归属等)等。如第 2 章所述，针对生态移民的按户补偿安置问题，牧民始终担心在国家 10 年补助政策结束后，不再给补助时，他们该如何生活，而届时他们又没有了自己的牛羊和草原，加之因语言、习俗、生活方式等问题，难以从事其他产业活动，或适应新的生活方式，使之生活来源失去根基和退路。

而且，现有补助也不一定能满足一家人对生活的需求，如衣食、教育、医疗等，况且，随着物价的上涨，当初制定的补偿费用可能不能满足基本生活需求。因为移民安置补偿是按户发放，并未考虑牧民家庭人口的多少，这样，若果牧民家庭人口在 3 人以下，年按户补助的 8000 元就可满足生活需要，而一旦家庭人口数量超过 3 人，单靠补助就很难满足日常开支；加之 10 年后部分搬迁牧民老龄化后，转产或再就业在年龄上都不具有比较优势。

因此，考虑到牧民的收益偏好，国家和地方政府在进行生态移民时，在不能提高补助标准的情况下，需要考虑后续产业的发展，以解决国家补贴 10 年后移民生活来源的后顾之忧。

众所周知，如果农牧民感觉在不远的经济预期内，某项生态建设工程的实施能给其带来更多的经济收益，这项生态建设工程肯定会得到农牧民的大力支持与参与。对比上述农牧民的经济收益偏好发现，山江湖区的农民对山场经营使用权、经营模式及其对收益分成与参与程度影响的认识非常清楚，而三江源区的牧民除了 20 世纪 80 年代中期的草场责任制改革外，牧民对草场使用权对经济收益影响的认识尚处于原始阶段。但是，对于直接关心到他们切身利益的生态移民，牧民的认识还是比较清楚的，不仅要考虑安置补偿的年限，补偿标准，还要关心补偿终止以后的生活出路等。目前来看，山江湖区的林业经营使用权基本扫清了农民参与山场管理、建设、收益的制度障碍，而虽然三江源区的牧民经专业培训转产再就业，也为牧民后续生活指明了方向，但是，生态移民工程的大多费用仍用于安置房、畜棚、水电改造等基础设施建设上。如何使生态移民的安置补偿转向侧重牧民的后续发展，且将部分安置房、畜棚、水电改造等纳入牧民生产自救中，或由牧区新农村建设、牧网(电或水)改造等，成为三江源区生态移民的政策选择。

4.2.2　信仰习俗偏好

在影响农牧民对生态建设工程的理解偏好中，传统文化发挥着重要作用，尤以信仰习俗最为明显。山江湖区农民的信仰习俗主要涉及与山场管理或利用有关的生活习惯，如燃料用柴、田坎焚烧、饲养生猪等(吴婷婷等，2000)，而三江源区牧民的则包括宗教、饮食、居住、能源等(摆万奇等，2002)。政府在制定生态适应性调节对策时，理应考虑到农牧民的这些信仰习俗，并将有利于生态恢复的生活习俗纳入到政策框架中，以顺应并尊重农牧民的生活习惯，发挥他们生活习惯的生态适应性意义，而对于不适宜的生活习惯，政策制定时也要充分考虑，避免切中造成生态恶化驱动因素的要害，有针对性地制定相应的对策框架，以利于生态建设工程的顺利实施和预期目标的实现。总之，农牧民的生活习俗偏好较为重要，具有根深蒂固性。

生活用柴是山江湖区农民 20 世纪 80 年代必须解决的重要问题。农访发现，由于当时山场环境较差，植被覆盖率低，且主要以杂灌、灌丛或茅草为主，为获取家庭生活用能源，砍柴距离为 5～15 华里(1 华里＝500 m)的农民约占受访农民的 56.50%，而认为山上柴火到处都是的仅为 42.32%(图 4-20)。其中，19.29%的农民砍柴要跑 15 华里以上，24.61%的认为需走 5～10 华里，而仅有 12.60%的认为要走 5 华里以内的距离。由这一访谈结果可看出，一方面山江湖区生态建设初期，生态环境确实恶化，山场光秃一片，草都很少长，当然，农民砍柴要跑很远。当然，这也是以前对山场的索取太多，诱发的恶性循环所导致

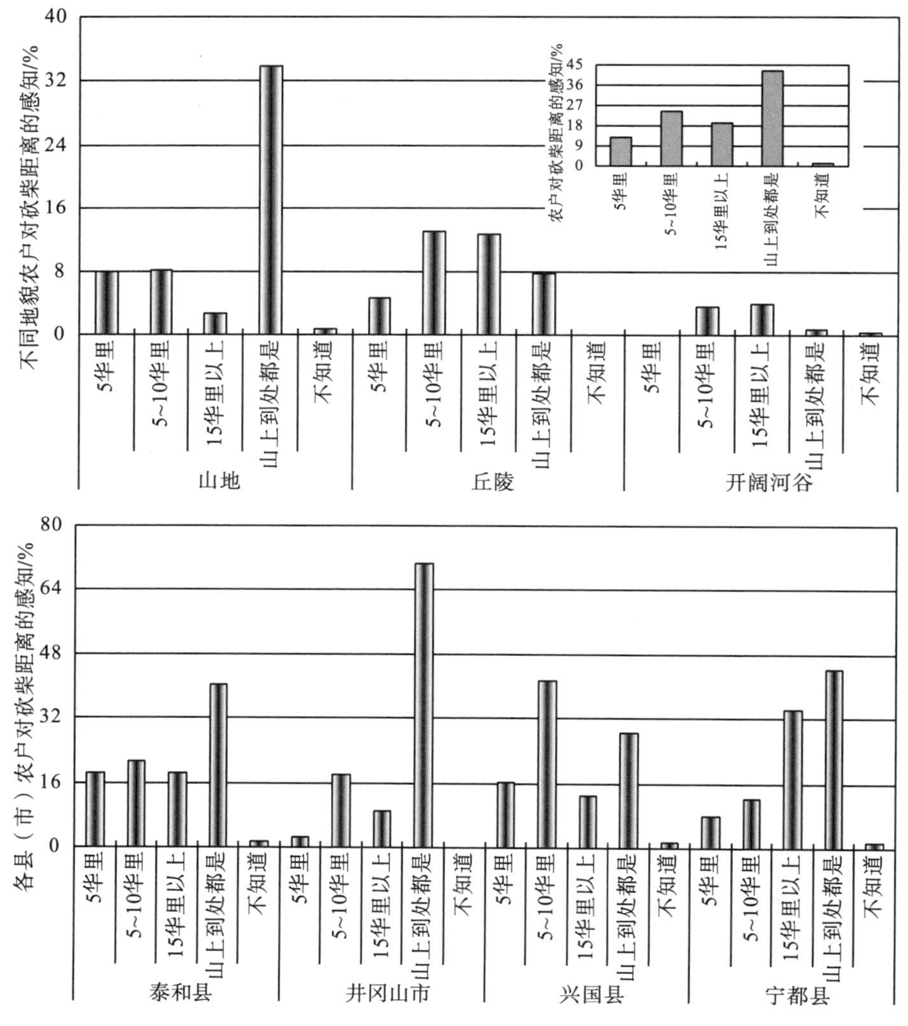

图 4-20　山江湖样区农民对 20 世纪 80 年代上山砍柴需徒步距离的感知

的，即植被砍伐—水土流失加剧—植被生长较差；另一方面也说明生态建设初期，山场造林主要以经济林和用材林为主，而很少考虑薪炭林，这在 4.3 节会详细介绍。

不同地貌间，农民砍柴跑 5～15 华里的主要出现在丘陵区，占受访农民的 25.59％，5 华里以内的以山区为主，占 7.87％。山区无论是林木还是灌丛、茅草都较丘陵区多，且山区交通相对不便，人口密度相对较低，致使人为破坏较少。而丘陵区正处于农林交错带，植被以人工经济林或用材林为主，杂灌、灌丛和茅草因长期扰动（入不敷出），覆盖和长势较山区差。不同县（市）间，井冈山市的农民因地处山区用柴最方便，宁都县、兴国县和泰和县相对较差。宁都县的农民砍柴跑 15 华里以上的占 34.11％，兴国县跑 5～10 华里的占 41.29％，而泰和县跑 5～10 华里的也达 23.23％。造成不同县域间农民砍柴距离差异原因与整个样区的一致。山江湖生态建设工程的实施必须考虑农民的这一用柴习俗，在山场造林时，适当考虑薪炭林的规模与空间分布。

焚烧田坎草已成为山江湖区农民农耕活动的一部分。农访发现，约 67.91％的受访农民以家中缺少劳动力，且忙种季节时间短，要抢种，以烧了省事为由烧田坎，64.57％的还发现烧后的田坎草草木灰作干粪可以肥田，而仅 31.69％的农民不仅自家不烧田坎，且还监督他人（图 4-21 和图 4-22）。其实，农民焚烧田坎草省劳动力、可以肥田仅是其中重要的一方面，另一重要的方面是可以有效清除田边杂草的蔓延，尤其在春耕时节，焚烧可以连根与草种一起根除，减少后期除草管护的时间花费。

不同地貌间，丘陵区较山区焚烧田坎多，且理由充分（如烧了省事，可以肥田）。山区农民大多生活靠山，防火意识强，宣传标语多，害怕因焚烧田坎草把火种带入山林，会造成更大的经济损失，甚至严重破坏山场生态环境。为此，在山区，自己不烧还监督别人的受访农民占 27.76％，但以烧了省事、可以肥田的农民仍占主导地位，占受访农民的比例高达 50.78％。丘陵区介于农林交错区，除非山场植被长势较好且农民可以从中获得全部或部分收益，否则，农民对山场的防火意识均较低。在丘陵区，以烧了省事，可以肥田的农民占 66.93％，而且有农民还专门点火烧野猪。在山场造林后，农民很少或不可能从中获得收益的情况下，农民就会更加注重农业生产，且只要能为农业生产提供便利的生活习俗，农民都会坚持，而对农业生产产生影响的都会被消除。丘陵区农民焚烧田坎的比重较高，有时专门放火烧山，也就是这个道理。因为，农民从山场获得不了收益，既便山场植被长势再好，而山场植被长势越好，野生动物就越多（特别是野猪），这样对农业生产的影响就越大，为降低野生动物对农业生产的伤害，很自然农民就打起了山场植被的主意。对于年轻人来说，受制于森林保护相关法律和条例的约束，不会做出放火烧山的举动，仅仅是对山场生态建设参与的积极性不高或不参与；而留守的老人则没什么担心，可能会焚烧田坎草。

不同县(市)间，泰和县和井冈山市的农民防火意识要较宁都县和兴国县强。而在对焚烧田坎可能带来的危害认识上，79.58%的受访农民都认为会引起火灾，而21.85%的则认为没什么影响。但不同地貌和县(市)间，农民对烧田坎危害的认识差异较大。丘陵区因烧田坎草而引起的火灾经常发生，农民对这一点的认识也较强，占受访农民的46.85%，但农民为了省事或利益主体间的博弈，还是经常焚烧田坎。山区火灾相对较少，农民较强的防火意识和防火宣传力度，

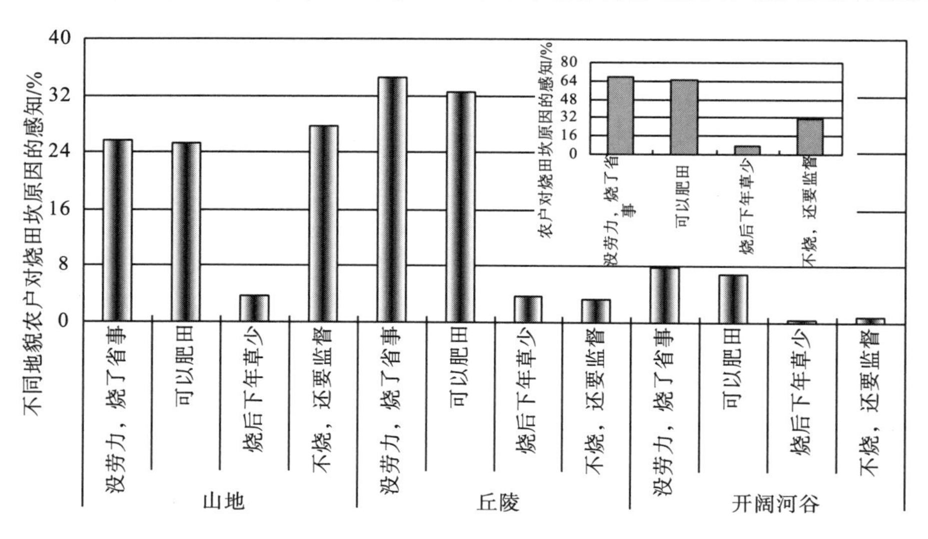

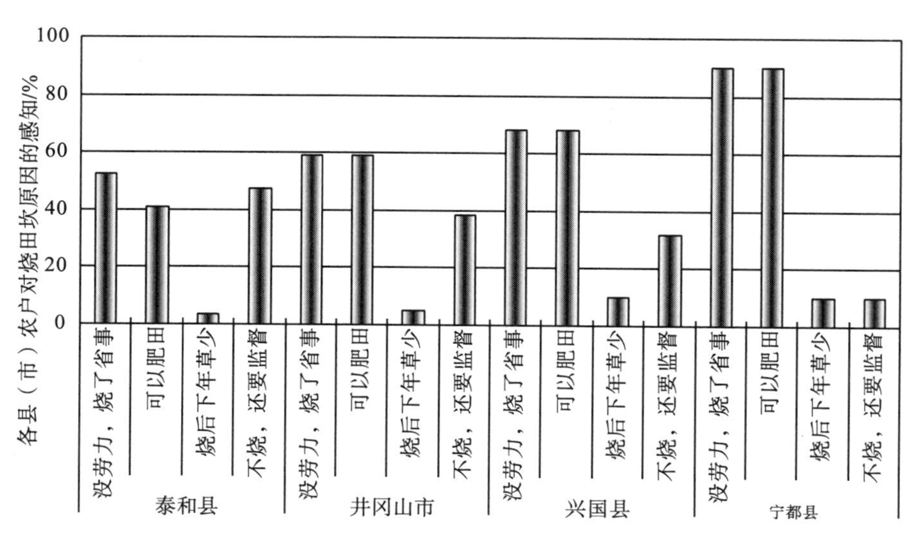

图4-21　山江湖样区农民对焚烧田坎原因的感知

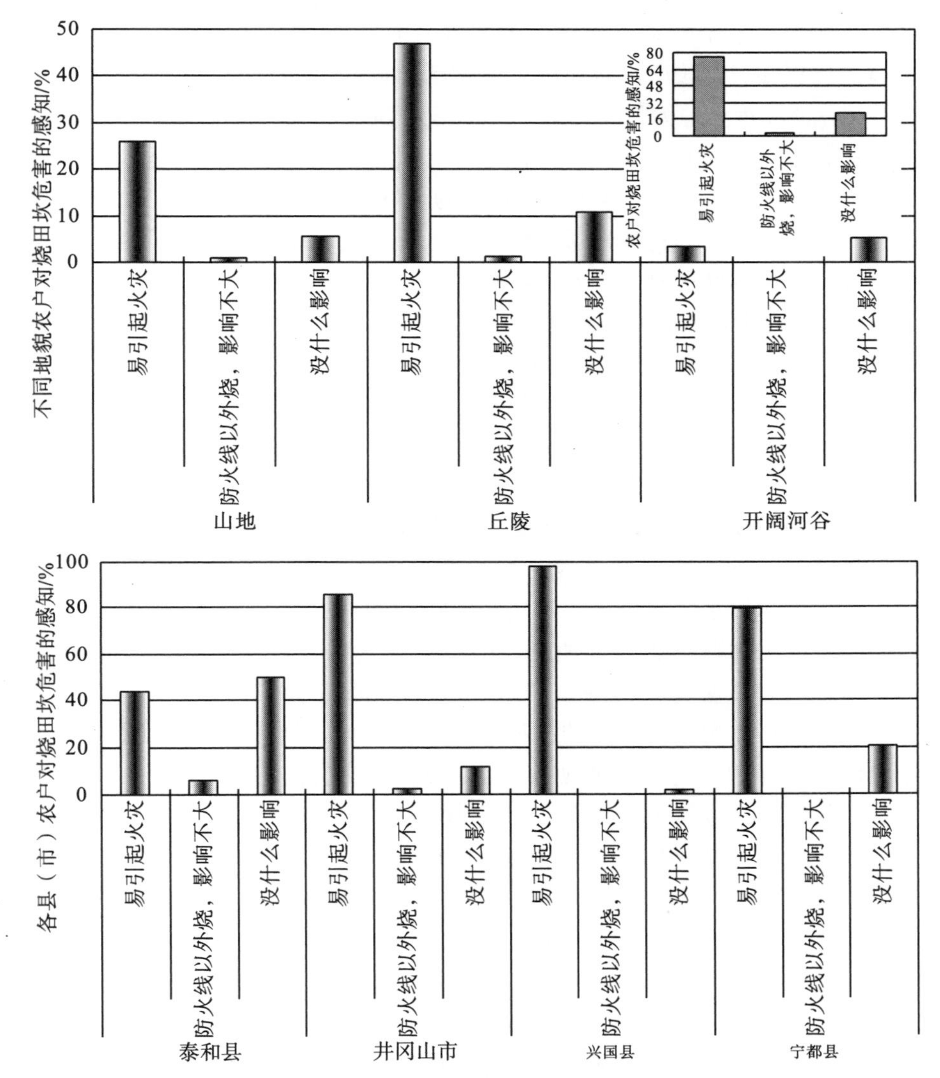

图 4-22　山江湖样区农民对焚烧田坎可能造成危害的感知

如最朴实的宣传标语有“一人烧山，全家遭殃”、“小孩烧山，大人负责”等，使约 25.79％的受访农民认为烧田坎会引起火灾，倘若引起火灾会受到法律的惩罚或农民的耻笑。

可以说，山江湖区生态建设工程的措施制定必须考虑农民焚烧田坎的习惯，做好宣传教育的同时，更重要的是要均衡山场利益分享，减少以焚烧田坎为由而烧山的发生概率。

三江源区牧民的习俗信仰涉及对自然的价值观，饮食、居住、能源以及循环与联系观等，而这一习俗信仰非常独特，具有与其他民族不同的特性，部分对维持草地生态系统的动态平衡具有重要作用。为此，在生态移民的推进、牧场减压的过程中，必须考虑牧民的这些生活习惯和信仰。访谈中发现，牧民的佛教宗教文化使其视土地为万物之源，神山圣水随处可见，且对草原和牲畜倍加珍惜，“不杀生”，哪怕是牧业生产中的狼害、鼠害、虫害等。神山圣水即牧民意识上的自然保护区，这有助于保护牧区特定的自然资源不受放牧或外来文化的侵袭，对维持一定区域的生态完整性意义重大。再者，狼害在牧区经常发生，有的甚至一晚上有几只羊被狼吃掉或咬死，但是，牧民对其是不管不问，也不采取防护措施，或者将狼赶走，或者将狼毒死，他们认为狼如果不吃羊，就会被饿死或冻死，其实，这一简单的想法蕴含着种群竞争(食物链)的深刻道理。

详细分析，牧民的朴实理念也应用于防护鼠害或虫害上，因为，牧民对鼠害、虫害也采取不杀生的做法，在牧区推进鼠药很难，而鼠害、虫害对草场资源会产生很大的危害，尤其是鼠害会在很大程度上诱发“黑土滩”的大量出现，在风力侵蚀的驱使下，驱动草地退化的扩张和蔓延。为此，在进行生态建设时，可以大量繁殖或饲养田鼠的天敌，如鹰等，这样，利用鹰即可把田鼠消灭或降低到对草场影响较小的限度内，牧民是能接受的。

同时，牧民对财富的独特理解，即以拥有的牲畜数量来决定，而不是用直接的货币来度量，使得牧民在畜牧业生产中不断追求扩大牧畜的数量或规模，而并不看重真正体现经济效益的出栏率，致使草场长期超载过牧(图 4-4)。冬季难免会出现牲畜的冻死、饿死现象，而冻死、饿死得越多，反过来，农民就会饲养更多的牲畜，或调整生群结构，增加牛羊比、提升成年母畜的比率，以便使越冬后家庭的牲畜数量不至于降低到在牧业社的位次发生较大的变化。

基于这些原因，牧民不仅不想离开其所崇拜的神山圣水，而且要确保牲畜饲养数量不发生较大的波动，致使生态移民很难推进，饲养牲畜数量也很难大幅降低，以草定畜目标很难实现。

另外，牧民饮食习惯以糌粑、面食为主食，肉类、奶制品作副食，以青稞酒和酥油茶作饮料，也使得现有移民补偿标准(按户每年 8000 元)很难满足牧民基本的生活需要。加之游牧的生活较随性，牧民很难适应移民后的定居生活，尤其定居后没有工作可做。

可以说，牧民的生活习俗使其一方面不愿离开草场和牲畜，而另一方面他们也担心生活转变会不会失去根基和退路。对此，现有生态移民措施必须考虑牧民的生活习俗，并从有益于牧民的角度出发。

生态建设的过程包含着农牧民传统文化的变迁和重构。对比农牧民在习俗信仰偏好框架内对生态建设工程的理解可看出，山江湖区的农民主要反映于用柴、焚烧田坎等现实生活的保持上，而三江源区的牧民则更多地考虑自己的信仰、饮食等价值形态的维持上。

山江湖区生态建设初期，山场造林很少考虑农民的用柴问题(生活能源)，薪炭林几乎没有考虑，而过多考虑经济林和用材林，注重经济效益，结果造成“远看绿油油，近看水土流”的局面。因为，在没有薪柴可砍的时候，农民只能瞄准林下灌丛或草皮，从而导致乔灌丛健康的森林生态系统遭到很大程度的破坏，当然，随之而来的水源涵养、水土保持的功能也就受损，林下水土流失就会频繁发生。但是，从远处看，山场植被长势较好，绿油油一片，而走到近处看，水土流失仍然发生严重。而且，针对农民焚烧田坎的习惯，生态建设过程中也没有很好考虑如何能够改变，也没有从提高农民山场收益的角度，让农民减少焚烧田坎，进而降低对山场的干扰，结果导致山场火灾较多，尤其是在 2008 年春季冰冻灾害后，因焚烧田坎诱发的火灾发生频次大大提升。三江源区的生态移民过多地考虑牧民的安置补偿，而没有考虑触动牧民习俗信仰的花费，牧民的自然价值观、财富价值观、社会价值观、文化价值观、饮食居住等都在很大程度上作用于其对生态移民的理解偏好，如“惜生”等，但这一偏好是决定其是否愿意离草弃畜的稳定性力量。

4.2.3　生产便利偏好

农牧民在一定区域内通常具有稳定的生产习惯，而且，是与其经济收益有着密切联系的，且经过长期的实践积累形成，在现有生产力水平、既定认识下很难短时改变或被替代的，生态建设过程中适应性策略的制定必须遵守这一习俗，或对其所要推广的生产方式给予农牧民一定的规范，即在延续的基础上适以调整。如山江湖区山场造林的树种选择、毛竹和油茶“低改”的推广等，三江源区移民后生活习惯的适应性调整、再就业转产的技术培训等。否则，农牧民将因不理解或不适应建设后的生产习惯，而“相悖”地理解生态建设工程的目的，进而影响建设工程的顺利执行。

山江湖区农民的造林树种选择主要以用材林为主。访谈发现，约 87.01%的受访农民造林时选择了用材林，其中，55.71%的选择本地杉木，32.87%的为马尾松(图 4-23)。而且，不同地貌和县(市)间，农民对树种选择的认识也具有上述趋势。杉木、马尾松为当地乡土树种，生态适宜性强，但关键的是造林方式、如何管理等才能有利于山场生态建设，接下来详细论述。

外来湿地松也是农民造林时树种选择的重要用材林，有的叫经济林，它分布在丘陵或低山区(如泰和县就有大量分布)，受访农民中有 19.49%和 16.72%分别持这种观点。但是，这一树种速生丰产，能割脂(松油)，经济效益较好且见效快，深受农民喜欢和接受，当然，在经济利益驱动下，随之而来的种植分布也逐渐“往山上跑”(延伸)，形成湿地松“戴帽格局”，如泰和县的老营盘镇。而且，在农民与林场联营实行国群合办经营时，通常将山腰以上的荒山或残山参与林场合办，而山腰以下的油茶则留作自行经营，合办的结果，林场为追求最大且短时的经济收益，将从农民那里合办来的荒山或残山用于湿地松种植，也即在山顶形成湿地松“戴帽格局”。但是，从 2008 年春季的冰冻灾害看，受损最严重的即是高海拔区的外来湿地松(长得快、木质嫩脆)。

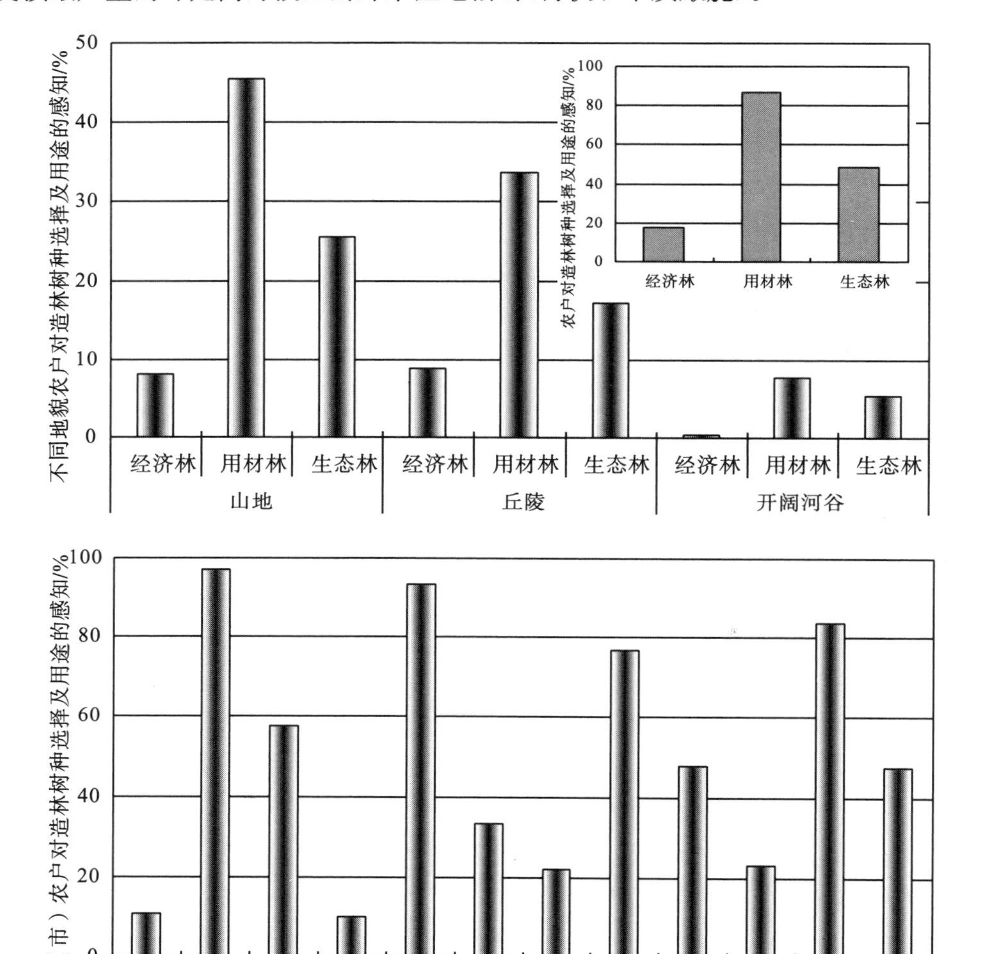

图 4-23　山江湖样区农民对造林树种选择及用途的感知

生态建设过程中，对造林树种的选择，既要强调它的生态适宜性，又要兼顾农民的经济收益，通常情况下，以珍贵的乡土树种为最佳，“珍贵”说明有很高的经济收益，“乡土”则表明生态适宜性较强，这样有助于提高生态完整性，且农民的经济收益不降低，达到“双重过滤器效应”。当然，在引进外来树种时，需要在认知农民种植本地树种偏好和方式的前提下，对比引入和引出地的自然地理和社会经济条件，尤其是气候、土壤、水等，适时进行外来树种的适宜性区划。如湿地松的种植就应该对地形地貌、海拔作严格限制，实行刚性约束制。

山场造林方式以炼山、清山和直接穴栽为主，而农民从事的造林方式在这三者之间差异不明显。受访农民中，37.20%的认为造林时要进行炼山，39.98%的进行清山后种植，而 32.87%的则直接穴栽种植(图 4-24)。不同地貌和县(市)间的造林方式也具有上述趋势，但是，飞播造林主要出现在兴国县和宁都县的丘陵山区，那里地形起伏频繁，土壤贫瘠，直接人工造林很难实行，而只能采取播种为主的方式，这样，生长出的植被对气候、土壤的适宜性均较强，且有一定的抗逆性。

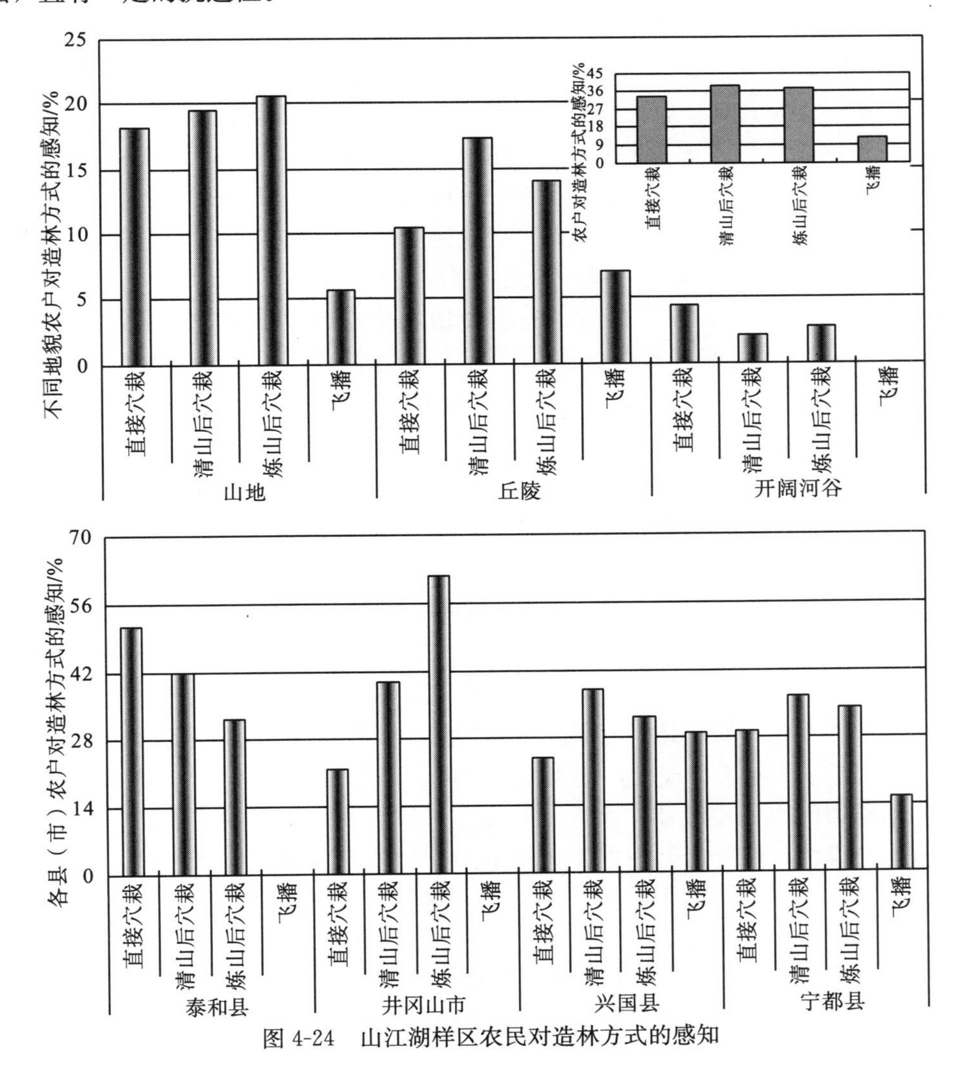

图 4-24　山江湖样区农民对造林方式的感知

清山是将山场上的杂灌、茅草等全部清除，而炼山不仅包括清山过程，而且还将清山后的杂灌、茅草等连同树根全部烧掉。实地踏勘，发现清山、炼山过程都会带来一定的水土流失等生态问题。

类似于清山过程的毛竹、油茶的“低改”也会产生上述生态问题，并在2008年春季冰冻灾害中受损严重(将在4.4节详细论述)。当然，相比直接穴栽，炼山、清山造林有助于提高造林施工的便捷度，提高树种成活率，提高成长速度，且成材后的树干较为顺直，且炼山还有助于清除清山后自然萌生出的杂树对造林树种的干扰(幼苗栽种后不久，其长势和适应性较自然萌生的杂树慢)，同时，炼山还能增加草木灰还田。毛竹、油茶的“低改”能大大提高毛竹和油茶的长势，有助于提高毛竹出笋率或成材速度及油茶挂果率。

基于农民的这些生产偏好，生态建设过程中，如何利用农民的生产偏好，并将其所可能诱发的外部不经济性尽量减少，朝着健康的方向引导，这才是非常重要的。但反过来，农民如果不采取这些管理措施，有可能造成的经济损失，生态建设中应尽量考虑为此提供尽可能的生态补偿。如农民不炼山、清山，造林后的成活率、成材率均可能受到较大的影响，而对这部分影响不能完全由农民自己承担，生态建设时应将这部分由政府承担的生态补偿预算进去。

造林后3～5年通常实行锄(刀)抚，平时进行防偷和乱砍管理。从图4-25可看出，63.78%的受访农民进行了有益于山场生态建设的防偷和乱砍管理，而42.91%的在造林初期还要投入锄(刀)抚育。不同地貌间，山区锄(刀)抚的比率明显高于丘陵区(13.98%)，这与山区立地条件较差有很大关系，加之山区农民生活靠山，农业生产在家庭收入中的比重相对较低，因此，对造林后的林木管理较为精细，类似于开阔河谷、丘陵区农民对农作物的管理。不同县(市)间，锄(刀)抚以井冈山市为最多，占受访农民的71.79%，其次是兴国县和泰和县，相应比重分别为43.23%和40.41%。造成锄(刀)的不同地貌与县(市)间差异的主要原因在于适地适树的原则，山区的造林树种常常以本地的杉木和马尾松为主，尤其是杉木在造林后的3～5年内会生长出较多的边杈，如果不进行清除则会影响主干的生长。而开阔河谷区和丘陵区的低海拔区主要以湿地松为主，造林后不需要锄(刀)扶。井冈山市以山地为主，杉木和马尾松是主要的造林树种。

造林后前3年进行锄抚，锄去低矮杂灌、茅草等，紧接着2年进行刀抚，抹去林木周边的边杈和嫩芽。这样，一方面造林后林木成活率高，不争水肥，长得直，长得快，但是，另一方面在林木生长的前几年，因地表植被的去除、表土疏松等易带来一定的水土流失发生，且抚育后，山场常为纯林，林下植被的结构性较为单一甚至没有，不利于山场水土和生物多样性的保持，以及火灾减少、病虫害防治等。而如何借助农民造林和管理行为，并通过生态建设进行性规范与指导，为农民提供更为便利的管理偏好，使其在不减少山场经济收益的基

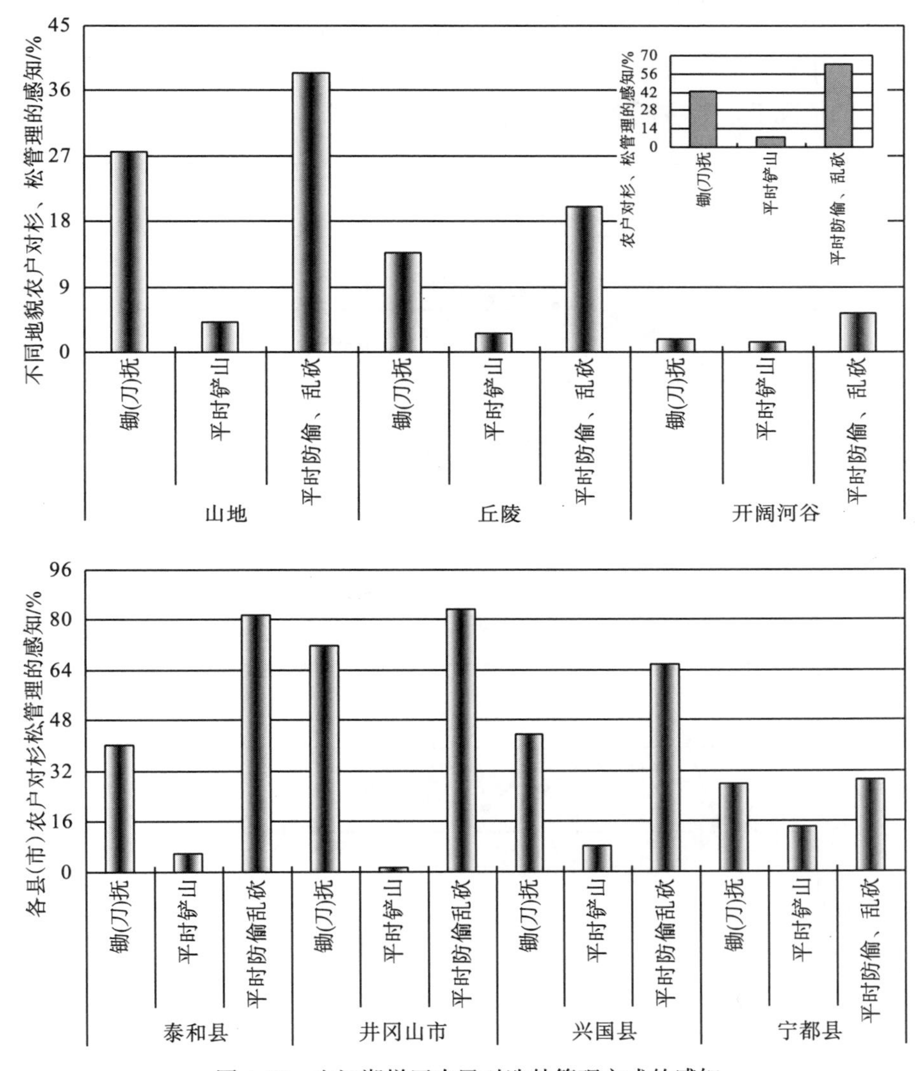

图 4-25　山江湖样区农民对造林管理方式的感知

础上，有利于生态环境的保护。

畜群种类、牲畜存栏等的变化成为牧民适应草地退化的生产便利偏好。三江源区牧民世代经营畜牧业，牲畜是他们赖以生存的生产和生活资料。面对草地退化的胁迫，牧民通常把牛羊比例控制在一定的范围内，以适应或应对退化的草场资源，确保家庭财富的波动在可接受的范围内(图 4-26)。据玛多县志(2001)，20 世纪 70～90 年代中期，牧民畜群结构(羊∶牛)呈现出下降趋势，整个 70 年代，羊牛结构都在 4∶1 以上，随后逐年下降，大牲畜牦牛逐年增多，而藏绵羊则相反。参考芦清水(2008)对三江源区玛多县的研究，认为除通常的宗教图腾，用作运输工具，制作藏艺品和生产工具等，畜群结构逐渐向牦牛调整的原因，主要受制于草地退化胁迫下的牧民生存压力所驱动。而且，在牲畜膘情降低的情况下，牦牛抵御自然灾害的能力也较强，尤其是在越冬时。

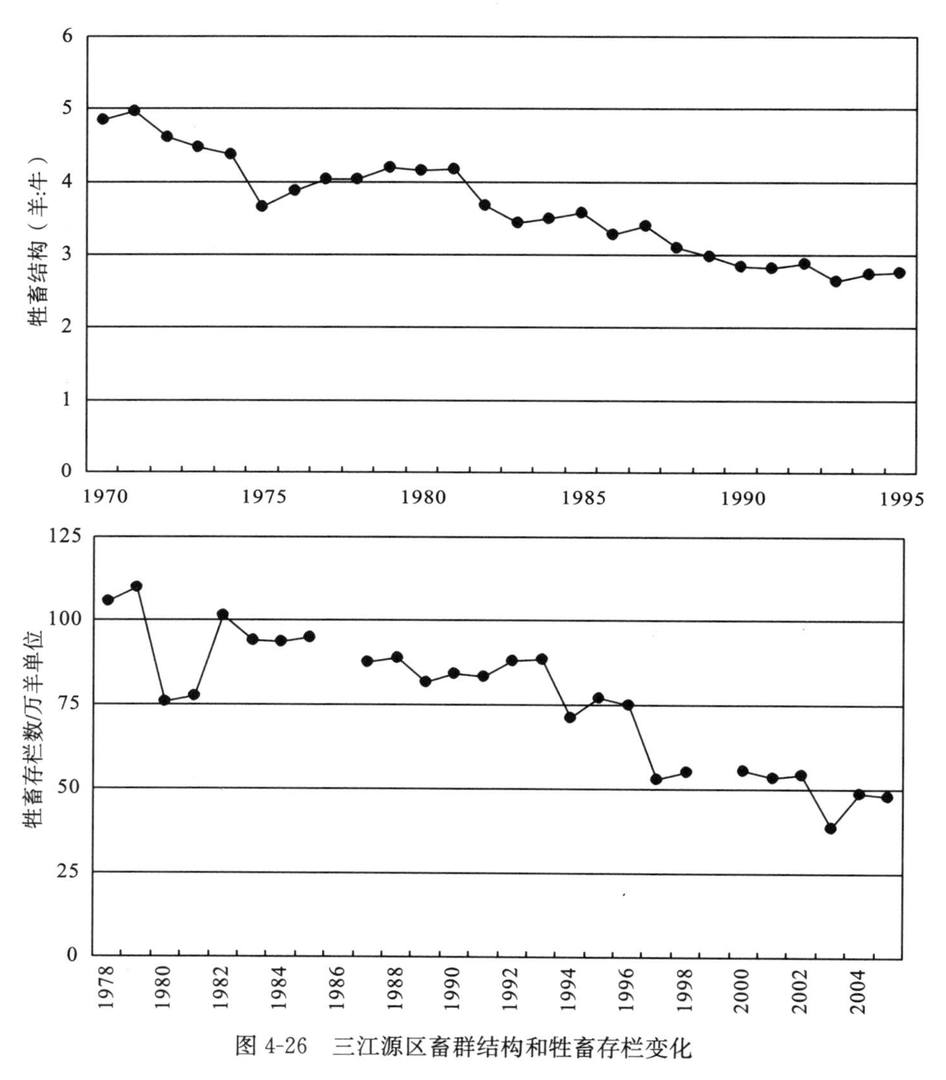

图 4-26　三江源区畜群结构和牲畜存栏变化

如前所述，三江源区的草地退化在 20 世纪 70 年代末就已形成，即是说，70 年代末达到最严重的程度，而这时，相应地草场承载力定会降到最低，这样，夏秋季牲畜的上膘会受到一定程度的影响(即上膘不如以前)，进入冬春季后，在严寒气候的胁迫下又因缺少充足的草料供应，牲畜膘情会急剧下降，部分牲畜因抵御能力差而死亡。当然，如果冬春季死亡牲畜的数量在牧民可以接受的范围内，他们即认为是正常的事情，否则，他们就会想方设法提升牲畜的越冬率。经过长期的观察发现，牦牛因体格健壮，抵御灾害的能力较强，每年的越冬率较高，从而促使他们改善畜群种类，提高牦牛在牲畜中的比重，以降低越冬时的死亡率，并适应草地退化的现实。

另外，牲畜存栏也在逐年降低，1978 年牲畜存栏 105.53 万羊单位，而 2005 年仅有 47.8 万羊单位(图 4-26)。在牧民惜杀、惜售习俗信仰的作用下，理论上牧民是不会自动削减家庭牲畜数量的，也不会大量出售和宰杀，因为，他们常常要维护家庭在牧业社的地位。其实，从 20 世纪 70 年代到 2005 年玛多县牲畜数量的减少，主要源自严重的草场退化、承载力大幅下降所致，牧民不得已而减少家庭牲畜的饲养数量或调整畜群结构，以适应退化的草场承载力。当然，在这一过程中，当地政府为减轻牧压，提高出栏与周转，尽量改变他们看待家庭财富的关键，引入货币交换机制，加快商品流动，如皮毛、肉奶、纺织、针织品等，最显著地，政府每年从牧民那里收购一定数量牛羊，加快出栏，这也在一定程度上减少了牲畜存栏。但是，不管怎样，20 世纪 70 年代～2005 年，玛多县的牲畜数量的巨大变化也不可能是商品交换的结果，商品交换只是尽可能在一定程度上加速这一变化的进程。生态环境恶化逼迫玛多县牧民“压缩”牛羊数量仍居于主导地位，即草地退化的现实牧民必须适应或应对，而不能改变。另外，牧民生产偏好还包括牲畜性别、年龄等的适应性调整，这在 4.3 节给予说明。

对比农牧民生产便利偏好对生态建设工程的理解，山江湖区农民从造林树种选择、造林方式、管理投入等方面融入到工程建设的始终，但这些方式在促进山场发展、农民增收等方面确实发挥了一定积极作用，且效果明显。但是，农民的这些生产便利偏好也带来了系列生态问题，以及促使生态脆弱性出现的诱因性因素等，未来生态建设过程中的生态适应性对策必须考虑农民的这些偏好，才能提高农民参与积极性和认知度，才能切中促使生态退化的动力要害。

三江源区的生态移民、退牧还草的牧民牧畜便利，体现在牲畜数量减少、畜群结构调整等方面，是牧民适应草地退化的最直接表现。但是，在这些适应性措施中，牲畜数量减少毫无疑问直接有利于草场的减压，也即是生态移民、以草定畜、西繁东育等所要集中的重点。然而，畜群中牛的比重增加、羊的比例减少，则具有两面性，它在有利于牧民生存的同时，牲畜越冬率提高，也带来草场啃食结构的失衡，进而诱发新的草地退化格局的出现。访谈发现，牦牛因体格健壮，体型较大，喜欢在较冷湿的地方进食，觅食高度较低，而藏绵羊则习惯于在温度较高的地方，如阳坡、避风处等，也喜欢爬坡，觅食高度较高。而且，牛的出栏时间长久，而羊的则相对较短，在正常牧畜条件下，牛的出栏比例就相对较低，羊的则较高。结构的调整不仅会诱发新的草地退化格局，导致原先没有退化的草地增加牧压，而且不利于牲畜的出栏与周转。

但是，山江湖区的农民生产便利在给予合适的生态补偿的条件下易于解决，而三江源区牧民的牧畜便利受控于宗教习俗的框架作用很难变更，仅能借助生态工程措施对牧民偏好进行微调。因为，生产便利偏好是与经济收益和社会地位有着强间接关系的，需要在稳定中调整。

4.3 农牧民参与生态建设的行为响应

基于上述农牧民对生态退化的行为调整和对生态建设工程理解的偏好，我们认为，查明农牧民对生态建设的初始参与行为响应才是最根本的，而只有提高农牧民的初始参与积极性，生态建设也才能取得预期成效，不管是三江源区的减压型生态恢复，还是山江湖区的集中型生态重建。否则，生态建设工程的实施很难取得预期的效果，而且，也只有弄清初始参与行为及存在的问题，才能在未来的生态建设中实施调整促使农民参与的对策。农牧民参与生态建设的初始行为主要涉及三大部分：直接参与行为(如山场造林、生态移民等)、间接参与行为(如技术规范培训、“低改”次数减少等)和转产参与行为(如替代能源、外出务工等)。

4.3.1 直接参与行为

农牧民对生态建设工程的最根本响应源自于他们率先的直接参与行为，当然，最初的直接参与大多是被动的，如山江湖区农民参与山场造林、管理投入等，三江源区的牧民直接参与生态移民、退牧还草等。山江湖区和三江源区生态建设的起点也在这里，就是要将农牧民对生态建设的率先参与性作为出发点。从辩证综合角度看，治江-治山-造林-治穷关系决定农民的主体力量地位，而草地的减压恢复离不开牧民的离草弃畜。具体地，在山江湖区主要指农民对造林阶段划分(造林有哪几个阶段)、造林投入主体(造林由谁来投入)、造林分布区(在哪里区域实施造林)的认识，这些是最根本的，倘若农民对这些最简单的山场生态建设要素都没有清楚的认识，更不用说他们当时直接参与了，只有直接参与的农民，才会有深刻的认识和想法。

农民根据自己的参与将山江湖区的山场造林划分为三个时期，且随着时间的推移，造林呈减少趋势。但是，以 20 世纪 70～80 年代为造林高峰期，其次是 90 年代初。73.23%的受访农民认为，70～80 年代进行了大规模造林，32.48%的认为 90 年代也进行了大规模造林，而 20.08%的则认为 2000 年以后也有部分造林(图 4-27 和图 4-28)。不同地貌和县(市)间，农民对造林时段的划分，也具有上述趋势，但认为未有造林行为出现的主要发生在山区(68.75%)，而县(市)

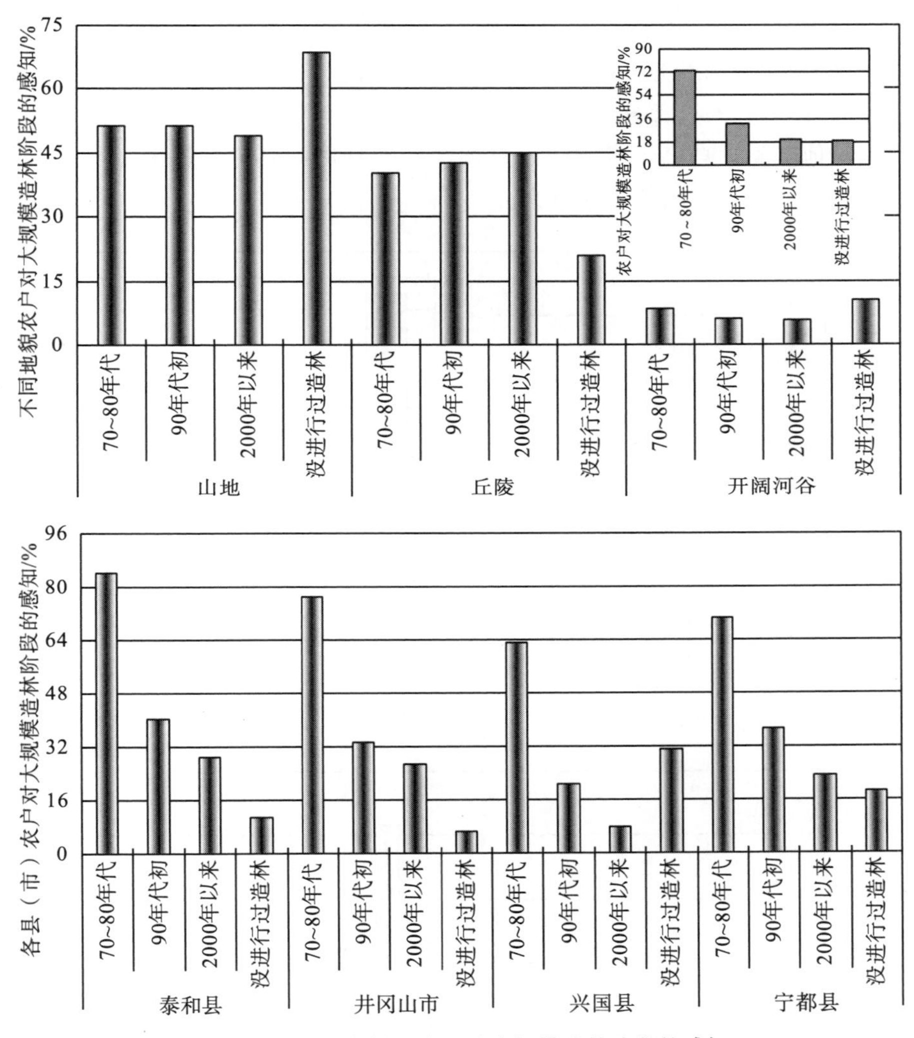

图 4-27　山江湖样区农民对大规模造林阶段的感知

间以兴国县最多(30.97％)。

农民反映的上述三阶段造林，与政策层面的生态建设的阶段性非常吻合，如 1984～1986 年贴息贷款造林，1990～1994 年消灭荒山，2001～2003 年退耕还林。这说明，尽管 20 世纪 80 年代初的山权到户，极大地提高了农民参与山场造林的积极性，但届时农民的参与行为还是有一定的被动性，这从后面相应阶段的造林主体与造林投入上能够清醒看出。然而，农民对山场未造林的原因认识，大多体现为山场本身就有很多树(67.71％)，不需要造林，主要发生于井冈山市及泰和县、宁都县和兴国县的部分山区，那里植被覆盖度较高，且长势较好。而认为种了也不长的仅 15.63％，大多出现在兴国县及泰和县、宁都县和井冈山市的部分困难立地条件区，那里土壤贫瘠，水土流失严重，且在强烈人为扰动的情况下，逆向演化明显。虽然，在受访农民中认为种了也没有收的仅有10.42%，但是，对这部分农民的行为在制定生态建设措施时必须引起足够的重视，因为他们不仅自己不参与，而且还会影响到周围其他农民的参与行为，甚至做出毁林和破坏山场的极端行为。

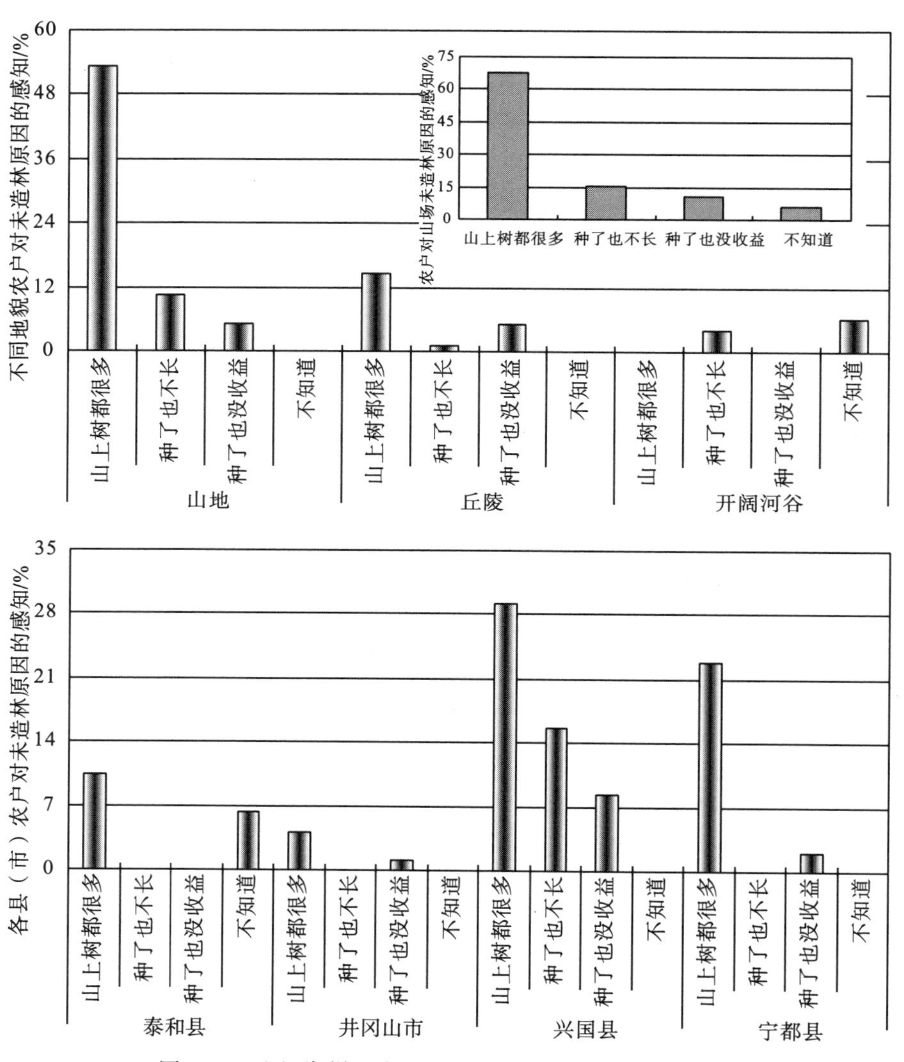

图 4-28　山江湖样区农民对不同阶段未造林原因的感知

山江湖区的造林主体以国家和集体经济组织为主导。20 世纪 80 年代中期前，集体经济组织主导山场造林最多，39.37%的受访农民持这一认识，认为政府主导的占 28.15%，而认为由农民自行主导的仅占 6.30%(图 4-29)。可见，在

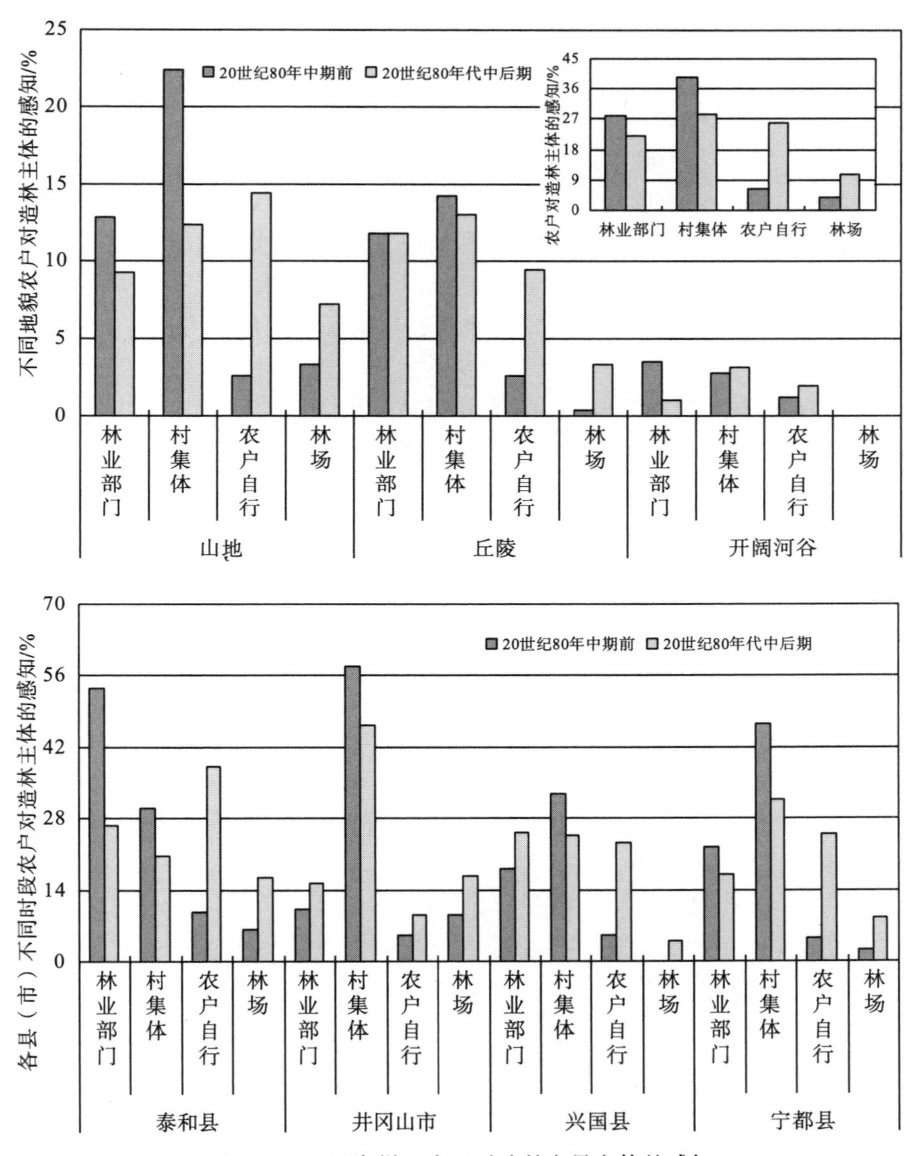

图 4-29　山江湖样区农民对造林主导主体的感知

山场初期造林过程中，农民的参与行为表现出被动性，当然，在集体经济组织和政府主导时，他们并不可能直接参与山场造林，乃至造林后的管理与经营，而只有当农民投工、投劳进行参与时，才能顺利完成造林过程，以及造林后的管护。同时，对比两阶段造林主导主体可看出，20 世纪 80 年代中期后，农民参与山场造林的主导地位明显高于中期前，而具体情形将在第 5 章进行详细论述。不同地貌和县(市)间关于造林主导主体的差异虽然也具有上述趋势，但是，山区集体经济组织和政府主导的造林过程明显高于丘陵区，泰和县的政府主导处于显著地位，井冈山市和宁都县的集体经济组织主导较多。这些差异不仅展示了在生态建设过程中政府对生态退化问题的重视，也显出农民参与的被动性，以及对参与后可能获得收益的不确定性。

山区和丘陵区因地形起伏和强烈人为扰动的胁迫，通常是生态环境脆弱区，或带有明显脆弱性特性，当然，在这种情况下的治理过程也不是一家一户所能独立完成的，必须在政府和集体经济组织的主导下，大力发动广大农民的积极参与才能完成，即在生态建设初期，政府和集体经济组织主导不可避免。其实，不同区域的主导主体，还体现为不同利益主体间的博弈。如在山区，因立地困难，山场造林很难成材，或成材的速度相对较慢，致使造林主导主体由政府和集体经济组织主导，而在丘陵区或开阔河谷区，土壤及水热条件相对较好，造林成材的比率较高、成材速度较快，在经济利益的驱动下，农民与政府和集体经济组织一起也积极参与到造林的过程中。

当然，在政府和集体经济组织主导造林的情况下，投入主体也自然由政府和集体经济组织来承担。49.41%的受访农民认为种苗理应由国家配给，42.72%的认为应由集体经济组织负责购买，而农民认为应由自行购买的仅占33.07%(图 4-30)。不同地貌和县(市)间，农民自行购买的主要出现在丘陵区，尤以泰和县为最多，54.12%的受访农民持这一态度。政府和集体经济组织主导的农民直接参与有利于从宏观上快速治理或恢复退化生态系统的完整性，但是，这一参与状况的行政执行成本要较农民自行参与的要高得多，倘若农民在这一过程中获得不了预期收益，这一被动参与行为也不会持久，而且，有可能会因农民的不理解而再度产生更大的生态退化问题。

更为重要的，如前所述，山场经营使用权、造林树种选择及适地适树立地条件的好坏，直接决定农民投入的积极性，在泰和县，开阔河谷区和丘陵区是主要的地貌格局，适宜于湿地松、杉木和马尾松的种植，这些用材林树种的收益相对较好，尤其是湿地松见效又快，很受农民青睐，当然，在山场经营使用权到户后，农民自行购买湿地松树种投入山场生态建设的积极性较高。

农民对山场造林的区域分布和造林规模的认知也展示了明显的被动直接参与性。图 4-31 表明，受访农民对造林的区域分布，仅能作出较为模糊的表述，如附近山场、山坑里的田地、交通沿线和河(库)岸边等。而且，不同县(市)间，农民的认识也有一定的差别，89.17%的受访农民认为造林主要分布在山场，还有 48.62%的认为政府和集体经济组织从保持交通沿线和河(库)岸边良好生态环境的角度出发进行山场造林(带状为主)，且除井冈山市外，其余 3 县造林发生在河(库)岸边的较多。但是，当问及“造林规模”时，64.57%的受访农民并不知道曾经参与过的山场造林面积究竟是多大，仅有 21.65%的农民和 40.16%的村干部知道自己参与造林的面积，甚至有的农民连自家的造林面积也不清楚，更不用说对全村山场的造林面积有一定了解。

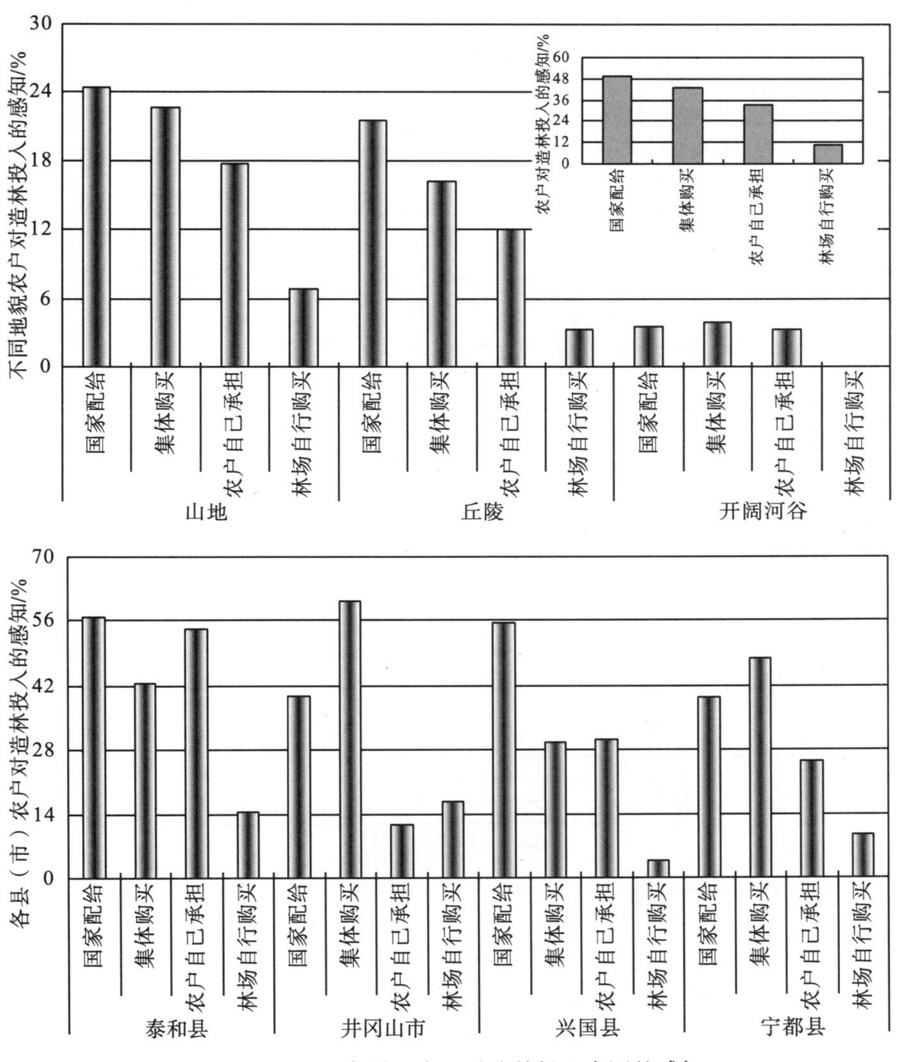

图 4-30　山江湖样区农民对造林投入来源的感知

参与造林而不知道造林规模和造林具体的发生区域，只能表明在生态建设初期农民参与造林的盲目性和被动性。不同地貌间的差异体现为，山区农民因生活靠山(以林为主)，缺乏其他可替代生活来源，因此其对山场造林规模的认知要较丘陵区好些，约 12.99％的受访农民知道山场造林规模，而丘陵区仅 7.68％的相对清楚。可以说，对山场造林规模及其区域分布的认识，作为最直观的衡量农民参与造林积极性的最好体现，服务于农民直接参与生态建设的直观响应，但最根本的受制于农民对山场的依赖，以及山场造林后的收益在不同利益主体间的分配份额是否达到各方可以接受的均衡。否则，即便生活来源主要依赖于山场，但倘若山场造林后的收益农民不能享用或不能达到农民的预期，农民对山场造林的规模和造林发生的区域也不会了解，或者不予关心，甚至会出现极端行为。

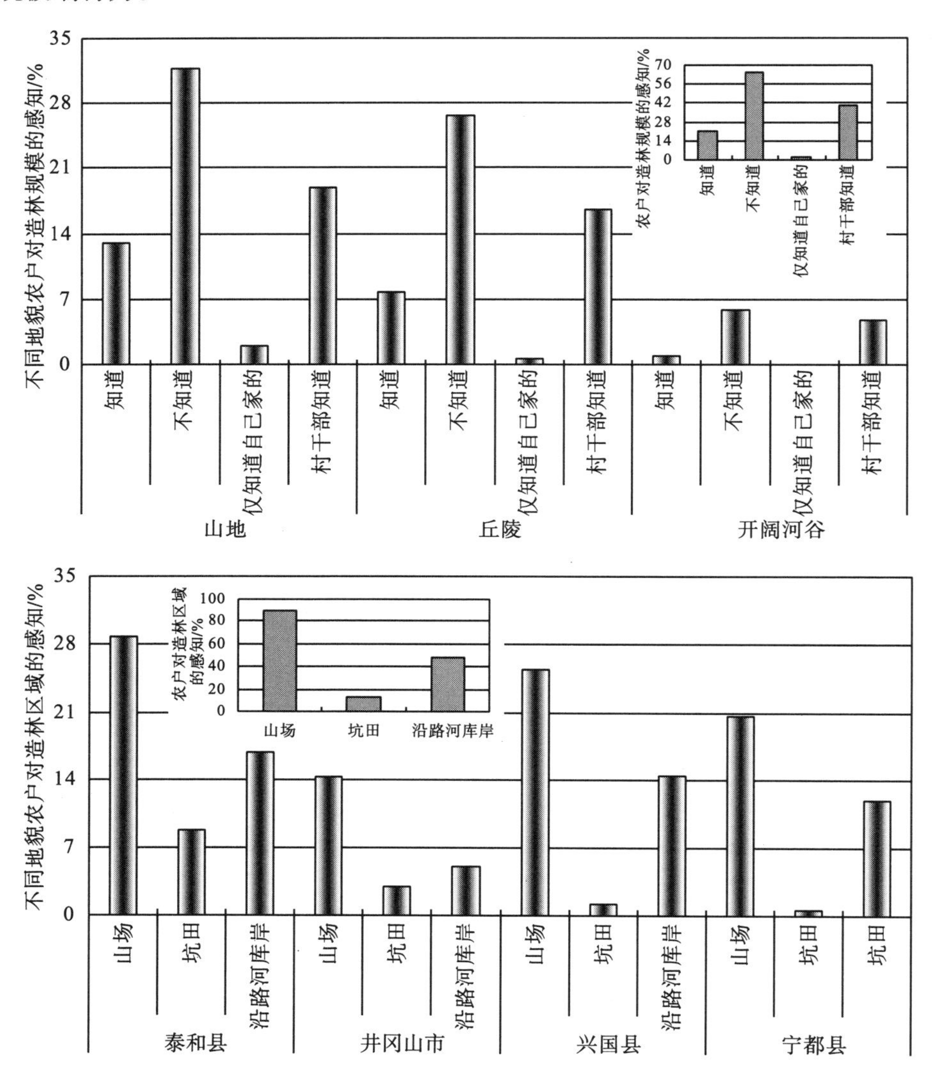

图 4-31 山江湖样区农民对造林面积及区域分布的感知

三江源区牧民参与生态移民的最直接响应就是离草弃畜，即直接减轻草场的牲畜压力。自 2004 年扎合津一家和另外 149 户牧民成为黄河源区的第一批生态移民以来，截至目前，玛多县境内已有近 400 户 1550 多名牧民参与了禁牧搬迁和生态移民(张进林，2008)。而且，据调查摸底的数据显示，现在至少还有600多户牧民主动提出要求搬迁，以配合政府主导的生态移民，确保黄河源头地区的生态环境恢复。可见，牧民直接参与生态移民的积极性较高。但是，据芦清水(2008)对玛多县移民的访谈表明，在调查的移民牧民中，无畜或少畜的牧民占总移民户数的68.3%，而牲畜较多的移民户仅占30.7%。如刘鑫焱(2006)描述的，2004年从玛多县搬迁到玛沁县大武镇移民新村的牧民万玛，十几年前，他家有300多头(只)牛羊，曾经过着既“温”又“饱”的富庶生活，而如今的草场退化，驱使家里不得不一再减少牛羊的数量，搬迁前，家里70多头(只)牛羊已很难养活。可以说，现有牧民参与生态移民也仅是一种无奈的选择。

毫无疑问，牧民在参与生态移民时也是以自己所追求的利益最大化为根本出发点，因为，生态移民的安置补偿是按户分配，没有考虑人口多寡、牲畜多少，且补助期限仅为10年，这样，牧民定会比对自己参与生态移民和继续放牧所可能获得的收益，以及对补助期满后能否重建新的生计来源表示怀疑，比对和均衡的结果，只有无畜、少畜的牧民愿意参与生态移民，以及年老体弱的老人或游手好闲人员，因为参与生态移民获得的补助较放牧要多。而且，更有甚者，部分牧民为享受生态移民的补偿，进行牧民家庭分离，部分参与生态移民，享受政府的各项移民补贴，而将牛羊留给家中未迁移其他成员；还有部分牧民为给子女提供好的教育、医疗环境，将年老的父母和年幼的孩子参与生态移民，而自己和拥有的牲畜仍留在草地上；还有部分牧民为享用移民政策，自己连同家人参与移民，而将牲畜寄宿给自家的亲戚。以上几种方式在三江源区时有发生，当然，这也是导致生态移民成效受到很大影响的根本原因，即真正的牧压户并未迁出，在前后牧民草场禁牧的情况下，因牲畜仍留在草场上而导致部分草场的压力较以前有所增大，退化的程度较以前有所提高。

初期农牧民参与行为的被动性成为其响应政府主导生态建设工程的共性。山江湖区的农民从造林阶段、未造林原因、主导主体、造林投入、造林规模和区域分布等方面都体现出很大的、被动的直接参与响应。而三江源区牧民的直接参与主要体现为迁移牧民以少畜、无畜户或游手好闲人员为主，这些牧民从搬迁中获得的收益，要较其从牧业生产中获得的大得多，因此也就乐于参与移民弃畜。但真正的牧畜大户，则因担心自己的利益受损而不愿迁移，或者仅部分参与，即参与深度浮于表面。如移民后政府按户所发放的补助仅相当于2或3头牛的价格，而10年后的这一补助也将停止发放。因此，生活依靠牛羊、希望来自牛羊繁育的83.9%的多畜牧民，不愿迁移。

当然，在对农牧民被动参与生态建设的调整上，山江湖区则相对简单得多，仅需要进行产权明析并对其给予规范，让农民自行参与收益，或确保农民的参与收益在其可接受的范围内；而三江源区的牧民行为调整则由于受到宗教习俗的框架约束而困难得多，并不仅仅是依靠提高安置补偿费用和延长补偿年限就能解决的问题，而是更多地要考虑牧民宗教习俗的变迁。

4.3.2 间接参与行为

间接参与行为，是指除直接参与行为以外的辅助参与行为。与直接参与行为相比，间接参与生态建设，主要是指农牧民在社会经济发展背景下自发或自觉地改变原有的生计来源或生产方式，而这些改变自觉或不自觉地会对某一地区生态完整性的提高产生一定的促进作用。当然，农牧民的间接参与行为常常受政策、市场以及风险三大要素所左右，而不是完全出于自发或自觉。在山江湖区，农民的间接参与行为集中体现为参与技术培训、家畜尤其养猪数量减少、油茶“低改”减少、造林直接穴栽等方面，而三江源区则大多涉及与草场基本建设相关的一些培训等，如畜棚、圈、围栏、灭鼠、还草等。很显然，农牧民的这些间接参与行为或多或少地涵盖政策、市场和风险的作用，但是，不同区域有很大差异，在山江湖区主要是市场配置资源的规律和风险可控性差所决定，而在三江源区则大多表现为生态移民、生态恢复与建设的政策所作用。

参与技术培训、油茶“低改”减少、造林直接穴栽等，在配合山江湖区主体生态工程建设的实施过程中发挥了重要作用。山江湖区在生态建设工程开展初期，就率先引进德国的参与式方法，并开展了一系列的技术培训与推广，如种植业(果树)、养殖业(猪、鸭、鸡)发展等，而且，拉长了生物链条，形成了“猪-沼-果”一体化开发模式，不仅解决了山江湖区生态建设的治穷根本，而且生产替代能源，减少向山场索取柴火的可能性，有利于林下植被的立体化演化，如泰和县千烟洲红壤丘陵区的立体开发示范等。其实，这一参与式培训，最根本的一点就是通过与当地农民的交谈(逐一访谈、小型会议等)，了解限制他们持续发展的根源与主要的限制性因素，并让他们对需要解决的问题进行重要性排序，同时，要按照事物之间联系的观点进行生态建设，而不能就生态论生态，以便在开展生态建设的过程中，注重当地农民福祉的提高，达到“双赢”。例如，要想减少人们对山场的索取，就要找到能够替代从山场获取生活必需品的生活来源，并让其可以稳定、持续地发挥作用，其中，家畜、家禽养殖，农田水利设施建设，林下经济培育等都是很好的范式，其目的都是为了增加当地农民的收益，减少对山场的直接扰动。

油茶的“低改”减少，缘于非农务工工资的攀升，务农机会成本提高，在市场配置资源规律的作用下，大量青壮年劳动力被配置于收益较高非农产业，而农林业捕获到优质劳动力的机会相对较低，加之全球气候变暖使油茶产量较低(暖冬挂果较少，寒冬挂果较多)，从而导致60.09%的受访农民认为20世纪90

年代中期后仅有部分油茶进行“低改”，且 26.32％的受访农民认为自家的油茶已经荒弃并演化成次生或残山(图 4-32)。当然，在农村劳动力缺乏的情况下，日用柴量也较青壮年劳动力外出前有大幅度减少，而且，在电、煤、天然气、沼气、太阳能等的替代下，致使林下杂灌、灌丛和茅草很少被清理，但是，14.57％的农民仍会对经济效益较好的山场进行林下清理，以便获得更大的收益。同时，现有山场造林受政策限制，也禁止了炼山过程的发生。可以说，这些间接的参与行为都有利于减少农民对山场的扰动，从而减少由此诱发的水土流失。

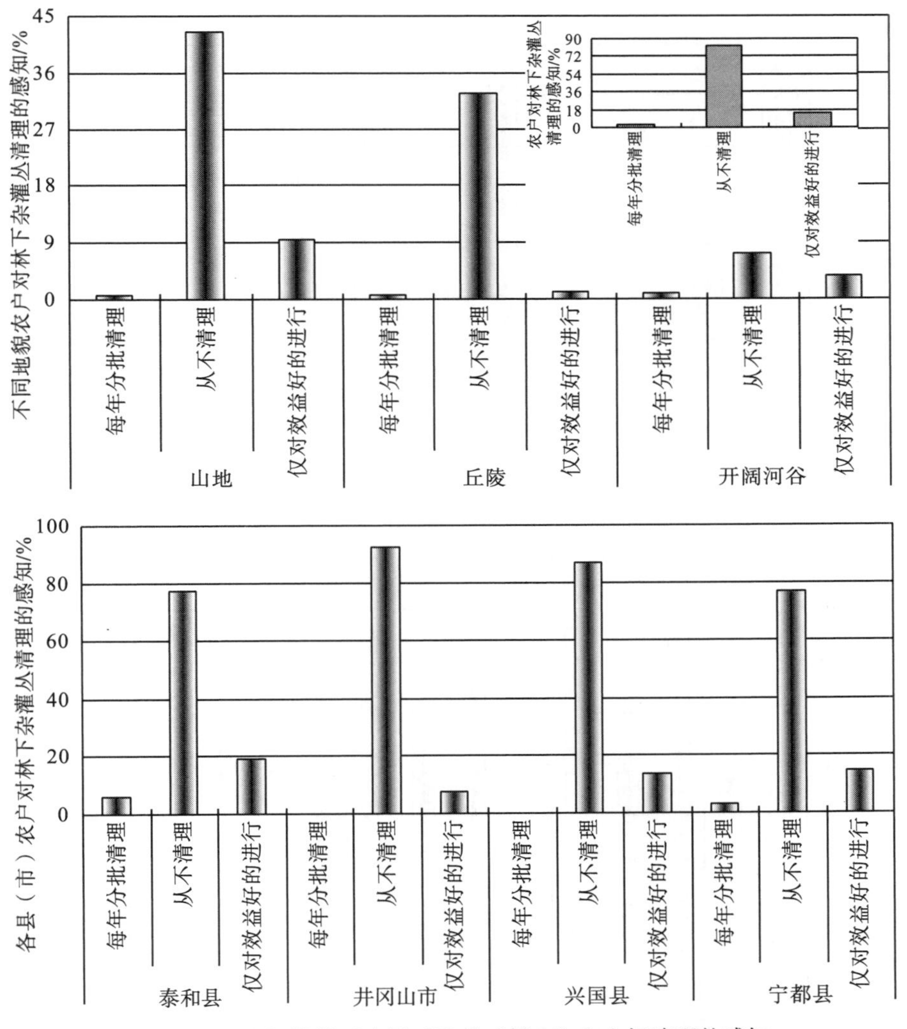

图 4-32　山江湖样区农民对油茶“低改”和山场清理的感知

缺少劳动力、风险过大和没有经济效益驱使山江湖区农民饲养生猪的数量较之前大大减少，而生猪饲养的减少，有利于山场植被的恢复和生态完整性的提高。通常情况下，养猪大多以熟食为主，访谈中发现，一头猪每天用柴(煮猪食)相当于两个人的用柴量，而养猪农民和养猪头数的减少，大大缩小了农民因用柴对山场的扰动。图 4-33 和图 4-34 表明，80.71%的受访农民，认为 2000 年前每户至少饲养 2 或 3 头猪，而 64.57%的认为近几年 10～20 户人家才养 1 头猪，更有甚者，32.87%认为甚至一个村都没有养 1 头猪。造成家庭养猪头数降低的原因，74.41%的受访农民认为猪吃粮食而非草食性动物，养猪没有经济收

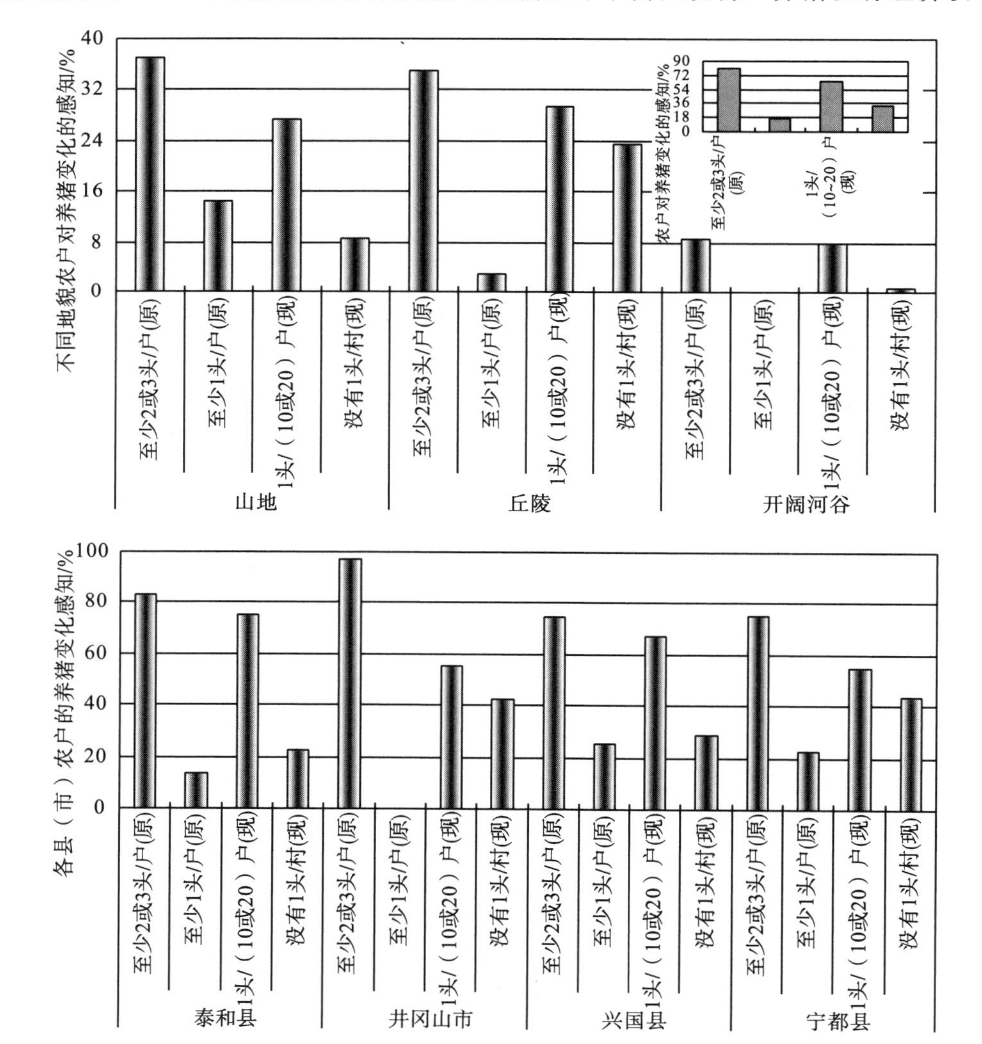

图 4-33 山江湖样区农民对生猪饲养变化的感知

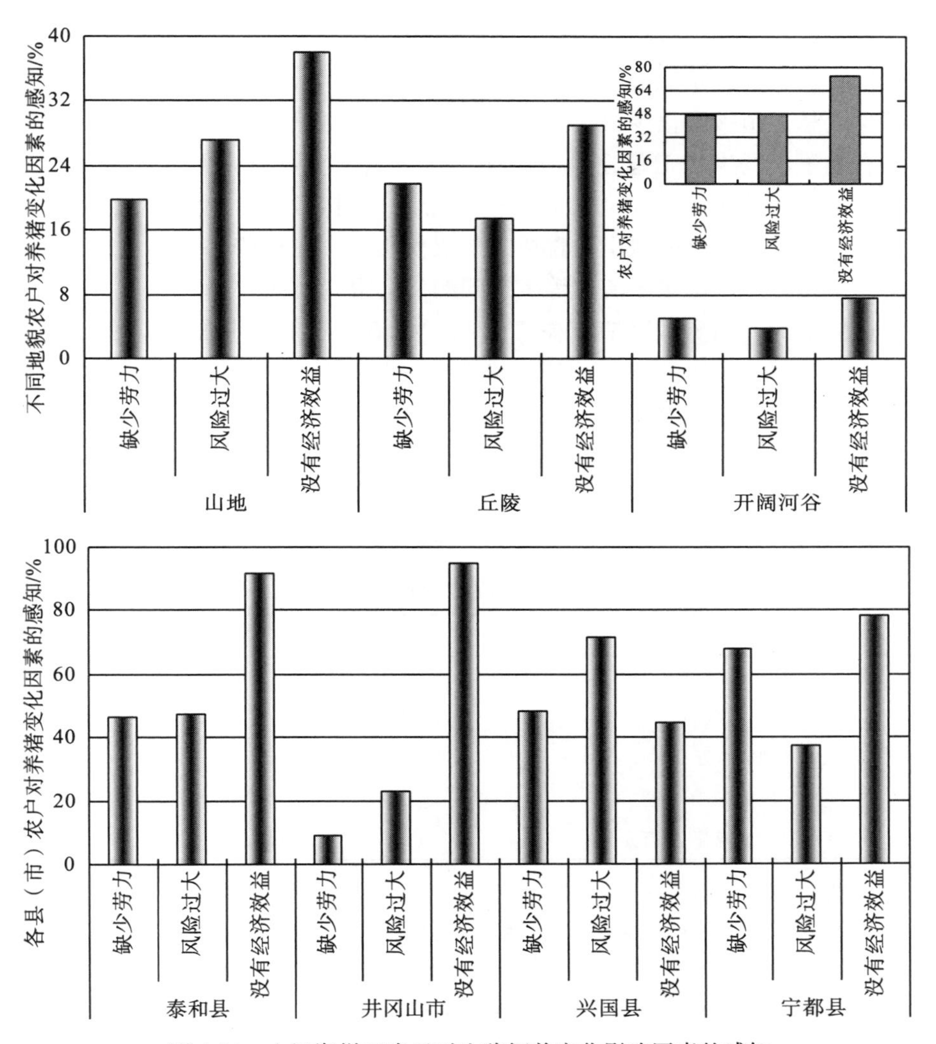

图4-34　山江湖样区农民对生猪饲养变化影响因素的感知

益，且随时遭受疾病和瘟疫的影响，死亡风险过大(有时一栏猪在快出栏时，几天就可能死光)，加之养猪又属劳动力密集型行业，饲养一头猪每天从割青饲料到煮熟喂养需要2～3 h，这样，受非农务工工资的提高，青壮年劳动力大都外出从事非农产业，而留守在家中的劳动力多以老弱病残为主，且大多农民认为只有老弱病残劳动力从事生猪饲养，从经济上和从劳动力资源配置上才划算，致使家中也因缺乏劳动力而养猪数量大大减少。

详细分析，养猪周期相对较长，通常从购买10～20 kg猪仔、饲养到出栏需要8～12月，有的甚至更长，而且，猪在圈舍卫生不能达到标准的情况下，且没有注射传染病疫苗时，很易于生病，尤其是在瘟疫阶段，加之出栏时地方政府征收的定点屠宰费用较高，通常每头收税 50～100 元。这样，农民分散化的养猪当然没有显著的经济收益，也就只好放弃。但是，放弃的结果导致家庭用柴大大减少，林下植被因很少再被清除而渐渐恢复，当然，山场环境也会慢慢变好，从而有助于山场生态工程建设成效体现。类似于生猪的减少，劳动力的外出务工也具有上述效应，这在 4.3.3 节进行论述，同时，煤、电、气等替代能源的入户也大大减少了家庭从山场直接的柴火使用量。在这些综合作用结果驱动下，山场林下沙化、次生水土流失等生态问题都会很少出现。

历史上的“四配套”措施在三江源区实施的效果并不理想。为配合生态移民的开展，强化牧民的参与响应，自 2003 年以来，玛多县开始探索禁牧-围栏-减畜模式的综合生态建设模式(表 4-4)。1998 年至今，玛多县总计修建牧民定居房屋 1222 户 3407 间，修建牲畜暖棚 6.6 m^2，每个暖棚面积为 60 m^2。在此背景下，牧民的定居率虽然达到 75%，但一年中牧民只住两个月左右，大多时间仍处于游牧状态，定居房屋整体利用率不高，设施效益发挥不佳(桑结加，2003)。

表 4-4　三江源样区配套生态建设

配套建设	2003	2004	2005
牧民/户	388	823	1396
人数/人	1800	—	6166
禁牧/万 hm^2	37.2	8.23	37.27
减畜/万羊单位	11	5.28	13.8
饲粮变现补助/万元	—	246.90	—

当然，禁牧-围栏-减畜模式的实施少不了当地政府的主导作用，但是，更少不了牧民的参与，而不管这一参与是被动还是主动的。单纯就围栏建设来说，10 年间(1986～1995 年)玛多县的围栏建设呈逐年增加趋势，且目前随着政府投入的增加和引导政策的出台，以及部分前期参与的牧民已获得了预期参与效应，也具有很强的示范带动效应，从而使得随后的牧民参与数量和参与积极性均较前期高，在这种情形下，围栏建设当然年增加速度更快(图 4-35)。然而，就陈洁(2008)对玛多县的调查分析看，由于移民安置采取按户补偿的方式，使得部分牧民在参与减畜、禁牧、围栏等方面缺乏积极性，因为不同牧民间差别较大，家庭人口多且牲畜又多的当然认为自己吃了亏，特别是 5 人以上的，结果导致 2003 年的整体禁牧任务只完成了预定计划的 37.11%。

但是，这并不是说禁牧-围栏-减畜配套性生态措施在三江源区的实施是失败的，而是通过对这些措施实施成效的认识有助于进一步完善相关配套措施，以利于牧民间接参与行为的发生。

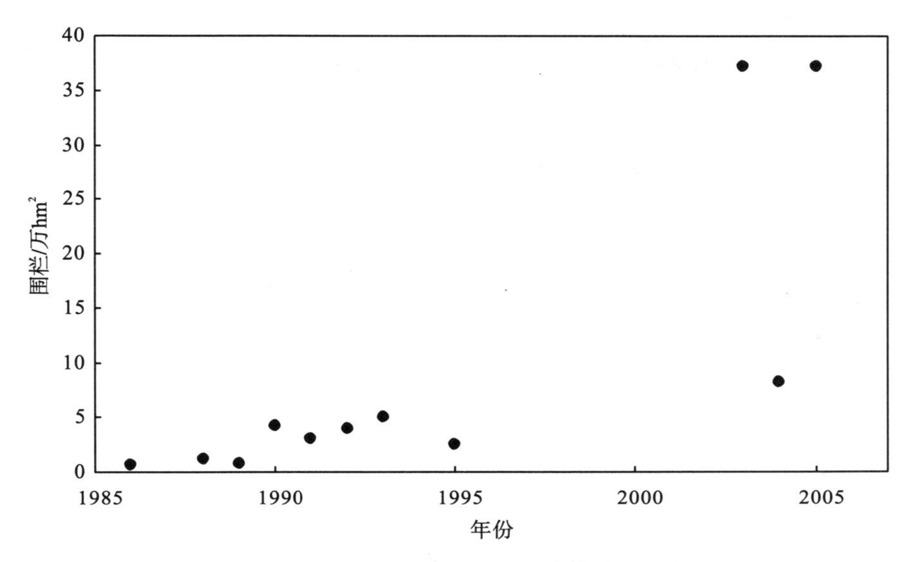

图 4-35　三江源样区围栏建设

对比农牧民的间接参与行为发现，山江湖区的农民间接参与是在外来力量的胁迫或冲击下，追求自身利益最大化的结果，不是农民的自觉行为，如“低改”、清山、生猪饲养等；而三江源区的牧民间接参与则主要是在政府间接引导下，传统牧业行为发生变迁的结果，如禁牧、围栏、定居等。

经济的市场化、居高不下的工农业剪刀差(务农机会成本大大提升)驱动大量农村青壮年劳动力进城务工或进城居住，在这种情况下，不仅带来农村劳动力的缺乏或捕获青壮年劳动力的机会降低、成本攀高，而且也带来了对山场索取依靠或扰动的减少，人地关系中的土地人口承载力大大降低，如没人进行油茶的“低改”、很少清山、用柴量降低等，但这均是在外来经济拉力和内部贫困推力的共同作用下，产生有助于山场恢复的农民间接参与行为。

以草定畜的草场禁牧、围栏建设、减畜和饲粮变现补助等，作为政府生态移民、减轻草场压力的配套措施，并不能完全改变牧民的传统牧业行为，而是对传统牧业行为的“扬弃”，因此，牧民不会完全排斥这些措施，而只是一定阶段的理解偏差，带来执行过程或结果与预期有一定的差距。

当然，在拉力和推力共同作用下的农民间接参与行为，相对于政府主导的牧民这一行为的改变要容易得多，且农民的间接参与过程也相对顺畅得多，农民获得的预期结果也相对较好。

4.3.3　转产参与行为

农牧民转产成为政府主导生态建设工程中转移生态脆弱区人为扰动的重要

间接性参与措施，日益受到农牧民的喜爱(沈文清等，2002；La Rovere et al.，2005)，且正成为目前各地制定生态建设措施的重要方面。山江湖区的农民转产涉及外出务工及其所带来的转移效应，而三江源区的牧民转产则包括政府为牧民转产所提供的系列优惠措施、培训、信息服务等。

山江湖区农民外出务工转产是对生态建设工程的有力响应。38.19%的受访农民认为，现在农村劳动力转移比重占全村劳动力的50%～70%，且22.64%的认为这一转移比重甚至高达70%以上，而认为转移比重为30%～50%的农民也达31.69%，但认为转移比重在30%以下的则仅占受访农民的8.66%(图4-36)。在非农务工工资较高的外部拉力和从事农业生产收入相对较低的内部推力的共同

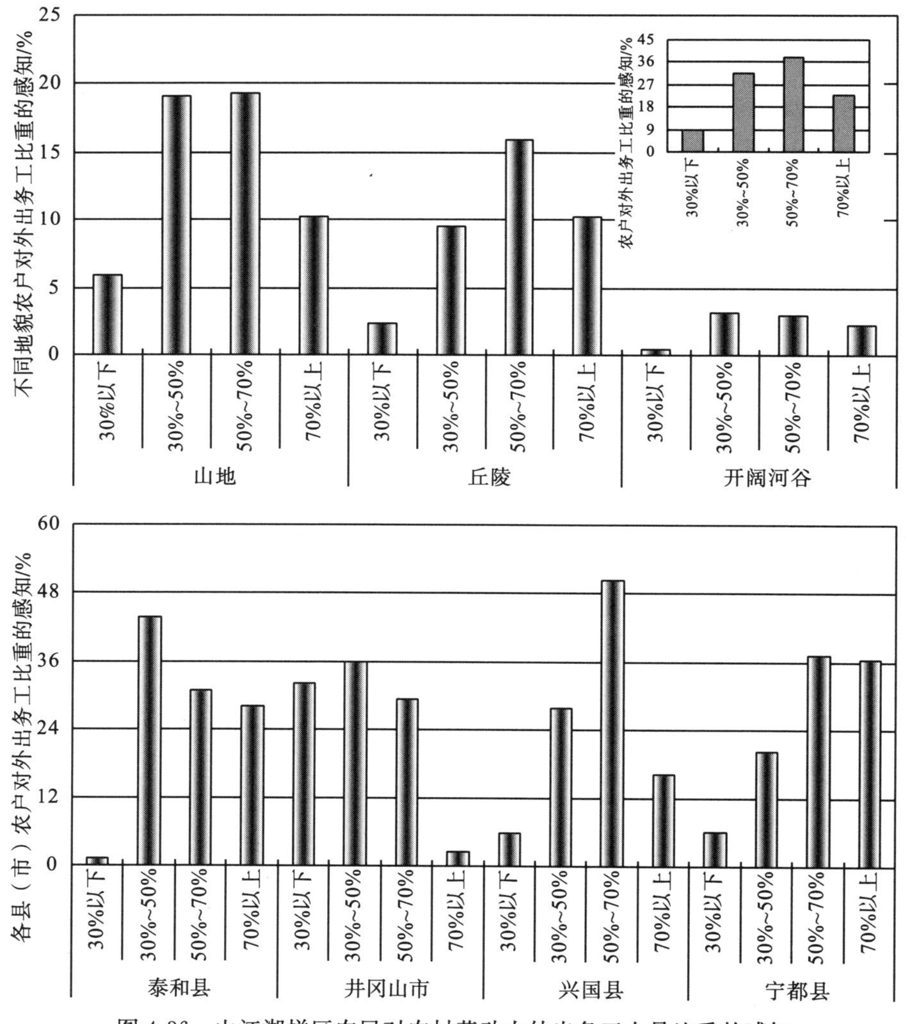

图4-36　山江湖样区农民对农村劳动力外出务工人员比重的感知

作用下，尤其是在南方红壤丘陵区生态脆弱、农民生活贫困的背景下，大量农村劳动力外出务工，并建立了较为稳定或相对稳定的非农收入来源，从而脱离了直接对山场的依赖，或减少了因生活经济需求对山场的索取和扰动，这在很大程度上有力地支持了工程治穷的根本目标。

当然，在农村发展、农民富裕后，山、江、湖、林和穷之间的逻辑关系也就会更为和谐、更为科学，并朝着健康的方向进行正向演化，其实，这也即相当于三江源区生态移民的减压，而不同的则在于前者的农村劳动力迁移及其带动的农村人口的移动是农民自行决策的结果，后者是在政府主导并提供生态补偿的情况下所开展的，牧民参与生态移民具有很大的被动性。不同地貌间，山区劳动力外出务工的比重明显高于丘陵区，更高于开阔河谷区。访谈中，山区分别有 19.29%和 19.09%的受访农民认为劳动力外出的比重为 50%～70%和 30%～50%，而认为外出在 70%以上的农民也在 10.24%。山区通常较丘陵区人均耕地面积少、交通便捷度差、相对贫困，推理和拉力的作用强度相对较高，农村劳动力也就易于外出。不同县(市)间，泰和县的农村劳动力外出务工比重均超过 30%，井冈山市在 70%以下，兴国县为 30%～70%，而宁都县则在 50%以上。详细分析，认为不同县域间的上述差异，也是由县域内不同地貌的分布差异所驱使。

农村劳动力转移在增加农民收入的同时，也带来山场生态环境的巨大好转。但是，这一好转从农民访谈的角度看，主要体现为家庭用柴的变化、原开发田地退耕、撂荒等方面。图 4-37 可看出，农村劳动力外出务工后，66.93%的受访农民认为家庭用柴量减少为务工前的 1/20～1/5，而认为用柴量变化在 1/2 的受访农民为 22.05%。总体来说，劳动力外出务工后，一方面所在家庭的年收入获得大幅度增加，另一方面家庭用柴量也因成年人口的减少而降低，加之因劳动力不够而导致的家禽家畜的饲养数量也出现显著地减少(尤其是生猪养殖数量)，这也促使家庭用柴的减少。

当然，用柴量的减少也与灶改省柴、替代能源的使用(如煤、电、气、沼气等)、厨房用具的电气化等有很大关系，但是，使用替代能源的农民在山区相对较少，且仅限于家庭富裕的农民，而通常大部分农民还是就近取柴。这是因为山区柴火的来源较以往更丰富，且留守人员大多以老人、妇女为主，他们有节俭的习惯，即反正周围的柴火随手可及，且不用砍而是捡干枯的枝干，而家里留守的人员又不多、又不养牲畜，用柴做饭也很简单，致使他们仍以柴火为主。

用柴的减少，促使农民大大减少了对山场林下杂灌、茅草、杂树等的清除，特别是对山场林木的干扰，如乱砍滥伐、偷盗等，这样，山场林木的立体结构(乔灌丛)趋于完善，且不会再遭到强烈扰动，有利于遏制水土流失和林下沙化的发生。可以说，农民的转产就业实际上也是对山江湖区生态建设工程的参与响应。不同地貌间看，减少用柴量最多的主要出现在山区，而山区也正是治山、治穷的重点区域，某种意义上，更说明转产对山场恢复的益处。像农村劳动力转移一样，不同县(市)间，农民用柴变化的规律性也较差，但都较务工前大大减少。泰和县的用柴量的变化为 1/20～1/5，井冈山市为 1/5～1/2，兴国县为 1/10～1/2，宁都县为 1/10～1/2。

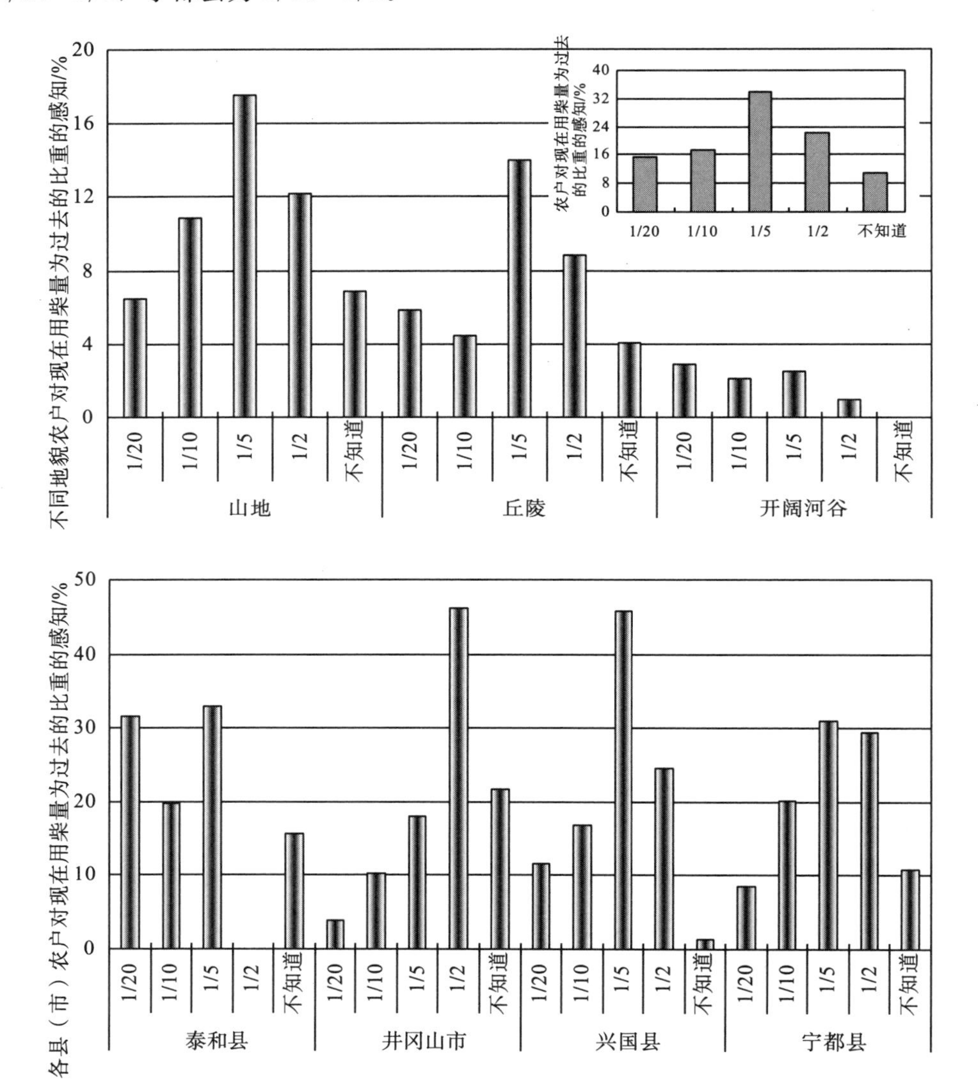

图 4-37 山江湖样区农民对劳动力外出务工后用柴量变化的感知

劳动力的外出带来的坑田退耕(且不说部分原耕种的好田、坡地撂荒)有利于山场生态环境的改善。农访发现，山坑里的田现在一般不种了，在问及“哪些田地更容易被撂荒”时，91.85％的受访农民认为坑田因有野猪毁坏，种了也没有收，最容易被撂荒，56.11％的认为因缺乏灌溉设施，仅靠天然降水很难满足农业生产的需要，地形起伏使得缺水诱发坑田撂荒，而认为距离远的或质量较差的分别仅占 17.24％和 12.54％(图 4-38)。坑田通常是“以粮为纲”时期和“家庭联产承包责任制”初期，村集体经济组织或农民为解决基本的生活需要(尤其是吃饭问题)而自行开垦的山坑边角荒地，这些边角地本身不适于耕种，但开垦后短期内有一定的收入，可以解农民家庭的燃眉之急，但长期耕种会对周围的生态造成很大的影响，如水土流失加剧、滑坡时有发生等。

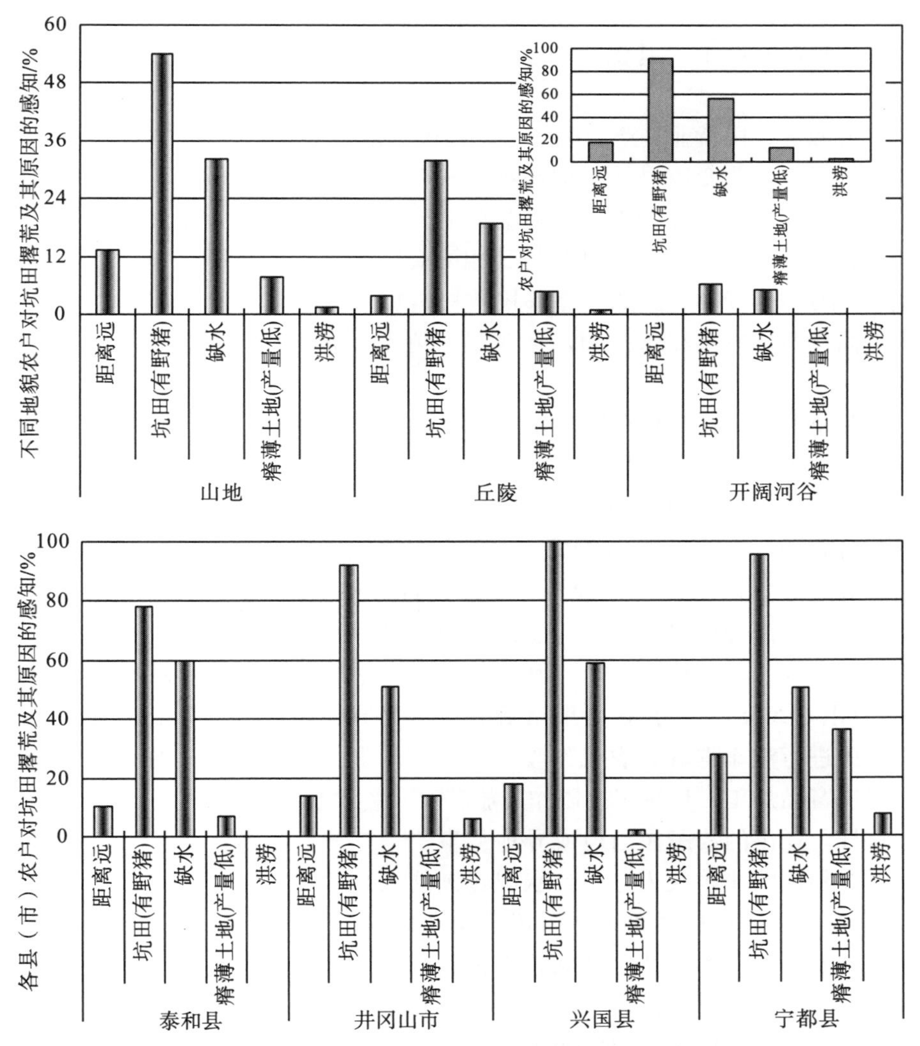

图 4-38　山江湖样区农民对外出务工后坑田撂荒及其原因的感知

毫无疑问，坑田靠近林区，一般野猪较多，地形起伏、农田灌溉设施欠配套，田高水低，水土资源不匹配缺水是普遍现象，且随着现有农业生产资料的投入在价格上较以往增加显著，如化肥、农药、除草剂等，而且耕种、收获和管理成本也随非农务工工资的提升而提高，在这种情况下，就是家中留有充足的青壮年劳动力，他们也不愿多耕种，结果使得原先被开垦的坑田慢慢又都撂荒重新退回开垦前的模样。当然，由劳动力外出务工诱发的农田撂荒所带来的结果，并不一定都是坏的，关键是要看农田所处的位置、农田开垦前的来源类型等。山江湖区坑田(原来农民自行开发的荒山荒坡)的荒弃退耕就有利于山场水土资源的保持，以及由开垦导致生态失衡系统的恢复重建。换句话说，这部分耕地撂荒后有助于“退化生态恢复，居民福祉提高”的“双重过滤器效应”实现。

三江源区牧民就业转产为配合生态移民和退牧还草，为解决牧民移民 10 年后的生活依靠，改变牧民从小就与牲畜相依的生活习惯提供了有力支撑。在生态移民和退牧还草实施初期，玛多县就制定了鼓励后续产业发展的政策，特别是迁出牧民的转产再就业，以及与其相配套的培训、信息提供等是其中的重中之重(周华坤等，2003)。如生态移民牧民进城从事个体工商业或创办私营企业的免工商注册，放宽经营范围，且 5 年内免收工商行政管理行政性收费，减免税收等。

更为重要的，对凡是在玛多县实施的基础设施建设项目(如道路、水利等)，要求各建设单位在制定工程施工投标文件中必须明确规定，吸纳 20%以上的生态移民户作为中标后建设中的普通工人(陈洁，2008)。同时，从教育投入上，调整教育布局、进行异地办学试点，为生态移民提供科技信息、岗前培训、招工信息等服务。如 2006 年，投资 100 万元的玛多县 66.67 hm^2 沙漠化防治技术示范区就纳入部分迁移牧民参与建设。2008 年，玛多县实施“阳光工程”培训牧民 200 人(次)，科技培训牧民 105 人，转产培训牧民 41 人，取得很好的效果(果洛政讯，2008)。而且，由果洛藏族自治州劳保局、州工会组织对移民进城务工牧民进行汽车驾驶、农机驾驶、修配等培训。通过培训，加大牧民输出转产，发展畜品加工、传统工艺制作、旅游业、餐饮服务业等。

这样，迁出的牧民在当地或异地从事二、三产业生产，除了每年的国家补贴，还有稳定的非牧收入，生计状况逐渐能实现牧民“移得出，安得稳，能致富”。其实，生态移民最重要的阶段不是“移得出”，而是紧接着的能否实现迁移后的“安得稳”和逐步“能致富”的目标。因为，对移民来说，离开原有的生存与发展环境后，在建立新的生计来源和生活方式的过程中难免会遇到这样那样的问题，尤其针对迁出的牧民来说，受文化教育、宗教习俗、饮食习惯等的影响，更是难上加难。为此，借助转产就业让迁移牧民重新找到并形成自己稳定的生计来源，是移民能否真正成功的根本。

农牧民在以减压为特色的转产就业上的表现存在很大差异。山江湖区的农民是在内推、外拉的综合作用下自发转产的，其转产相对稳定，积极性和主动性也较高，且不需要或很少需要政府的介入，而政府仅仅为这一转产提供宽松环境，如户籍松动、劳务输出输入间衔接、培训等，当然，转产后的生态效应也相对长效和稳定，即很少会出现再返回扰动山场，尤其是新生代农民(农二代)更是彻底离土。而三江源区的牧民移民转产则离不开政府的主导，内推、外拉的作用在藏族传统文化、习俗、宗教等的约束下，显得微乎其微，而“清贫中的富饶”——对精神文化的追求则发挥控制性态势。倘若转产不顺畅或遇到一些障碍与困难，迁出牧民的返牧也时有发生。

因此，借助牧民转产减轻草场减压的做法在三江源区实施的难度较大，即相对困难，这不仅要为迁移牧民提供相对好学的培训技能，收益丰厚的职业岗位，而且，更重要的是如何让牧民克服“清贫中的富饶”的精神理念的束缚。通常情况下，在山江湖区，农民转产后不仅仅是一个甚至将一家人都带离开了土地，包括孩子和老人，而且其还回来带领自己的亲戚朋友离土，形成联动转产再就业，但是，三江源区牧民的转产就很难，且有时会将自己的牲畜交给自己的家人、亲戚或邻居继续牧养(寄畜)，致使草场牧压并未实现减轻的目的，有的甚至较以前还重。

4.4　小　　结

上述分析表明，当农牧民认识到其所生活区域的生态退化是由自身不合适的扰动行为所导致时，且已经影响到其经济收益、生活便捷性等时，他们首先会本能地进行生态适应性行为调整。当然，农牧民对政府主导的生态建设工程的参与响应，通常具有很大的偏好性，包括理解偏好、参与行为响应偏好等，而农牧民的这些行为偏好，正可为政府制定生态建设工程措施时提供参考和借鉴，以发挥农牧民偏好的生态适应性意义，同时也便于农牧民顺利地参与政府主导的生态建设工程。但是，山江湖与三江源区的经济市场化程度、宗教习俗、农牧民文化程度、农牧民对外界拉力和内部推理的响应等的差异，决定了其在上述方面的响应也有很大不同，主要表现如下。

(1)山江湖区农民对生态退化的行为调整敏感，而三江源区牧民的认识相对迟缓。山江湖区农民对资源禀赋的认识较为深刻，而三江源区牧民的认识尚处初期。山江湖区受访农民 55.80％的认为其所处的地形、地貌属于山区，认为在山场进行过人工造林的高达 82.87％，且造林树种选择以用材林为主。而三江源区的牧民虽然也对季节草场及其相对应的草地类型有一定程度的认识，但是，他们仅对影响其放牧的草场季节性、适口性程度等比较了解。

山江湖区的生态退化集中体现为水土流失，而三江源区则表现为季节性草场的退化。对水土流失的感知，山江湖区农民形象地通过河床上升、雨后河溪水浑浊性，以及雨后变清所需时段来描述，如约 68.31%的受访农民认为造林前其所生活区域水土流失严重，河溪水在雨停 2～3 天后才能变清，且认为河床逐年上升的也高达 15.94%。而三江源区牧民对季节草场退化的认识不太明显，书中主要结合季节草场的划分来源于牧民多年放牧行为对草地本身和牲畜习性的认识进行获得。

山江湖区农民对水土流失的适应性行为调整幅度较三江源区牧民对草地退化的行为调整大得多，尤其是农民在山场管理和油茶、毛竹的“低改”等方面。相比三江源区，仅有 0.7%的牧民改变了季节放牧的传统时间，山江湖区 3.03%和 6.87%受访农民采取河溪中修拦沙坝、捞沙等疏通河溪，也是微不足道，但高坎“低改”油茶和毛竹，有效地减少了对经济利益追求所带来的水土流失。

(2)山江湖区农民的理解偏好直接体现为经济利益的追求，而三江源区牧民的这一偏好仍然停留在宗教习俗的框架内。山江湖区农民对山场经营使用权、经营模式及其对收益分配与进一步参与响应的影响认识得非常清楚，而三江源区牧民除了 20 世纪 80 年代中期的草场与牲畜责任制改革外，牧民对草地经营使用权对经济收益影响的认识尚处原始阶段。但是，对于直接关心到切身利益的生态移民，牧民们的认识还是很清楚的，不仅要考虑安置补偿、补偿年限等，还要关心以后的生活出路。

山江湖区农民的习俗信仰主要反映于日常用柴、烧田坎草等现实生活，如砍柴距离为 5～15 华里的农民约占受访农民的 56.50%，且约 67.91%的受访农民以家中缺少青壮年劳动力，烧了省事为由焚烧田坎草。而三江源区的牧民则更多地考虑自己的宗教信仰、饮食习惯等价值形态，不愿离开草场和牲畜，也担心移民后生活转变、生计来源不稳，自己会不会失去根基和退路。

山江湖区农民从造林树种选择、造林方式、管理投入等方面全面融入到生态建设工程中，大大促进山场发展、农民增收等，而三江源区牧民参与生态移民、退牧还草的牧畜便利行为，主要体现为牲畜数量、畜群结构等方面，有利于草场的减压恢复。但是，农牧民的生产便利也会带来新的驱使生态脆弱的诱因性因素，如隐性水土流失、草场啃食结构的失衡等。

(3)山江湖区农民参与强调重建，而三江源区牧民参与则具有减压特点。初期农牧民参与行为的被动性成为其响应政府主导生态建设工程的共性。山江湖区农民从造林阶段、未造林原因、造林主导主体、造林投入及其造林规模与区域分布等方面都体现出很大的被动参与性。而三江源区牧民的直接参与主要以移民的少畜或无畜、懒惰户为主，这些牧民从搬迁获得的收益，要较其从牧业生产中获得的大得多，当然，他们也就乐于移民弃畜。

山江湖区农民的间接参与行为是在外来力量(如经济市场化、居高不下的工农业剪刀差驱动大量农村劳动力进城务工)的胁迫或冲击下自身利益最大化的结果，但不是农民的自觉行为，如“低改”、清山、生猪饲养等，即农民尽量减少省工性劳动的投入，将节省出来的劳动力转移出去，从事收益更高的非农产业生产，而三江源区牧民的间接参与行为主要是在政府间接引导下传统牧业行为发生变迁的结果，如禁牧、围栏等，当然，也是牧民响应生态退化的无奈之举。

山江湖区农民是在内推、外拉的共同作用下实现自发转产的，其转产就业相对稳定，且不需要或很少需要政府的介入，仅需要提供宽松环境，如户籍松动、劳务输出输入间衔接、培训等。而三江源区牧民移民转产则离不开政府的主导，内推、外拉的作用，在藏族传统文化、习俗、宗教等的约束下，显得微乎其微，而“清贫中的富饶”才是最根本的，发挥着控制性作用。

第5章　参与收益后农牧民参与响应的自发调整

生态建设初期的农牧民被动参与也必然产生一定的生态-经济效应，而问题的关键是农牧民在获得这些参与收益后，对比参与前的预期，如何调整自己的参与行为，以利于生态工程的顺利实施。生态建设的长效也需要农牧民获得参与受益后的行为调整作为基础(Mbaga et al.，2000；Clark et al.，2003)。关于山江湖区的山场造林，初期的政府主导既带来山场生态环境的改善，也给农民开启了新的经济增长的通道(刘柏根等，2000)，而三江源区的生态移民、退牧还草不仅使草地退化状况得到一定程度的缓解，局部区域已趋于好转，也为部分牧民尤其老、弱、病提供了基本的生活条件，很多牧民已由游牧转为定居，宽敞明亮的房子，家电、家具等配备较好，而且还对部分牧民进行了转产培训。农牧民建设初期的参与收益，也必然触动其对生态工程的理解与看法，从而促使他们更加积极地参与到生态建设中。本章拟分析山江湖区和三江源区农牧民在获得初期参与生态建设所产生的生态-经济收益后，参与行为该如何进行自发性调整(包括直接响应行为和间接响应行为两大方面)？调整的方向是朝好的方向还是相反？此基础上，进行农牧民间自发行为调整的对比，理解获得初期参与收益后的农牧民行为对生态工程的响应。

5.1　农牧民参与的生态经济效应感知

农牧民在参与政府主导的生态建设工程一段时间后，必然会对自己所参与的建设进行认识或再认识，即回头看，其行为的参与是否真的给自己带来了一定的生态经济效应，否则，参与行为不可能持续，而且，受反弹的影响和胁迫还会带来一定或更为严峻的生态问题(张凤荣等，2002)。可以说，农牧民对初期参与行为所可能获得的生态经济感知是决定其行为是否继续参与或优化调整过程中的关键一步，具有“承”参与收益、“接”行为调整间的枢纽作用。通常，经济效应基础上的生态效应才是农牧民所追求的参与效应，而衍生效应属生态经济效应的外延部分，它将生态经济效应最大化，如生态改善后猫狗的饲养、农村偷盗减少等，也会提高农牧民参与生态建设的积极性。

5.1.1　经济效应感知

经济效应是农牧民在生态建设过程中所必须考虑的参与前提条件，即在参与还没开始时，农牧民就在心里对政府主导的生态建设工程进行了针对经济收益的自评估，倘若感觉此项生态工程不会给其目前或不远的将来带来可以接受的预期经济收益，或者见效较慢，他们最初根本就不会参与，更不用说自发调整参与行为。山江湖区农民参与的经济效应主要体现在经济收益、生活条件改善及其生计来源稳定性的增强等方面，而三江源区牧民的这一效应体现为以移民补偿费用、安置费用等为主，但牧民所能接受的最低阈值在于补偿和安置费用不能低于迁移牧民的牧业收入。

可卖钱、可蓄水、有材用等控制着山江湖区农民参与生态建设后经济效应的主体。图 5-1 表明，农访中，当问及“造林后，您家收入与生活条件在哪些方面得到了改善”时，在收入上，68.31%的受访农民认为山场造林后可以卖钱，56.69%的则回答有了树有材用；在生活上，67.72%的受访农民认为有了树还可以蓄水，且认为有柴用和夏天凉快的也分别达 37.60%和 37.20%。

在丘陵山区，山场状况(长势)决定人们经济收益的高低，俗话说：“靠山吃山。”受访农民反应最直接的就是山场有了树可以卖钱，是农民增加家庭收入的主要来源与渠道，而且，建房、做家具等的用材也都来自于山场林木，减少了建房、买家具的花费，相当于增加了家庭收入，类似地，烧饭用的柴也是如此，减少了购买替代能源的花费，如煤、电、气等。

另外，山场林木还通过调节局地微小气候(如净化空气、美化环境等)，为丘陵山区居民营造良好舒适的生产、生活环境(如造林后山绿了，环境优雅了，夏天凉快了)。表面上看，这部分收益理应属于生态效益的范畴，但是，反过来看，良好的生产、生活环境有助于当地农民的身体健康，减少鼠害、蚊虫等对农民生活的影响，这在很大程度上也减少医疗花费，从这个意义上讲也属于农民参与经济收益的一部分。不同地貌间，山区农民对上述经济效应的感知相对丘陵区明显得多，但是，对有柴用间的感知差异不明显，说明山区和丘陵间农民收入的来源还是有一定的差异，从而产生对山场的依靠不同，但用柴都是来源于山场，而不同县(市)间的这种差异不明显。

农民山场收益方式以卖原材料和生活用品为主，少部分参与山价分成。55.31%的受访农民通过卖林木原材料获得山场收益，而 50.79%的农民则通过满足自身生活用品的需要进行收益(图 5-2)。另外，还有约 20.28%的农民从山价联营中分成。依据受访农民的解释，山价即林木在山上的活立木价格，通常有 2∶8，3∶7，4∶6 等分成不等，因分成额度难以确定致使目前参与的农民相

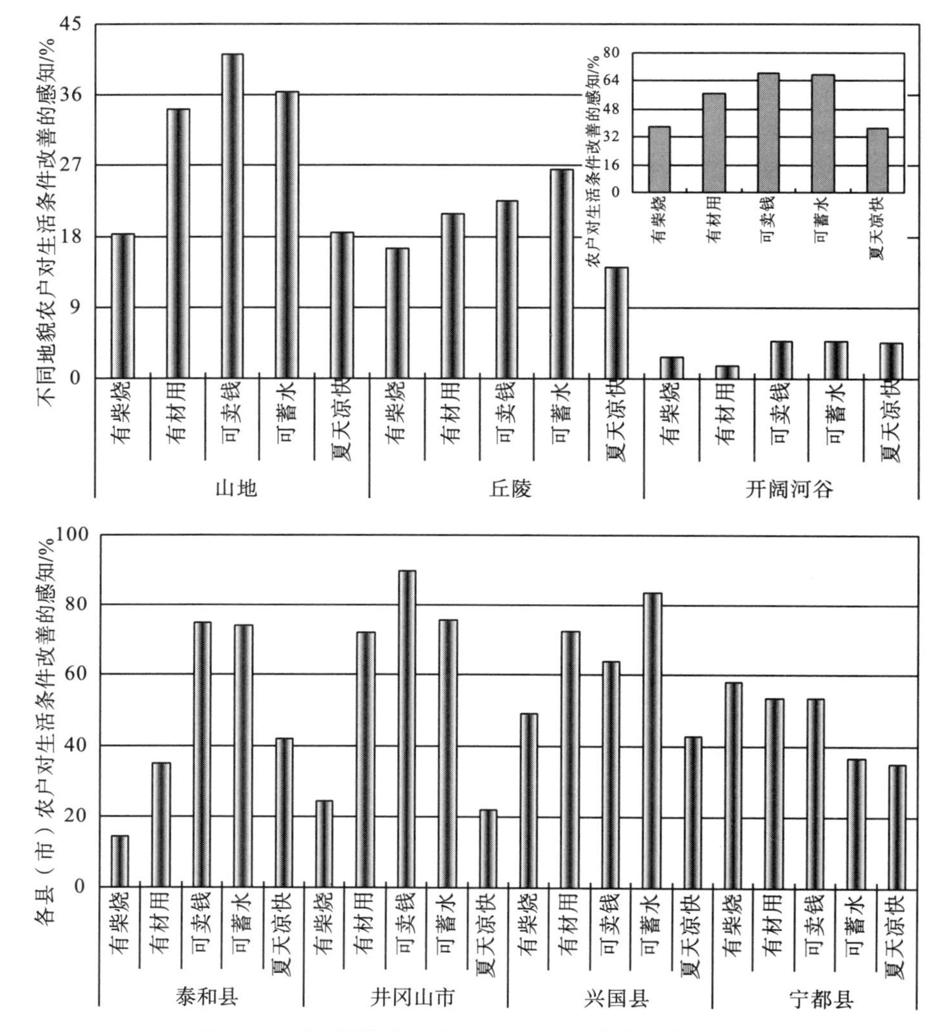

图 5-1　山江湖样区农民对参与后生活条件改善的感知

对较少。卖原材料和生活用品为主的收益方式，也反映了农民参与生态建设工程后获得收益的灵活性，如部分山场可以自行收益，而国群合办的山价分成则大部分存在于国有林场或乡(镇)林业站。

另外，粗加工后进行销售的收益方式也初见端倪，有 1.97％的受访农民将自家的林木(尤其是毛竹)粗加工后进行销售。不同地貌间，山区农民主要以原材料出售为主要收益方式(39.37％)，而丘陵区的生活用品收益则占主导地位(22.64％)，且山价分成方式也主要分布在这一区域。不同县(市)间，泰和县以原材料出售和山价分成为主，井冈山市主要体现为卖原材料，兴国县和宁都县类似，都来自于卖原材料和生活用品。不同的收益方式决定农民对山场的依靠和

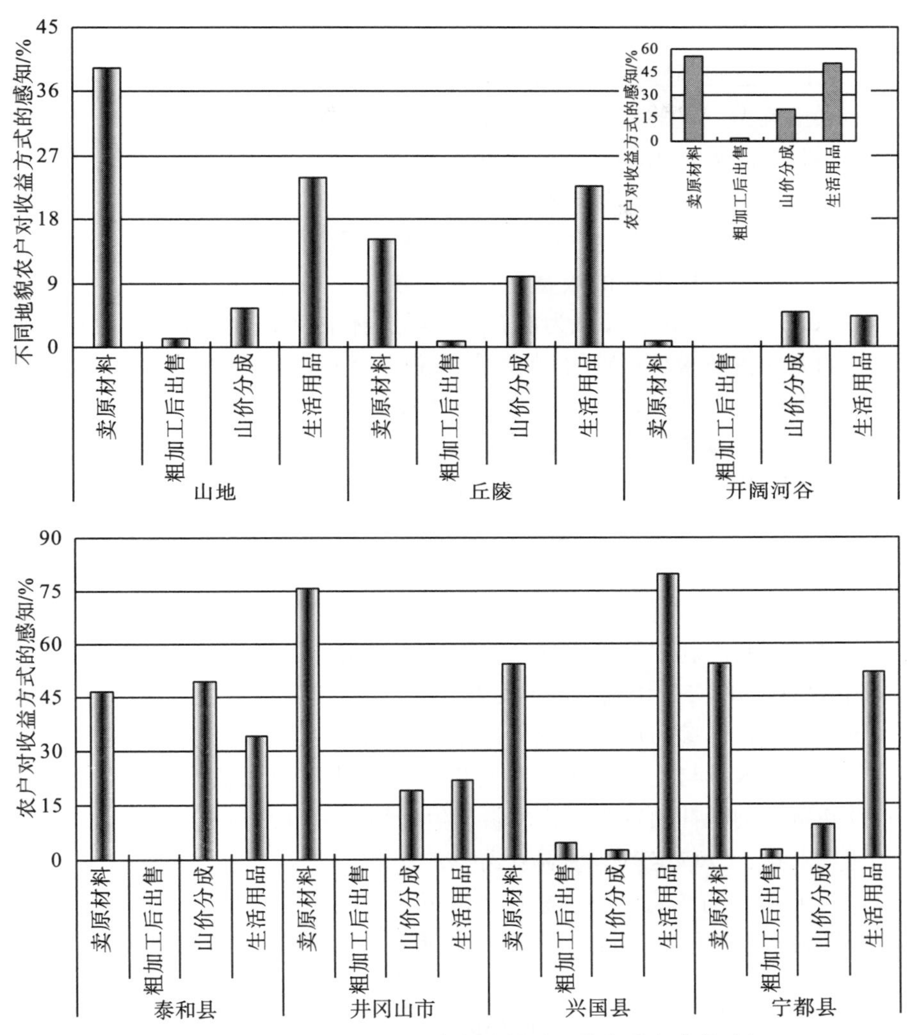

图 5-2 山江湖样区农民对参与造林后经营收益方式的感知

其参与的积极性。

山区山场收益通常以林为主，而丘陵区则较多都是农林交错区，农林是其经济收益的来源取向，山场没有收益时，还可依靠农业生产。这样，在山场较为成材的山区，农民参与造林的收益方式常常以原材料出售为主，而在丘陵区林木长势较差，农业生产是主要的生活来源，山场的收益仅仅满足家庭基本的生活，如用柴、建房、做家具等，而在丘陵区的林木长势较好，农民与其他主体间的联营发生较多，使得山价分成也成为农民获取收益主要方式之一。可以说，丘陵区农民的经济收益具有一定的余地或弹性，而山区则刚性较强，山区农民参与造林的积极性也相对强于丘陵区域，且山区的收益方式多以自行为主，而丘陵区则较多。

山场的生态脆弱性程度对农民参与后所可能获得的收益方式也有一定的影响，如水土流失严重的兴国县和宁都县，农民对山场造林的收益也只能从生活用品中体验，因为，山场水土资源匹配较差，土层浅薄、贫瘠，造林后，短期很难成材，且成熟后茎材短，很难满足农民家庭生活必需品的需要，但是，在这些区域进行造林，对局地气候的调节，水土资源保持效果明显。

在不同经营管理模式的收益下，农民参与山场造林的行为以自行为主。虽然仍有20.67%的受访农民认为没有从山场造林中获得任何收益，但是，依靠自行收益的农民占访谈总户数的69.09%，获得合办收益的农民为24.41%，可见，在农民参与山场造林后，获得收益的方式和受益范围是非常广泛的(图5-3)。不同地貌间，自行收益占据了山区和丘陵区农民收益模式的主要地位，但股份合作制收益方式作为农民参与造林后的独创，更具有重要意义，这将在农民获得参与受益后的行为调整部分重点论述。然而，访谈发现，没有从山场造林中获得收益的农民主要出现在丘陵区域，产生这一现象的原因与造成收益方式在不同地貌间差异的原因是一致的。不同县(市)间，没有获得收益的以宁都县和兴国县为主，而股份制则发生在井冈山市和宁都县。山场经营后的收益自行获得，为农民参与行为的自发调整提供了动力，当然，也有助于农民创造性参与的发挥。

三江源区牧民参与后，可获得的最大经济收益就是参与生态移民后的安置补偿费，以及未参与生态移民而参与以草定畜获得的育肥牲畜所得的收入，如基础设施费、饲料补助费等。牧民参与生态移民可分别从整体搬迁、零散搬迁、已搬迁户安置、以草定畜等减压模式中获益。

2003年青海省规定，整体搬迁牧民可一次性获得补助性基础设施费8万元，饲料补助费实行连续5年每年补助8000元/户，并解决牧民的城镇户籍，享受城镇低保。然而，对于零散搬迁中，有草原使用证的牧民，可一次性获得补助性基础设施费4万元，连续5年每年补助6000元/户的饲料补助费，10年后，愿成为城镇居民者享受城镇低保，愿回草场从事畜牧业生产的，继续享有原草场使用权；针对无证牧民，补助基础设施费3万元，连续5年饲料补助费3000元/户。

然而，对非移民牧民则实行以草定畜，一次性补助基础设施费2万元，主要用于围栏建设，饲料补助费连续5年每年补助3000元/户，但是，每户必须把牲畜存栏量控制在不超载的范围内(以草原使用证上的面积和目前长势核算)。一方面，牧民获得了基础设施费用，草场得到了丰腴，牛羊也自然会生长得较好；另一方面，草场的不超载放牧还有利于牧民、牧畜和草场间的持续发展。2005年，三江源区又将围栏建设费300元/hm^2提高到375元/hm^2，饲料粮补助期限从5年延长到10年。对此，牧民将从参与生态建设中获得更大收益，参与的态度也会慢慢调整。

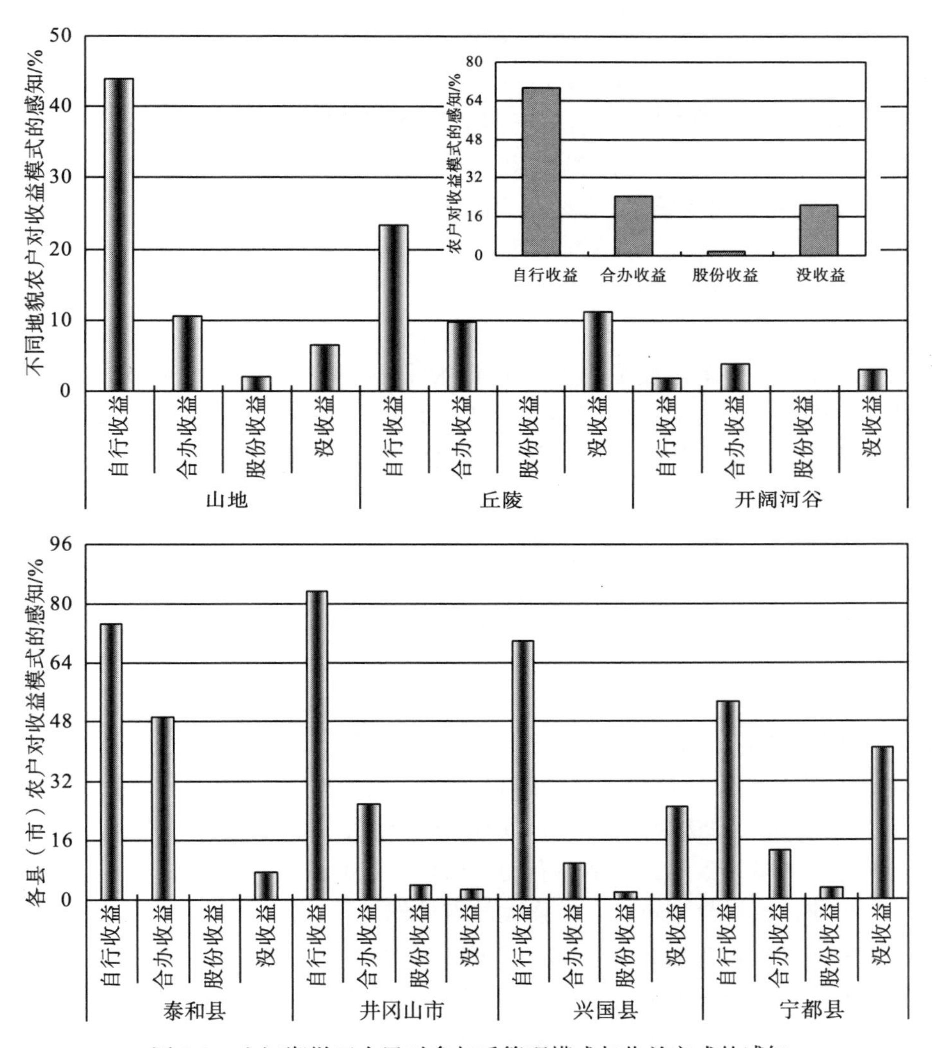

图 5-3　山江湖样区农民对参与后管理模式与收益方式的感知

对比农牧民对其参与生态建设后的经济效应感知发现，山江湖区农民参与后的经济效应主要来自于对山场的投入，如造林、管理等，经济效应也以卖原材料、生活用材和用柴、生活环境改善等为主，具有主动创造的特性；而三江源区牧民的这一效应则主要来自于政府的生态移民、退牧还草的补偿，如安置补偿、草场基础设施建设、饲料补偿等，体现为较强的被动性。

可见，农牧民参与生态建设后的经济效应来源渠道是不同的，山江湖区可以说是农民的自行参与和创造分享，尤其是股份合作制的创造，而三江源区除以草定畜牧民也从草场恢复、牲畜茁壮、牧畜持续等方面获得参与收益外，基本完全来自于政府补贴，没有任何想法。在参与后的经济效应收益上，三江源区的牧民也较山江湖区的农民相对被动，这使得牧民参与对政府的依靠较强，而农民则在参与收益后基本具有造血功能。部分牧民因担心移民10年后的生活着落，而一直徘徊或不愿移民，如开始试点的扎陵湖乡，搬迁牧民占全乡总牧民的39.68%，而后拓展的黑河和黄河两乡的这一数字分别为28.53%和24.45%，较扎陵湖乡低11.15%和15.23%。

5.1.2 生态效应感知

生态效应是生态建设工程上马的最终目的和归宿，倘若农牧民能从这一参与过程中获得一定的生态效应感知，认识到其所生活区域的生态环境通过建设正在逐渐好转，并给其生产、生活乃至经济收益带来便利(至少不至于降低)，达到生态经济的“双重过滤器效应”，那么其后期的参与行为和心态就会得到很大的良性调整，进而有利于生态建设工程的顺利实施。但是，山江湖区和三江源区农牧民对生态建设后的生态效应感知常常是其周围生态变化中比较直观的部分，且易于描述和度量，如雨季时，山上的泥土往不往山下流，草场够不够牛羊吃等。

山江湖区农民对参与造林后的生态效应感知主要体现为水土流失减少、山泉水增多等。75.50%的受访农民认为，参与造林后，山场水土流失减少了，70.28%的发现山泉水增多了，33.94%的认为山场野生动物多了(图5-4)。这与75.59%的受访农民认为的造林后，山场水土流失、滑坡、塌方等生态问题都大大减少的结果是一致的，即造林有助于山场生态的恢复。

造林前，山场林木较少，在强大的需求作用下，乱砍滥伐的人为扰动严重，且山场林木越少，扰动越强，扰动所诱发的生态问题越严重，山场植被越难恢复。毫无疑问，山场人为扰动与较差的水土资源保持间存在一定的恶性链条关系。山场植被变化与人为因素及土壤条件有很大关系，一旦山场植被遭到破坏，较差的土壤条件将驱使植被逆向演替，加剧水土流失的发生。而植被的逆演也将使土壤朝退化方向发展，从而促使植被-土壤演化的恶性循环出现，特别是在砂质、砾质和灰质母岩山发育的土壤，肥力差、土层薄，植被破坏后，水土流失严重，进而导致土层更薄，肥力更差，而在成土速度又慢的情况下，植被-土壤的支持关系将进一步恶化。当然，农民为了满足生活需要就越发利用开阔河区本已较差的植被土壤资源，如烧柴、卖柴等。利用的结果，更加引起水土流失，从而陷入植被更少、土壤更加贫瘠、生态环境更加恶化的恶性链条中。植被-土壤的逆向演化，也使得植被-土壤储水更少，旱涝更易发生，植被生长更差。

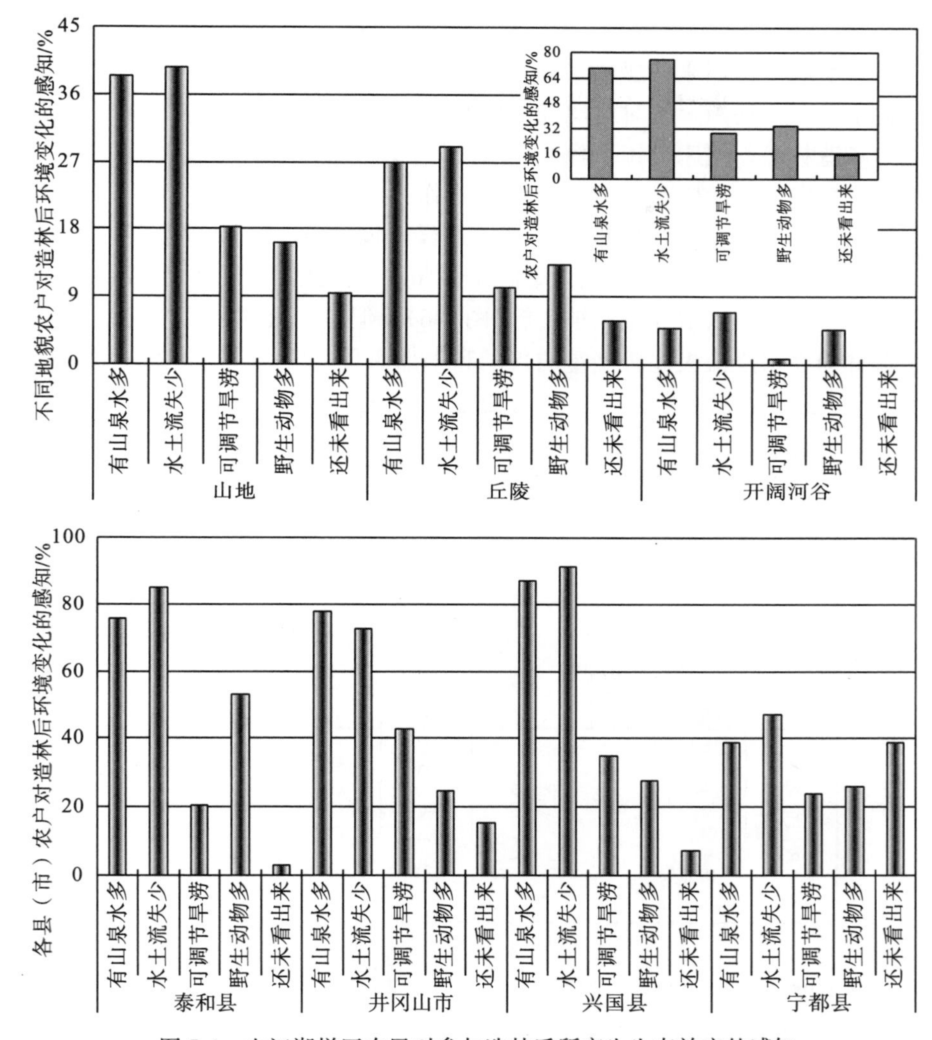

图 5-4　山江湖样区农民对参与造林后所产生生态效应的感知

但是，在生态效应感知上，不能忽视的就是约 15.94%的受访农民认为，造林后山场的水土流失、滑坡、塌方等并未减轻，反而较以前增加了，持这种观点的农民主要发生在宁都县范围内。生态的恶化与局部地区只砍树、少种树等，以及山场没收益后农民经营的逆反心理有很大关系。在追求最大利益的驱动下，农民尤其是在当地有一定势利的则会更多地从山场上获得尽可能多的经济收益，而他们对山场进行造林少于那些没能从山场上获得到收益的农民(部分造林后，收益并不归他们)，这样，山场的林木只会越来越少，从而带来山场生态环境的逆向演替。更有甚者，少数农民因不能从山场获得收益，而只能依靠较少的耕地为生，他们就会对影响农业生产的扰动因素进行清除，如山场林木恢复后，野生动物(如野猪、飞鸟等)对农业生产的危害较大，他们就会毁林，甚至为了驱赶野生动物，他们采用极端的烧山行为。因此，在生态建设中，必须做好不同利益主体间的均衡，同时对建设策略的执行外部性应充分考虑。

山场造林后，河床逐年下降。15.16%的受访农民认为，造林后因水土流失减少，山场向河流的输沙量降低，而且，作为当地建筑材料的沙因建房、修路等工程的增加，使得从河中取沙较多，这样，输沙量少，取沙量多，结果导致河床下降，有的在近30年时间内下降1～2 m，且现在因河中无沙或少沙，致使建房、修路等工程因缺沙很难被实施(图4-6)。但是，对这一感知的认识，主要发生造林前在水土流失比较严重的兴国和宁都两县，分别占受访农民的35.48%

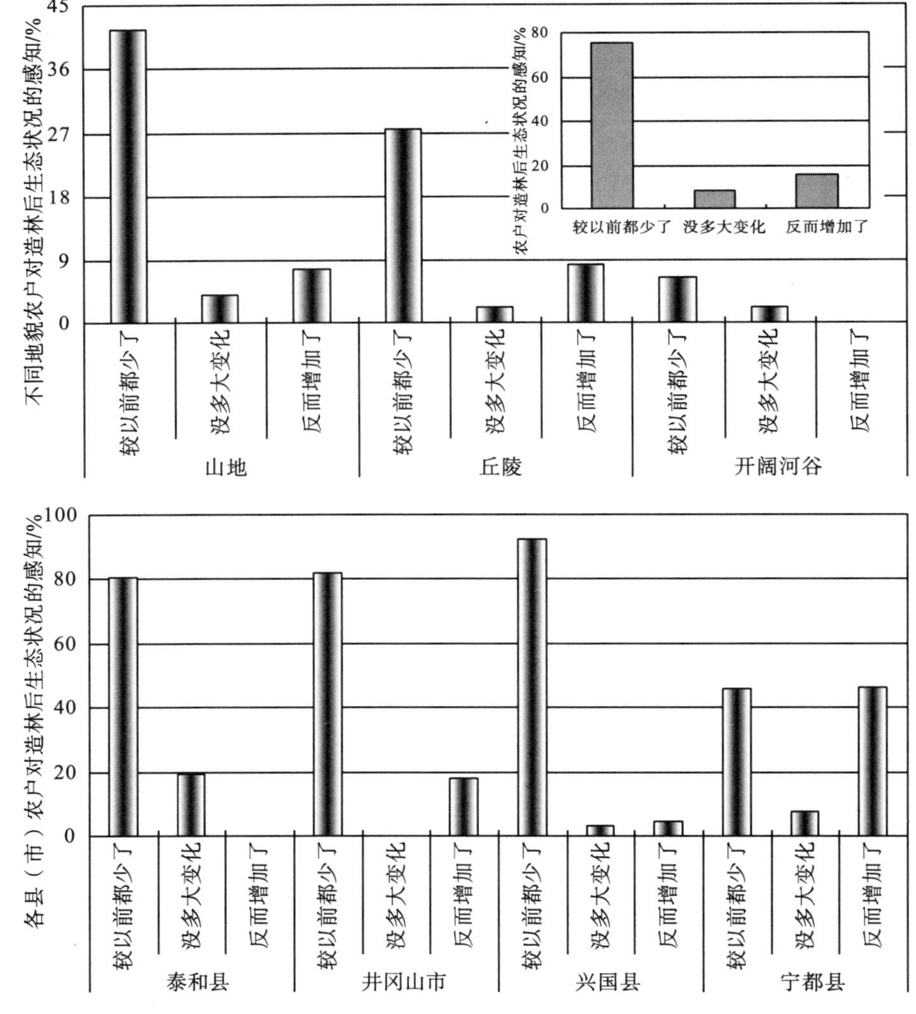

图5-5 山江湖样区农民对造林后生态效应变化原因的感知

和 13.95%。而且，与图 5-5 中宁都县的水土流失增加相对应，图 4-6 中所展示的这一区域河床也在上升，14.73%的农民持有这一认识，而造成河床上升的原因与引起水土流失的增加是一致的。我们知道，水土流失越严重区，山场生态建设后的生态效应越明显，河床的升降也就越能觉察。

野猪多了、鸟儿少了、生物种类多了是山江湖区农民参与造林后最有感触的变化。52.76%的受访农民认为，山场造林后野猪增多了，但山牛、野兔少了，而 41.93%的则认为鸟儿少了，如麻雀、喜鹊和乌鸦等，但种类多了，如农民经常看到一些不知名字的鸟儿，个头特别小(图 5-6)。另外，34.84%的受访农民认为造林后山场野猪、鸟儿、野兔、山羊等都多了。不同地貌间，野猪都较以前多了，山牛、野兔都少了，鸟儿少了但种类多了的现象主要出现在山区，鸟儿多了大多发生在丘陵区，而认为上述动物都多了的以丘陵和开阔河谷区为主。通常情况下，山区山场造林前后环境变化不大，因为山场林木本来就很多，生态环境再退化也不可能退化到不毛之地的境地，否者山场所在区域也就不可能再有人居住，而且，即使山场没树，仍然有很多杂灌、茅草、芦萁等生长，仍可为野生动物提供生息繁衍的场所，所以，山场野生动物变化的幅度不大，但伴随山场环境的改善，原先接近灭绝的野生动物因环境的恢复而又开始繁衍，在人们的感觉中(被看到的机率可能提高了)，鸟类的种类增多了。当然，丘陵区山场则受人为活动干扰明显，造林前后变化显著，这样，随着山场植被的恢复，野生动物变化的幅度也较明显，开阔河谷区也具有这一趋势。

三江源区生态移民后的生态效应涉及天然草场压力的减轻、地表覆盖的提高、载畜量的增加和水土流失的减少等。牧民访谈表明，在参与和未参与生态移民的牧民中，大多都认为，生态移民实施后，天然草场的压力大大减轻，单位草场面积所能承载的羊单位数量大大提高，而且，移民禁牧和以草定畜后，围栏内外单位面积的牧草总产量和植被盖度都有明显增加，同时，草地水土流失、风蚀沙化、鼠害(黑土滩)也得到了一定程度的遏制，显著增强了草地畜牧业可持续发展的能力。可以说，参与和未参与生态移民的牧民，都对生态移民建设后的生态效应有一定程度的感知，并通过与自身关系最紧密的草场生长状况、覆盖度、载畜量等进行描述。

从青海省 2003～2005 年退牧还草实施效果看(青海省西部开发退牧办，2006)，建设前后，畜均占有草场面积增加了 1.80 hm^2/羊单位，天然草场压力大为减轻，并结合 20 个样地 40 个对照样方的测算，围栏内外鲜草产量增加了 23.23%，覆盖度增加了 9.15%。据此可以推断，围栏封育 10 年后，天然草场基本可以充分完成生长发育期，草场生态完整性获得大幅度提升与改善。

另外，牧民还发现禁牧或以草定畜后，植被覆盖度恢复较好，雨季草皮被冲刷掉的可能较小，也没有泥土被冲出，风沙也较少侵害草原与牲畜，鼠害所形

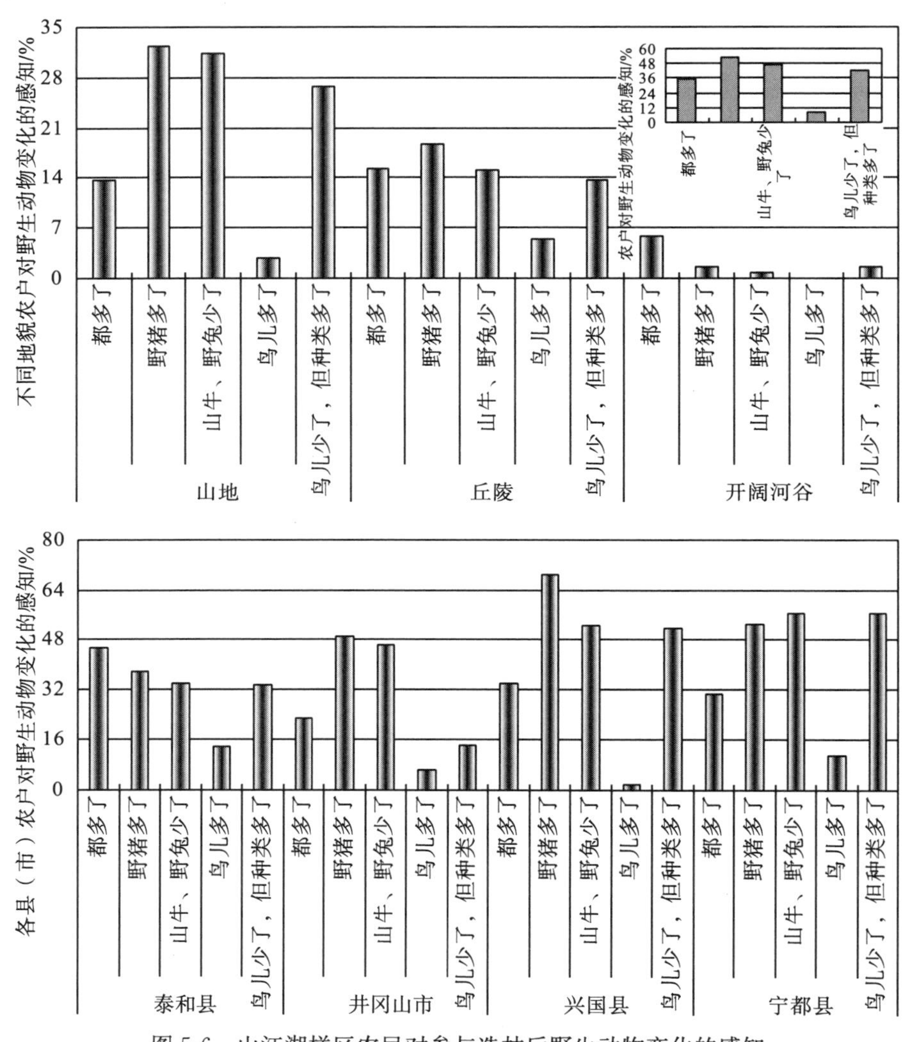

图 5-6 山江湖样区农民对参与造林后野生动物变化的感知

成的黑土滩也大大减少。保护好了草原，也就保护好了与牧民相依为命的神山、圣水，以及牧民、牲畜及其他动物的共同居住区。

对比农牧民参与生态建后的生态效应感知，我们发现，山江湖区农民由于深受水土流失、旱涝等灾害的影响，对参与建设后的生态效应感知比较明显，尤其是对水土流失减少、山泉水增多等更为敏感，而一旦问到造林后的生态益处时，农民的第一反应就是可以挡土、可以蓄水等，这些对他们的生产、生活关系密切，而其次才延伸出可卖钱、有材用等。而牧民的参与生态移民和以草定畜后的生态效应感知，主要体现为大风时有没有风沙威胁草场和牲畜，雨季时草皮会不会被冲毁，泥土会不会被冲翻，这是牧民们对参与生态效应的本能反应，也是与其牧业关系最紧密的部分。如果这些都没有或很少发生，草场覆盖就会很高，草场压力也就会相对减轻。可以说，农牧民参与生态建设的生态效应感知，都是看第一生态效应反应是否更为强烈，以致危害他们的生产、生活，也即是说，生态效应感知是农牧民农牧业生产的载体，承载着农牧民活动的压力。

5.1.3　衍生效应感知

衍生效应是除直接经济或生态效应以外的，由当地农民根据事物间的联系(如食物链等)所推断延伸出的效应。如农牧业生产稳定性的提高并不直接与山场造林和草场建设有关，而是通过不同因素间的链条积联累计所致，从而作用于或改善农牧民的生产、生活环境，进而提高其经济或生态收益。山江湖区最明显的就是山场造林，植被的生态服务功能显著增加，提高了农业生产稳定性，而三江源区的综合与配套措施则增强了牧民抵御自然灾害的能力，提高了牧业生产的稳定性。

山江湖区的山场造林→水土保持较好→山泉水增多→坑塘里水多了→农业生产抗旱涝能力增强→生产稳定性提高的链条衍生出山场造林的农业生产的稳定性效应。66.14%的受访农民认为，山场造林后山泉水显著增多，但是，从其衡量标准看，农民的表征办法较为直接与传统，93.18%的受访农民把农田抗旱期延长作为重要指示，即在伏旱天气，常常连续 15 天不下雨，农业生产就可能受到很大影响(减产或绝收)，而造林后即便连续 20 天不下雨，农业生产受到的影响仍在可控范围内，而认为河溪水没干过和饮水没问题的只有 35.61%(图 5-7 和图 5-8)。可见，造林后伴随山场植被的恢复，水源涵养和水土保持的能力获得较大程度的提升，从而增强山场植被的生态服务功能，致使雨季洪涝、旱季干旱对农业生产的影响大大减轻，增加农业生产的恢复力。

山上有了林木，雨季可以蓄水(水源涵养较好)，降低洪涝对农业生产的危害，并补充干旱季节农田的需水。这样，不仅可以缓解缺水时山沟里的农业旱情(田通常处在山沟)，印证了农民反映最深的伏旱天气持续的时间显著缩短了，且原来农田抗伏旱天气的时间也较以前长了约 10 天以上。而且，通过树冠层、地表植被和枯枝落叶的多层拦截与消纳，降雨在山场上所形成的地表径流强度(历时)也较没有林木或林木少(小)时小得多，减低了因山场没有排水沟而地表径流又很大时所带来的损害。同时，拦截引起的林下雨强的降低还增加了地表入渗，补充了耕层或浅层地下水，这也更有利于缓解伏旱天气持续的时间及其带来的危害程度。春天(谷雨前)下雨，山场林木全部吸干(就地入渗、拦截或消纳)，8 月份以后下的雨又被林木吸干，这样可以保证林木生长。夏季或冬季干旱时，树吸的水又会被放出。洪水季林木吸水可减少洪灾危害。

可以说，按照受访农民的表述，大雨时，山上林木可以吃水，减少洪涝，而干旱时，有山泉水可以流出，农民可以将山上的水围起来引到田里，防止干旱，当地俗语“没有树，就没有水”，林业是山区农民的朋友。另外，访谈中，还有 3.26%的受访农民用水电站修建来描述山场造林带来的山泉水增多，如井冈山长坪乡的 8 个小型水电站就是林业保证供水的很好例子。而且，这 8 座水电站都是周围山场植被恢复后建造的，而之前，山场植被较少，河川径流的季节性差异较大，根本满足不了常年发电的要求，且雨季时因缺少植被涵养水源，致使径流肆意，难于蓄积。

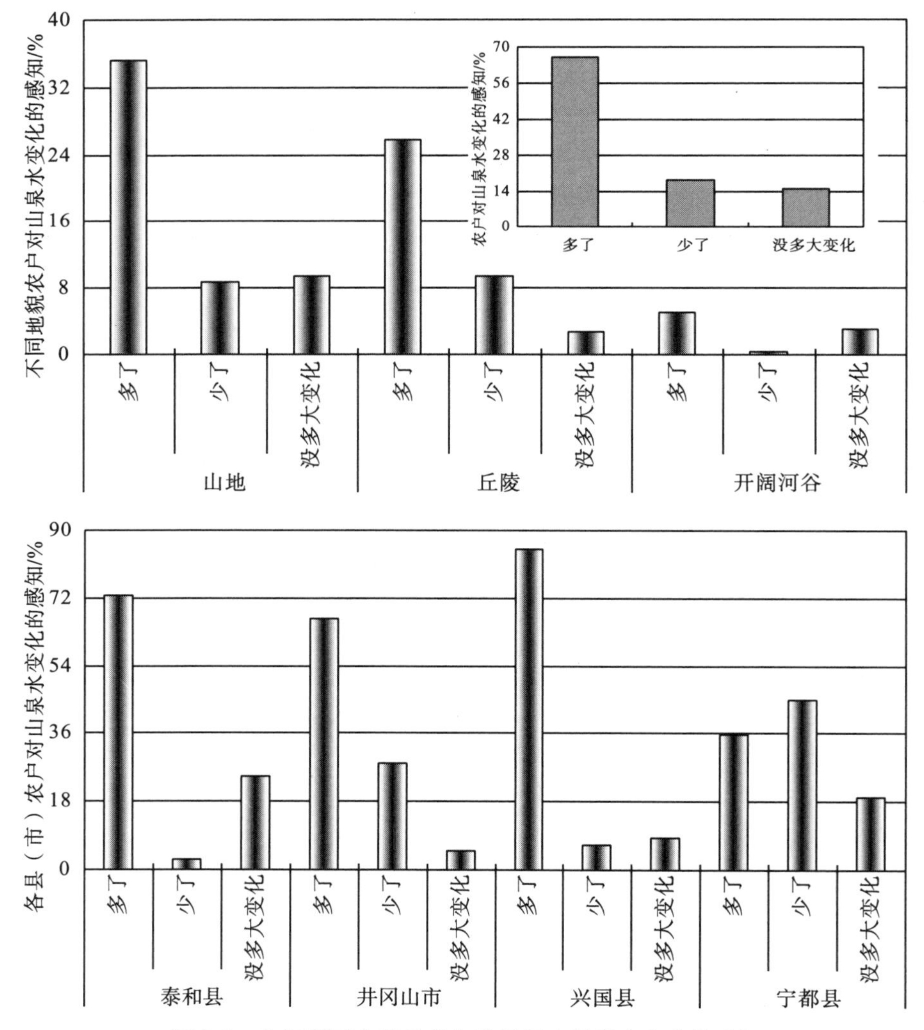

图 5-7 山江湖区农民对参与造林后山场泉水变化的感知

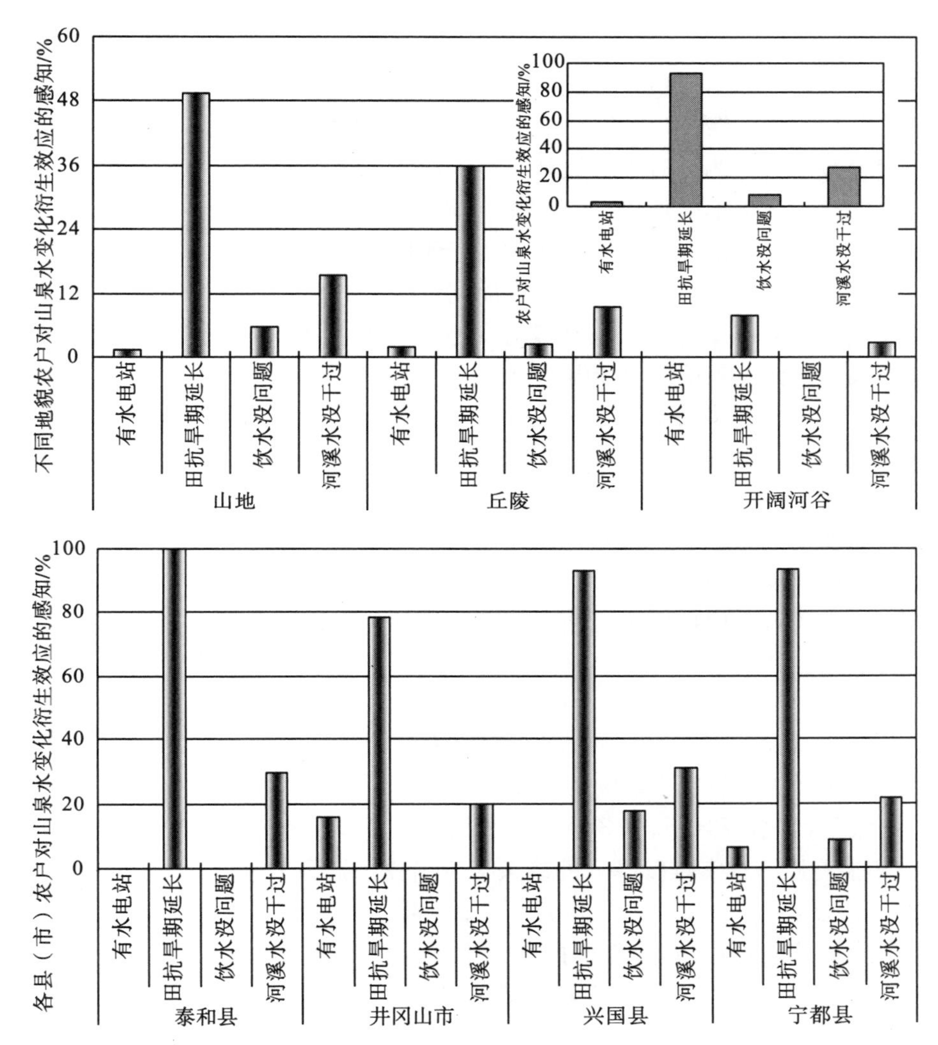

图5-8 山江湖区农民对参与造林后山场泉水变化衍生效应的感知

山场造林→山绿了→空气质量好→夏天凉快→热天也能睡着的链条衍生出农民的生活舒适感的视觉与感觉效应。图5-1表明，37.20%的受访农民认为，山场造林后，夏天会很凉快，但有这种认识的农民主要出现在丘陵和山区，分别为18.50%和14.17%，而不同县（市）间以泰和县（41.78%）和宁都县（42.58%）农民对这一现象的认识较突出。丘陵和山区山场植被变化较开阔河谷区明显，因为过去在丘陵和山区所发生的不合适人为活动的扰动已使山场环境遭受很大的破坏，且农民也饱受山场环境恶劣时的生产、生活痛苦，当然，当其参与造林后的山场环境变好时，给自己生产、生活带来的舒适感觉当然也最清楚、最具有发言权。开阔河谷区本身以农业生产为主，山场造林也仅发生在局地区域(零星斑块、不连续)，致使局地植被的恢复对区域小气候的影响效应贡献度较低，更不用说整个开阔河谷区气候的变化，而丘陵和山区则不同，如山场造林后：①山绿了，风景好，环境优雅了；②空气质量好(空气中无粉尘)，人的寿命较高；③热天时不会太热，冷天时不会太冷。尤其，夏天的感觉描写得更形象，如夏天不会像以前那么热，要凉快、好过些，天热也能睡着，特别在田里劳动都舒服得多，而且，蚊子也会到山上去，不会到家里去。

地表热交换过程中，通过蒸散将周围空气中的感热转化为潜热，从而起到降低空气温度的作用，山场植被覆盖度越好，潜热分量越大，地表热量调节能力就越强，夏天也较荒山或残山凉快。

山场造林→蛇多→老鼠少→投放的灭鼠药少→农村猫狗能喂起来的链条衍生出造林的生物学链条效应。据受访农民介绍，原来山场树少的时候，蛇也少，老鼠少了天敌后，繁殖很快，农民为了消灭老鼠，就要用药药老鼠，而猫和狗吃了被药死的老鼠，也会被毒死，这样村子里就很少有猫和狗被饲养成年，造林后则刚好相反。山场造林后，蛇有寄宿的生境和条件，繁殖较快，老鼠的天敌较多，农民就不用再用鼠药药老鼠了，猫和狗也就很少再会因食了药死的老鼠而被毒死。我们访谈时，也确实发现了农村各家各户都有狗，且田里、路上都很多，随时随地都能看到，当然，这也给我们的访谈带来了一定的困难。猫狗的增多也减少了家鼠对衣物的破坏和疾病的传播，同时，也减少了因外出务工而缺少劳动力看管家中财物所造成的损失。

三江源区牧民移民、以草定畜→牧民、牲畜减少→草场载畜能力增加→牲畜抗灾能较强→救灾难度降低的链条衍生出牧民抵御灾害能力增强效应。如前所述，生态移民、以草定畜，减少了草地承载的牧民和牲畜数量(即便仍不在草场承载力的范围内)，但仍增加了单位牧民和牲畜的草场使用面积，大大优化了“畜草”关系，这样，在同样草场长势情况下，草场被啃食的程度大大降低，牲畜的膘也上得快、长得结实，当然，抵御相同灾害(强度、时长等)的能力也较强，加之牧民定居或聚居的实现，也有助于牲畜挡风遮雨，减少冻死的数量，提高越冬率。

而且，由于牧民和牲畜的减少，在相同灾难下，政府投入同样的救灾能力和反应，实施后的效果显得比以前也要快得多，即救灾能力和反应不变，而受灾的牧民和牲畜减少，从而大大减轻了雪灾的损失和降低了救灾难度，有助于保证牧民生命财产的安全，降低草场转移过程中的牲畜损失。这都充分显示了退牧还草和生态移民工程在牧区救灾救济工作中发挥的重要作用，进而延伸出牧民所感知的抗灾增强效应，保证了其视为财富之源的牲畜不受损失或少受损失。

比较农牧民参与收益的衍生效应可以看出，山江湖区农民参与收益的衍生效应主要体现在生产稳定性、生活舒适度等方面，而三江源区牧民的这一效应则以抵御或抗灾能力增强为首要表现。分析发现，前者的衍生效应体现事物间的主动联系，相对有机，如山林与旱涝、气候、猫狗间；而后者则体现事物间的被动联系，相对机械，如移民、定畜后，牧民和牲畜要减少等。而且，前者更多地强调生态与经济效应的衍生；而后者虽然也强调了生态效应的衍生，但主要还是以抗御灾害的能力增强为主。另外，前者是农民在日常生产、生活中觉察的，具有不经意性(即不是刻意就能发现)；而后者则是当极端气候(如冰冻雨雪天气)来临后，牧民才能得以感知。

当然，山江湖区的这些衍生效应才是农民参与造林后所能最先感受到的参与收益，也是农民初期乐于参与的直接动力，即对自身的生产、生活有很大的益处，且见效较快，而三江源区的抗御灾害能力则是牧民几年甚至几十年才能感受到的参与收益，见效相对较慢，而初期，牧民参与时也很难或根本就不会想到这些，更不用说成为参与的直接动力了。

5.2　农牧民参与的直接响应行为调整

针对上述农牧民参与生态建设工程的响应，对参与后所获生态经济效应的感知，农牧民对其参与行为进行了自发性调整，而这一自发性调整是受制于参与后所可能获得的既得效应所驱动的，包括直接和间接响应行为的调整，也包括正向和反向响应行为的调整。不同生态建设阶段，农牧民的参与方式、具体的参与行为，以及如何参与经营管理等都有很大的差异，从而使得农牧民直接的参与响应行为的调整也就囊括了这些方面，它是农牧民在获得参与收益后的最直接行为的响应。山江湖区农民直接的参与行为调整，体现为山场造林主体与投入、树种选择、“低改”管理等方面的变化；而三江源区则主要以对生态移民、以草定畜等的支持与理解为主，如是否愿意选择移民，移民或定畜后的草场如何管理，以及在这一过程中牧民的参与行为如何等。

5.2.1　参与方式调整

参与方式调整作为农牧民获得参与效应后的第一反应，作用于未来的生态建设中，农牧民沿袭或调整以前的参与方式，以利于参与效应的最大化，或作出有损于生态恢复的行为，但这主要取决于获得的效应是否达到预期。山江湖区农民的参与方式调整涉及造林主体与投入、参与模式等方面的变化，而三江源区的牧民参与方式，在参与积极性、参与多模式等方面变化较大。

山江湖区 20 世纪 80 年代中期后较中期前，农民自行参与山场造林的积极性大大提高，而政府和村集体经济组织主导的造林比重则相对降低。图 4-29 表明，相比 80 年代中期前的农民自行参与造林的比重为 6.30％，80 年代后这一数值则上升为 25.78％，提高了 3 倍多，而政府和村集体经济组织的这一数值则分别降低了 21.68％和 27.50％。同时，农民参与的自主性还表现在农民出山场及其附属林木，林业工作站(林场、公司)出技术、资金、种苗、管理和市场等，进行山场联营造林，收益实行山价分成。如 3.74％的受访农民认为，80 年中期前，山场主要由当地国有林场经营和管理，而 80 年代中期后的山场联营造林经营模式的占比提高到 10.63％。这也说明，单个农民也想实施大规模山场造林，但由于没有那么大能力(没资金、技术，缺市场)，而只能选择联营方式，获得山价分成收益。不同地貌间，在资源稀缺和在家庭生产、生活中的作用影响下，山区和丘陵区农民自行造林的比率，80 年代中期后均较中期前有较大幅度的提高，而山区相应时期的政府和村集体经济组织主导的降低幅度较丘陵区大，这一方面说明丘陵区农民在自行进行山场造林时，政府和村集体经济组织的作用还是很大的，另一方面表明山区人们生活靠山、自行经营山场的愿望迫切。

山场造林主体的变化反映了农民参与生态建设角色的转变，由原来的被动参与成为如今的主动建设。农民参与主动性对山江湖区生态建设工程的实施来说可谓是一可喜事，不仅投入增加且趋于多元，如农民手中的闲散资金、公司(企业)投入、政府和村集体经济组织等，而且，农民参与山场的日常管理增加了，甚至达到了精细的程度，当然，这都归功于收益的自主。而政府或村集体经济组织的参与虽然大多还是利益追求下的参与，但是或多或少地已经转换了参与角色，强调为农民参与提供更为宽松环境、决策咨询的意味凸现，以及保障农民参与联营的收益与冲突调解等。如泰和县老营盘镇的林业工作站就是一个很好的例子(图 5-9)，它不仅做好了农民的山场联营，而且每年在造林季节还根据农民的要求，将汇总的种苗从外地调运，以便于农民山场造林。

农民自行种植

农民联营

图 5-9　山江湖样区泰和县老营盘镇农民自行参与种植与联营

农民参与模式由原来的投工投劳向自行种植和林业产业工人转变。虽然66.93%的受访农民认为，20世纪80年代以投工投劳、挣取公分为主，但是，80年代至今的农民自行种植与扮演林业产业工人参与的也达42.72%，其中，自行种植的就占受访农民的34.25%，且90年代以来投工投劳的减少为13.39%(图5-10)。不同地貌间，自行种植参与的以山区最多，其次是丘陵区，这与参与主体的变化是一致的。不同县(市)间，自行种植参与的主要发生在泰和县境内(55.48%)，兴国县和宁都县相对较少，而最少的是井冈山市(15.38%)。政府主导山场造林，农民投工投劳的参与模式有助于解决生态建设初期的被动参与问题，尤其是投入大、见效慢且预期收益风险大的山场生态建设。

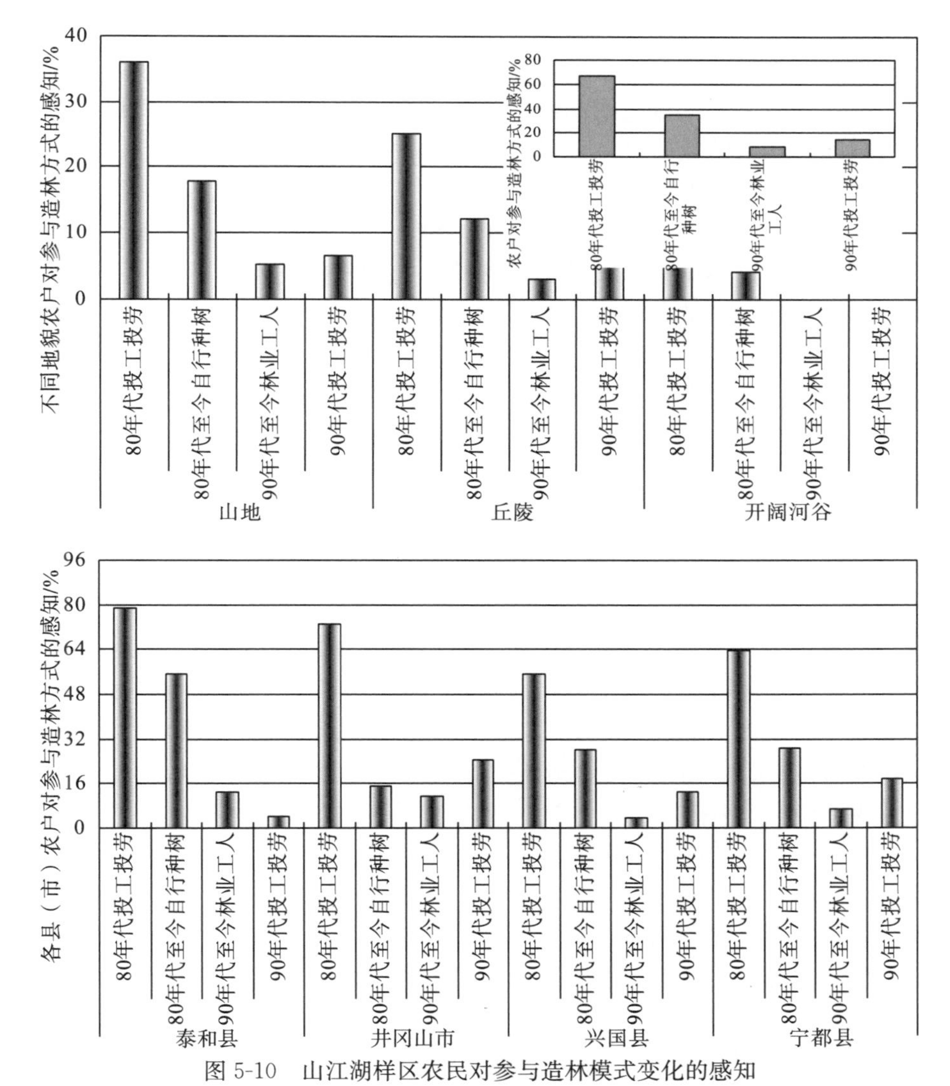

图5-10 山江湖样区农民对参与造林模式变化的感知

当然，一旦农民获得预期的参与收益后，就会逐渐改变自己的投入经营模式，且部分农民还将自己的山场实行联营模式，甚至农民之间实施股份制合作模式。采取联营模式后，一方面农民可以根据自己最初的联营贡献获得联营收益，另一方面农民在参与山场管理成为林业产业工人时，也有部分管理工资，这在5.2.3节详细分析。参与方式的自主性也带来了投入的自承担性，投入来源中33.07%的受访农民认为由自行承担，而10.24%的认为由林场自行购买(图4-29)。但从访谈结果看，伴随参与模式的转型，大多自行投入农民主要出现在20世纪90年代以后。

参与模式的差异性主要源于可能从山场获得收益的好坏(与农民预期相比)，以及农民家庭收入对其的依赖程度。不同地貌间，山区农民家庭收入较丘陵区更多地来自于山场，当然，农民在获得一定的参与收益后，相对较高的自发性参与也就体现出来，且对山场的经营管理积极性也较高。丘陵区农民家庭收入在农和林间有一定的选择性，且较好的林业用地，政府和村集体经济组织均实行合办模式，农民从中受益较少，而立地条件较差的林业用地，常常土层较薄、土壤贫瘠，仅能生长灌丛、茅草等植被。对此，政府和集体经济组织不愿意造林和管理，农民也不乐意，农民自行种植参与的积极性也就不高。不同县(市)间，泰和县山区的植被条件较宁都县和兴国县较好，林木长势好，山场收益也较好，农民自行参与种植的积极性较高，而井冈山市以天然林为主，农民自行造林的机会不多。如泰和县碧溪镇芙塘村农民自行参与造林时，不但自行卖杉木种育苗，而且还将自己栽剩的苗木出售给其他农民，解决别人因缺乏种苗而造林难的问题。

三江源区牧民参与方式除收益后参与积极性的提高外，主要体现为牧民对参与方式的选择。对比牧民可以获得的生态移民安置补偿费可看出：整体迁移牧民获得的安置补偿费最高，但是，它们不再享有原拥有草地的继续使用权，而零散迁移的安置补偿标准相对较低，且牧民5年之内不能继续在原拥有的草地上放牧，也没有城镇低保享用，但是，它们仍享有原拥有草地的使用权。当然，获得收益最多的则属参与以草定畜的牧民，他们既得到草场建设补助费，可用于改善生产、生活条件，如围栏建设等，还可继续在原拥有的草地上从事畜牧业生产。

对这些权益的权衡，牧民通常选择整体搬迁或以草定畜，如原计划扎陵湖乡实施生态移民388户1800人，但实际只有37.11%的牧民进行了整体移民，而剩余牧民则愿意接受以草定畜，零散移民也因补助标准较低，担心移民后的生产、生活困难较多，而不被牧民所看好且存在顾虑。就整个玛多县来看，整体移民户占全县总户数的14.47%，零散移民的为9.05%，而以草定畜的未移民户占35.14%，可见，牧民在移民与减畜间进行了自发参与方式调整的选择。

对比农牧民参与生态建设后的行为方式调整发现，山江湖区农民的参与方式是在政府和村集体经济组织主导与农民自行种植间选择的，而三江源区牧民则是在不同方式间权衡利益最大化时进行挑选。当然，山江湖区农民的参与不管接受哪种方式，也都是追求利益最大化的结果，但农民在生态建设工程中大多都是要参与的，而后者则存在很大的不确定性，甚至参与后又反悔。总体看来，在获得参与收益后的参与方式调整上，前者体现出农民参与生态建设的主动性，而后者除了牧民自行决定自愿搬迁与否中体现出的主动性外(懒惰户、疾病户、有稳定其他收入户等几部分，他们常常选择自愿整体搬迁，获得的补偿大于他们的牧业收入)，大部分移民搬迁所选择的方式还是以政府引导为主。政府给出几套可供选择的模式，牧民在其中自行选择。但是，鉴于减畜(压)与生态移民间的选择，牧民通常选择以草定畜方式，而绝大多数牧民不愿选择移民搬迁，尤其是不愿选择零散搬迁方式，因为，他们不愿自己的生计来源和生活方式受到影响，这样，也就很难从根本上减轻草地的生态压力，即草畜关系没有改变，当然，这与生态移民政策制定的初衷相悖。

山江湖区农民在获得初期的参与收益后，成为参与生态建设的主体，扮演主导主体作用，参与方式也转变为自行进行山场种植，即体现为参与主体主导性，参与方式自行性，这也决定了其参与生态建设的积极性与主动性，利于集中型生态重建目标的实现。三江源区牧民即便在获得初期的生态移民补偿后，其参与行为也不会发生较大的变化，仅仅是在政府的引导下，对已经设计的几种参与方式，以及与之相配套的收益方式进行选择，所以，参与仍然被动。

5.2.2 参与行为调整

参与行为调整是基于农牧民所选择的参与方式而实施的参与行为变化。山江湖区农民参与行为的调整主要涉及适宜树种认知、树种选择和适宜树种营造情况，如哪些树种比较适宜，且是否已经大规模种植了适宜树种等，而三江源区的牧民参与行为调整则表现为参与草场建设的行为变化(包括参与积极性、认识变化等)，如参与围栏建设、草原使用证认识等，尤其是牧民是否自行发现如何调整自己的行为，以缓解草场超载过牧的状态及权衡多户共证间的利益。

山江湖区农民对其生活区域的适宜性树种认识非常清楚，以杉木和马尾松为主。图5-11表明，75.59%的受访农民认为其生活区域的适宜性树种是杉木，53.94%的认为是马尾松，农民的这一认识符合山江湖区植被的地理分布格局(江西省自然地理志编纂委员会，2003)，当然，这也说明农民在获得参与生态建设的收益后，开始逐渐关心并认识周围植被的分布和适宜性状况。不同地貌和县(市)间，农民对山场植被的适宜性状况认识也呈上述态势，以杉木和马尾松为主，但是，泰和县的植被适宜性分布范围较广，不仅包括杉木和马尾松，而且油茶、湿地松、毛竹等也有一定分布。

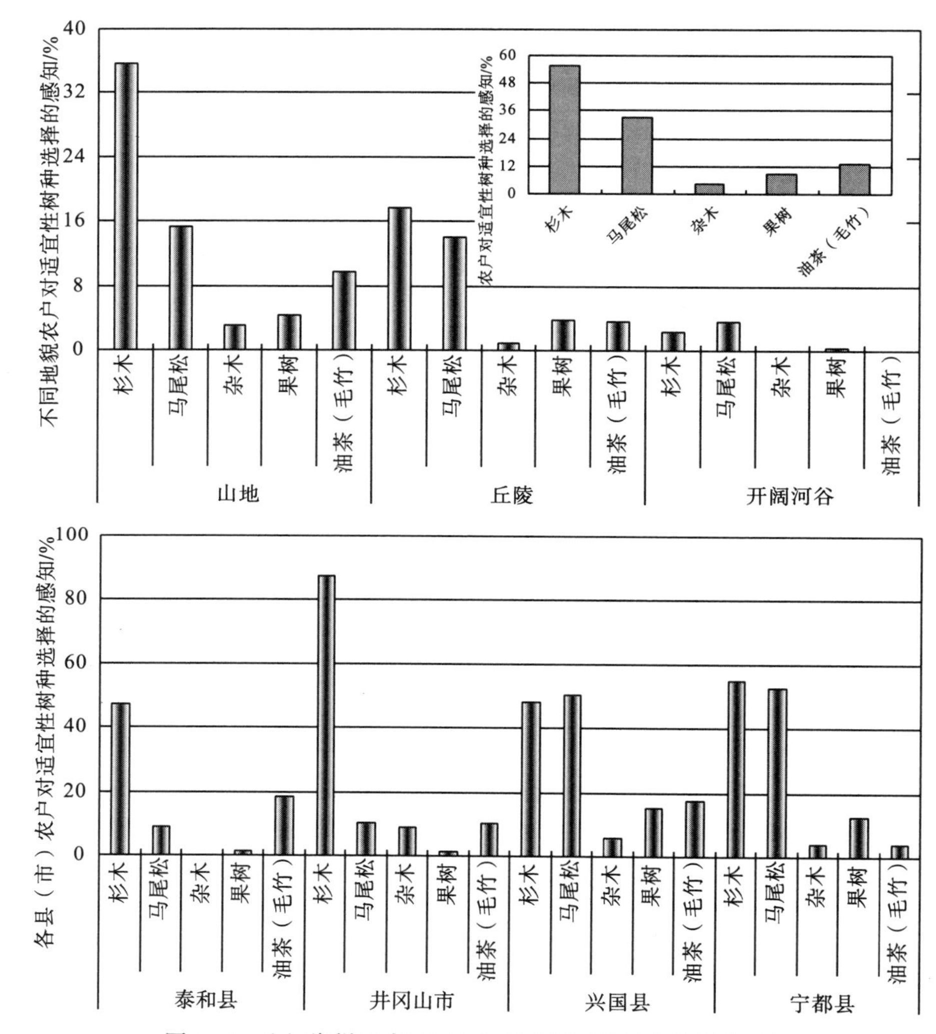

图 5-11 山江湖样区农民对山场造林适宜性树种选择的感知

另外，据江西省林业志，杉木、马尾松、油茶、毛竹等都是本地乡土树种，生态适应性、抗逆性和恢复力均较强，而湿地松则是外来树种，对于它的生态适宜性，很多农民还不太清楚，但是，因它长得快、能割脂而逐渐为当地农民所喜欢。27.92％的受访农民把它作为当地主要的用材树种，5.12％的还认为它很适宜在当地种植，持这一认识的主要分布在泰和县的丘陵和开阔河谷区。湿地松在山江湖区的这一分布符合其基本的生态适宜性规律(丘陵和开阔河谷区海拔相对较低)，但因其拥有速生特性，又能割脂，8～10 年即能见到效果，所以，日益成为农民目前造林树种的重要选择之一，并在经济利益的驱动下逐渐向不太适宜的低山和深丘区发展(延伸)。在 2008 年春季冰冻灾害时，湿地松成为受灾最严重的树种之一，即便如此，农民还是认为，湿地松是最适合的，山场在造林时，还要首选湿地松，而关于农民的这一认识在 6.2.2 节中详细分析。

农民不想种植和打算种植(现没有作业设计)适宜性的乡土树种主导了其参与山场造林的行为。针对“您现在是否已在山场大规模种植了适宜性树种”的回答，41.08%的受访农民认为不想种植，29.26%的农民认为打算种植，但只是现在没有做好作业设计(图 5-12)。然而，回答不想种植的农民主要发生在丘陵区，占受访农民的 20.64%，其次是山区，为受访农民的 16.43%。

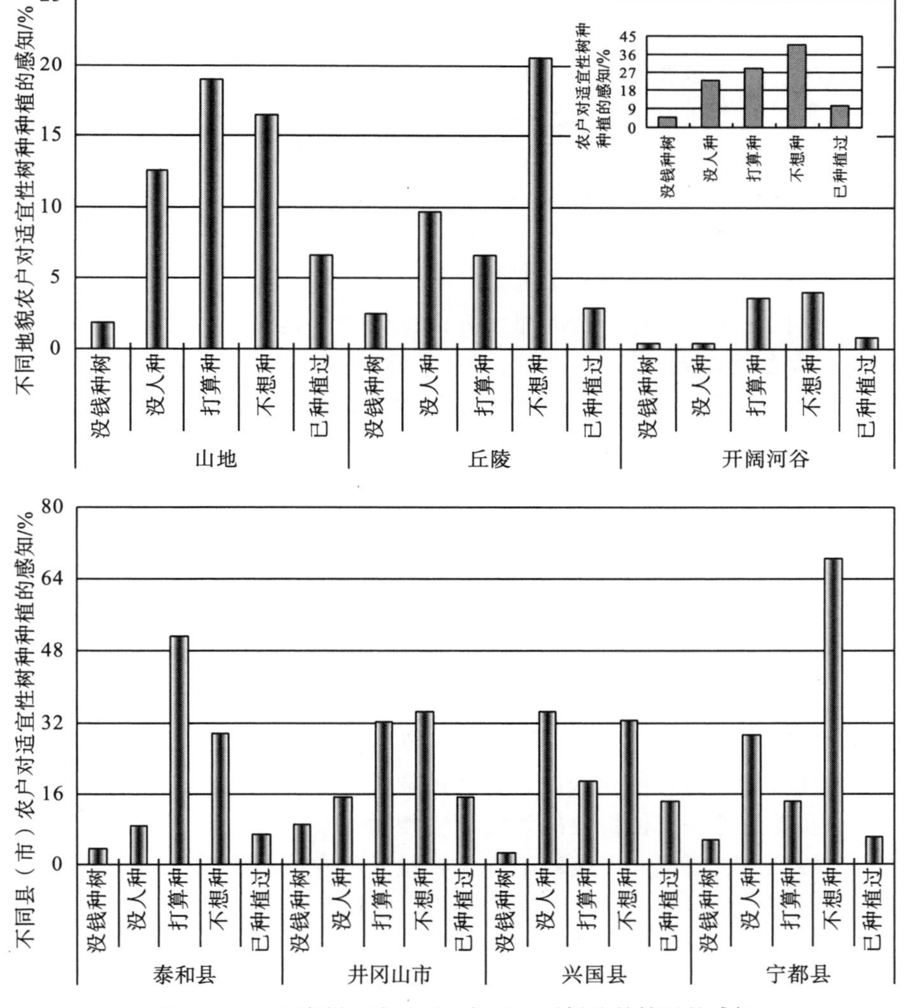

图 5-12　山江湖样区农民对山场适地适树造林情况的感知

丘陵区农民受湿地松见效快、效益好的影响较大，感受也深，改变农民的这一偏好也相对较为困难，而虽然其较杉木、马尾松等的生态适宜性较差，但是，在利益驱动下，农民还是喜欢种植湿地松，而不喜欢种植比较适宜的杉木、马尾松等，即使受冰冻灾害的影响较大。

山区驱动农民不想种植适宜性树种的原因相对较为复杂，具体归纳为：①农民比较偏好湿地松，特别是在低山区，湿地松是农民常常率先选择树种之一；②如果山场种了树，但由于立地条件较差(困难立地)，如土层薄、肥力差等，长时间内都不能成材；③即使山场成材，但是，造林后农民仍不能从中获得收益的，而只是被当地政府或村集体经济组织获得；④山场林木本身就比较多，即便不成材，也不可能砍伐后重新进行造林，即不需要造林。这些都驱使农民不想种树，以及不想种植适宜性强的乡土树种。另外，本次访谈时段正适山场种树时节，大多农民反映，如有作业设计，他们将会自发地种植当地比较适宜的树种，如山区 19.04%的受访农民持有这一想法。不同县(市)间农民的适宜性树种种植差异，也体现了农民偏好、山场造林状况、成材后的收益差异等。为此，要引导农民在山场种植生态适宜性较强的乡土树种，首先，政府必须为与种植湿地松间的收益差异埋单，其次，做好造林后山场收益在不同利益主体间的收益分配，至少不让农民受损。

影响农民在决策树种选择的原因方面也体现了其参与行为逐渐居于主导地位。56.10%的受访农民认为，在山场进行造林时，树种选择通常跟着别人种，别人种什么就种什么(跟风)，或者山上林木本来就很多，直接将多余的乡土树苗移栽到需要植树的区域即可(图 5-13)。而 40.55%的则热衷于选择效益明显的树种，且还有 32.28%的农民偏好于林木长得较快的树种。

当然，长得快且效益高的树种定会受到当地农民的喜好，这符合市场经济的基本规律(行为追求利益最大化，决定资源配置去向)。在上述所介绍的树种中，符合这一要求的树种当属湿地松，这也正是湿地松所受欢迎的真正原因，湿地松种植甚至已经延伸到了山腰以上范围。其实，树种选择时跟着别人种的农民，也涉及大量选择效益好、长得快的农民，这可从农民对“您村林地主要有哪些树种”和“您村用材林树种主要有哪些”等的回答中可以看出(图 4-3)。不同地貌和县(市)间，影响农民造林时的树种选择原因也类似于这一态势，但是，泰和县受效益好、长得快的效应驱动相对明显，这表明农民间选择行为的趋同型和传染性，而且，也诠释了参与收益后的农民行为更多地强调行为所可能发挥的经济效用，即仍在经济效益最大化的驱动下展开。

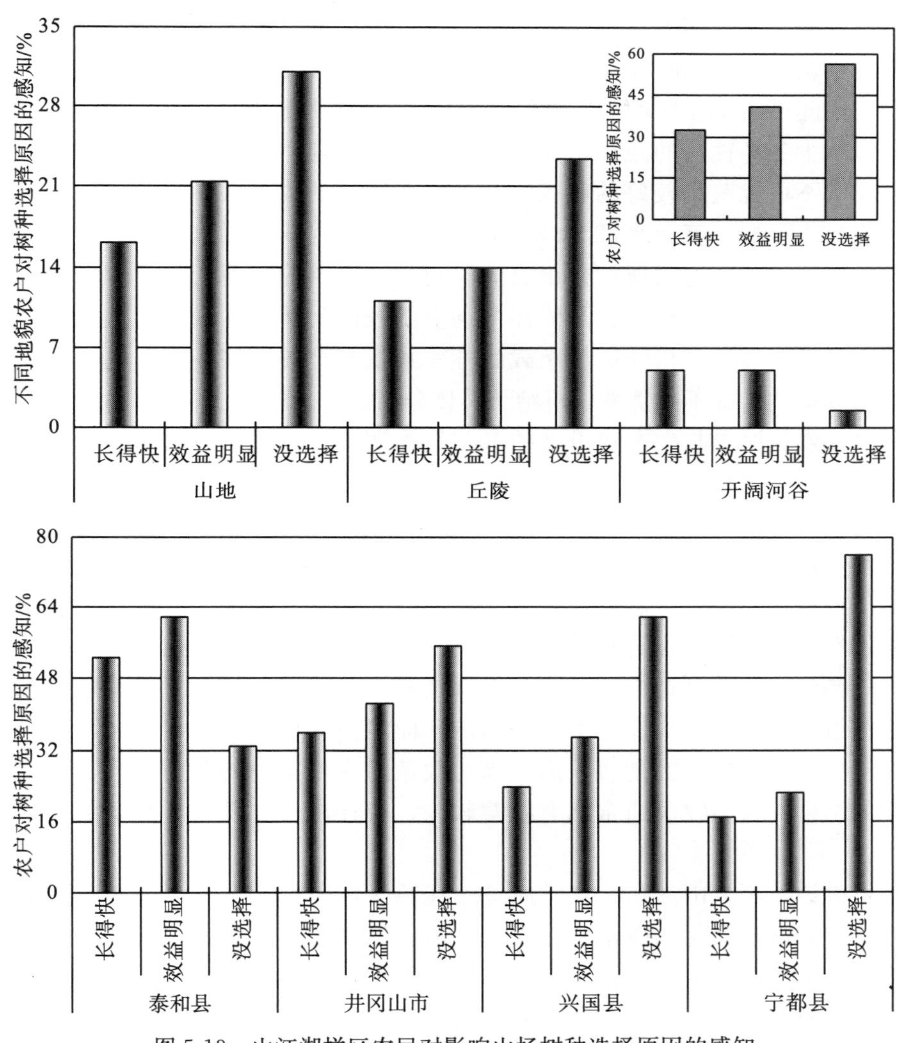

图 5-13　山江湖样区农民对影响山场树种选择原因的感知

围栏建设和牧民移民后共证间协调草场使用权成为三江源区牧民参与收益后行为调整的主要部分。图 4-35 表明，三江源区的围栏建设获得了长足的发展，这不仅得益于政府建设投入的增多，更重要的是牧民从初始参与中受益后的参与行为调整。生态移民、以草定畜以来，除 2004 年外，2003 和 2005 年的围栏建设分别都在 37.0 万 hm^2 以上，较 1986～1995 年的总和增加了 75.06%，可谓建设规模之大。这期间，牧民大都将政府补助用于围栏建设的费用全部投入到围栏建设中，从而使得草场生态状况得到较大程度的改善，如覆盖度提高、长势变好、草场牲畜承载力提高等，而且，在这种情况下，牲畜越冬率显著提高，从而相当于提升了牧民的家庭收入。

而同时，对于拥有一证多户草场的牧民(即多户共证)，为参与草场减压，自觉地协调与权衡不同牧民间的利益后(考虑安置补偿和部分牧民参与移民后草场载畜空间可给留在草场上的牧民使用)，决定移出部分牧民，享用政府安置补偿，以减少冬春牲畜的死亡，大家都有收益。否则，倘若都留在草场上，每一个牧民都不可能获得较好的收入，即共有草原证的牧民在参与收益后，其移民的意愿更为强烈。芦清水(2008)对玛多县的研究也获得了这一结果。但是，多户共证的移民，草地减压的效果有时相对较差，有的反而增加了草场压力，即人移畜留，或人畜迁移后，而留在草场上的牧民又会增加牲畜的数量，这就类似于移民没有发生，相同草场承载的牲畜数量甚至较以前还多，这在第 6 章牧民行为调整的外部不经济性中再给予具体分析。

对比农牧民参与生态建设后的参与行为调整可发现，山江湖区农民的参与行为以适宜性树种的选择、种植为主，而三江源区的牧民则主要集中于有效使用基础设施建设费，同时，多户共证户主动进行移民与以草定畜的权衡。前者更多地体现了农民参与收益后，参与行为的主动调整，如当农民在参与中，得知哪一种树种经济效益较好时，未来参与时就会想方设法地种植这一树种。而后者虽然不同牧民间也进行移民、定畜权衡，甚至参与围栏建设，但这一参与行为的调整仍可看到适应政策主导及被动参与的影子。如围栏建设，倘若国家不进行投入或补助，牧民是不会进行的，而多户共证的移民定畜协调，也并不是完全出于草地减压的初衷，而是满足政策需求框架内的利益最大，如多牧民协调的结果，迁出牧民通常拥有牲畜较少，或迁出后，原有牲畜全部还留在草场上。

可以说，不管山江湖区农民还是三江源区牧民，其参与行为的调整都是在追求自身利益最大化的驱动下实现的，但山江湖区农民参与行为的调整离开政府的主导仍会继续下去，甚至会发展得更好，而三江源区牧民的参与行为调整仍要在政府的主导下才能完成，牧民仅仅是在权衡利益最大化后，看参与的积极性，以及参与后给草场生态环境的恢复能否带来更大的效应来决定。

5.2.3 参与管理调整

参与管理调整专指农牧民具体诉诸的山场、草场管理行为在获得初始参与收益后的变化，如山江湖区农民参与收益后的山场管理，包括毛竹、油茶的“低改”，以及这次冰冻灾害后的山场管理行为调整，而关于三江源区牧民自发参与管理的调整本书没有直接获得，而仅间接地从国家退牧还草政策规定中获得，其劳动力 1/3 用于开展种草、灭鼠、治虫等草场建设进行研究。

毛竹“低改”面积与频次增加成为山江湖区农民参与管理调整的重要部分。

毛竹“低改”已成为农民参与山场管理中不可缺少的环节(图 4-14)，68.35%的受访农民认为，毛竹每隔 3~4 年就要“低改”一次，而且，认为至多每隔 2 年要“低改”一次的农民也达 20.14%(图 5-14)。

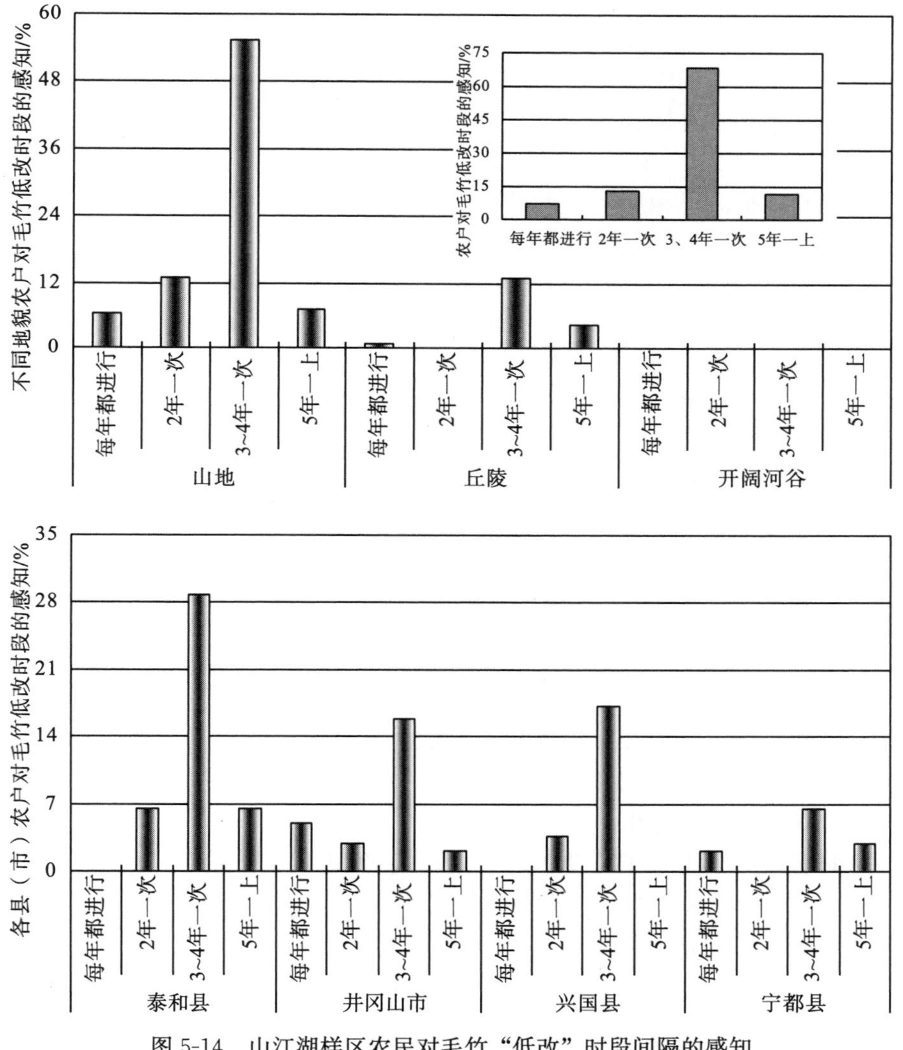

图 5-14　山江湖样区农民对毛竹“低改”时段间隔的感知

1995~1996 年，国家为增加农民从山场上获得的收入，要求农民进行毛竹“低改”(具体“低改”措施见图 4-14 和 4.1.3 节)，且村集体经济组织给每个农民都有规定指标，“低改”任务是每年毛竹 13.33 hm^2，落实到户，还要进行检查督促，但速度不像近几年快。这样一来，在“低改”时，不仅施肥，拆除林下边杈、杂灌、茅草，而且翻松土层，有助于降水入渗和保墒，从而使得毛竹生长较快，发笋率高，成材效果明显，当然，农民收入也会在很短的时间内得到大大提高。随着近年来毛竹价格的提升，毛竹平均收入超过 7500 元/hm^2，通常按圆竹尺寸出售，而很少卖笋和竹产品。5 尺高、胸径 0.9～1 尺（1 尺≈0.33m）的毛竹，每根价格为 8～12 元，尺寸小的价格也随之降低。这样，农民毛竹“低改”的积极性更高，通常是农民自发进行，而不再需要政府统一下文。当然，在毛竹利益的驱动下，部分油茶、果树(7～8 年后)、退耕还林地等改种了毛竹，如泰和县水槎乡就至少有 333.33～400.00 hm^2 油茶改种了毛竹，泰和县小龙镇瑶岭村 2000 年退耕种植毛竹 6.67 hm^2。

与毛竹“低改”相反，油茶“低改”的投入与管理则逐年减少。2000 年前，油茶为山江湖区农村经济的重要来源，而从图 4-15 和图 4-32 中可看出，96.30%的受访农民认为，20 世纪 90 年代中期前油茶每年都要进行“低改”，而 90 年代中期后 60.09%的受访农民认为仅部分开展“低改”，每年都进行的则陡降为 13.60%。油茶“低改”投入的变化，主要受气候变化、务工经济等的共同驱动，导致产量较低，变幅较大，大部分年份歉收，丰年很少，2007 年比前几年稍好些。

农民多年经验表明，正常年份油茶生育期要 1 年(从开花到结果成熟)，且成熟时就开花，花果同树，生育期较长，受外界气候条件变化影响较大，开花时间为：寒露→立冬(大多 1 个月)→秋分→寒露→霜降。而且，通常 4～5 年一个丰年，歉收年份较多。气候变化的影响方面主要体现为暖冬，造成油茶坐果率低，油茶花粉中含有糖分，天气暖，花期发育时，花粉中的部分糖分流失，坐果率较低，结果受到很大影响，暖冬油茶结果少，而寒冬油茶花期发育完全，花内的糖不流失，结果较多，即寒冬丰收，暖冬歉收。而且，油茶果未成熟时(3～5 月)下冰雹，也会将果实打落，但这样的年景很少。伏旱(6～7 月)土壤水分少，油茶自然也会落果。

大量劳动力外出务工驱使山场管理行为的调整，尤其减少了效益低下的油茶“低改”。图 4-36 表明，近年来受山区贫困和工农业剪刀差的共同作用，务农机会成本增加，大量农村劳动力外出务工，加之油茶产量较低，且受气候变化的影响较大，“低改”管理自然也就很少进行了，仅部分家庭有人手的还在进行，大部分都荒弃了，甚至枯死了，成为残山或灌丛。

由于上述原因，泰和县水槎乡油茶荒弃近 2666.67 hm^2，而仅茶芫村就有约 1/6 的油茶荒弃，有的“今年荒明年用”，有的无偿送给别人种或管，谁管理谁受益。当然，油茶“低改”的减少，也降低了人为活动对山场扰动的程度，有利于山场生态环境的保持和恢复。因为，像毛竹一样，油茶的“低改”势必清除林下边杈、杂灌、茅草等，同时，松动表层土壤，致使雨季林下水土流失加剧，诱发一定的生态问题，容易形成“远看绿油油，近看水土流”的现象。

参与管理行为的调整当然也带来农民对家庭收入的认知变化。如当问及“毛竹和油茶的‘低改’对您的林业收入影响有多大”时，50.80%的受访农民认为，毛竹“低改”后发笋较好，较茁壮，82.00%的回答油茶不“低改”就没有收，且65.20%的还意识到毛竹和油茶“低改”后，杂灌、灌丛、茅草等与之不争水、肥(图 5-15)。但是，对上述影响认识比较清楚的主要发生在山区，这说明山区农民的收入受山场影响的可能性较大，而毛竹和油茶也是其生活的主要来源。不同县(市)间的这一差异主要体现在资源的分布上，而农民的认识则基本一致。

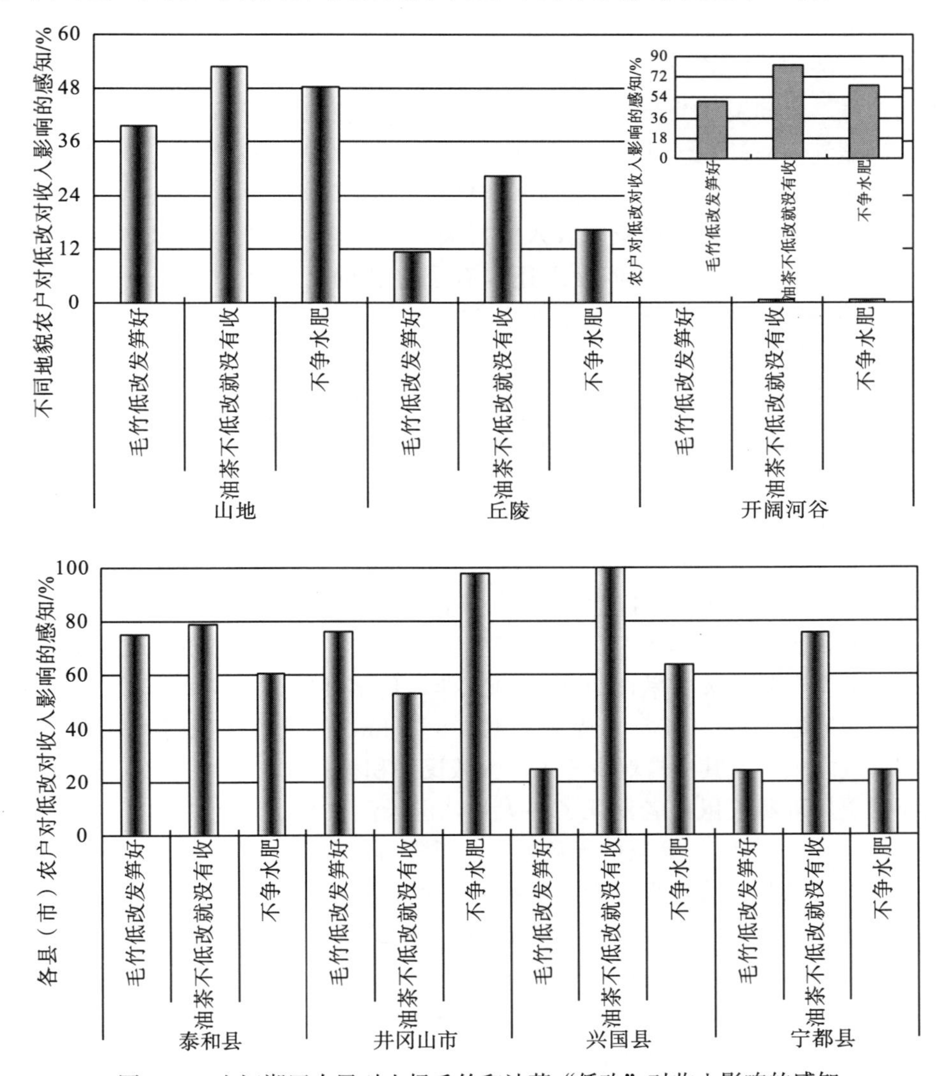

图 5-15　山江湖区农民对山场毛竹和油茶“低改”对收入影响的感知

可以说，尽管农民都已认识到毛竹和油茶“低改”的好处，及不进行“低改”带来的损失，但是，因植被本身、气候变化、外出务工等的影响，对毛竹和油茶出现了截然不同的管理行为调整，这也即是农民对经济转型、气候变化等的响应结果，也是追求经济收益最大化的选择。

农民参与管理的行为调整也受极端气候变化等的影响。2008 年春季的冰冻灾害，农民印象深刻，但是它究竟会给农民参与行为调整带来怎样的影响呢？访谈中发现，在极端气候面前，农民表现非常犹豫，当然，他们认为极端气候给其造成的损害是非常严重的，而且也认为极端气候所产生的危害程度与其以往所开展的不合适的人为活动有很大关系，如树种选择、“低改”等。

但是，当问及“为什么还要开展这些不合适的人为活动时”，他们常常认为，极端气候通常 50 年以上一遇(或者更长时间)，而收益期最长的天然杉木 20 年就轮回成材，毛竹更快，油茶 4～5 年一个丰年，如不进行上述管理投入，相对灾害带来的影响，农民家庭收入的损失更大，这从第 6 章可以看到。但受到灾害后，农民对山场的管理投入还是有了些新的直观认识，如毛竹和油茶不“低改”的受灾轻些，湿地松的割脂树龄、胸径、位置等需要规范。这些新认识也将作用于农民的管理行为调整，以提高农民适应生态环境与极端气候变化的能力。为此，在进行合适的农民行为调整引导时，政府需要考虑合适行为可能给农民带来的收益影响，否则，农民是不会乐于接受的，甚至在可能遇到大的灾害时，当然，这种灾难肯定是小概率事件。

参与生态移民和以草定畜后的草场建设成为三江源区牧民管理行为调整的重点。参与生态移民和以草定畜后，政府草场建设的政策偏好就倾向于如何使草场尽快实现健康恢复，以达到减压-恢复的双重目标，但是，这主要是针对未参与生态移民的牧民而进行的。消灭鼠害、病虫害、种草等便是政府促使牧民管理行为调整的首选。累计 2000～2005 年，玛多县完成灭鼠 91.8 万 hm^2(玛多县人民政府办公室，2007)，相对于 128.8 万 hm^2 的鼠害面积(张华侨，2006)，可谓绩效之大。这其中自然少不了广大牧民的积极参与。20 世纪 90 年代，当地政府提倡用毒药灭鼠，老鼠死了一大片，但天敌也死了一大片，且老鼠繁殖得较快(20～30 只/年)，老鼠的天敌如鹰、狐狸等一年最多繁殖 2 只，结果老鼠越灭越多，老鼠的天敌越来越少，生物链遭到破坏后，鼠害越发严重，草场受鼠害的影响也越厉害，“黑土滩”频繁出现。加之直接用鼠药灭鼠对牧民的心灵也有一定程度的伤害，因为，牧民在藏传佛教的影响下不杀生，哪怕是对牧民牲畜有威胁的老鼠、狼等，他们认为倘若老鼠也是一条生命，也是自己的朋友，应该共生而不是处于敌对状态。

但是，现在的草场灭鼠改变了原来使用毒药的方式，推广先进的治虫灭鼠和生物灭鼠技术，采取化学防治和生物防治相结合的措施，不断提高草场虫鼠害防治水平。2006 年，为全面完成灭鼠任务，县乡两级及时成立了防治鼠害领导小组，设立了灭鼠指挥部 4 个，抽调技术人员 94 人举办培训班，组织牧民 450 人进行冬季灭鼠。而且，比较流行的灭鼠方式还借助生物链方式，培养老鼠天敌鹰、狐狸等，这样，既能达到灭鼠的目的，又不损害牧民的习俗信仰，效果较好。

对比农牧民参与生态建设后的管理行为调整发现，山江湖区农民管理山场行为的调整，主要受从山场林木获得的收益、劳动力外出务工、气候变化等的影响，而三江源区牧民的灭虫、鼠等则主要是在政府引导下的牧民参与草场建设的行为调整。虽然他们都受农牧民追求自身利益最大化所驱动，但是，前者作为农民应对周围环境变化的响应结果，而不管是经济转型还是气候变化，只要山场经营使用权得到明晰，参与山场后的收益方式不损害农民的参与预期，农民就会主动参与山场生态建设，具有很强的自发调整性；而后者主要是在政府主导的不同时段政策偏好中，牧民参与管理行为的变化，牧民参与管理行为的调整始终离不开政府相应政策的调整，尤其是有助于牧民参与收益的政策，牧民仅仅是权衡参与哪种方式可能获得的收益最大，具有很强的被动性。山江湖区农民管理山场行为的调整，随环境变化有助于朝深层次发展，如尽可能地协调生态-经济效应的矛盾，而三江源区农民的深层次发展则主要体现在政府的政策制定方面，牧民参与管理行为的变化，更多地体现为被动的参与积极性上。而且，山江湖区农民可在管理行为的投入，及其气候变化响应所带来的危害间进行权衡，如“低改”、“铲山”等与冰冻灾害间，而三江源区农民则很少考虑本身管理行为的变化与收益间的关系，而更多地还是考虑管理行为的变化是否符合自己的宗教习俗。

可以说，农牧民的参与管理行为调整也有主动与被动之分，也有政府发挥作用之别。山江湖区农民管理行为调整的主动性较强，政府仅需提供宽松环境，为农民参与管理行为的调整提供便利，而三江源区牧民管理行为的调整即便在获得初期的参与收益后，仍体现出较强的被动性，政府不仅仅要引导牧民进行参与管理的调整，而且，要制定出便于农民参与的收益政策。

5.3　农牧民参与的间接响应行为调整

与参与收益后的效应感知、直接响应行为的调整不同，农牧民参与的间接响应行为的调整则以现阶段的收益渠道、收益方式为“契机”，结合外部环境的变化，包括经济转型、气候变化等，重新认识过去的参与行为与这些变化间的关系，权衡参与行为、环境变化、经济收益等间的得失，确定今后的适应性投入行为的调整去向，以及可能给其带来的预期收益额度。访谈发现，山江湖区的农民在这方面认识的要较三江源区的牧民清楚得多，他们不仅要从山场获得最大经济收益，而且还认识到为获得收益而进行的管理投入与在遇到极端灾害性气候时所诱导的生态-经济损失的关系。但是，三江源区的牧民行为虽然有些调整，也基本适应了生态移民或以草定畜的习惯，但间接行为的调整因宗教习俗、文化程度、经济市场化阶段等的原因，而仍有很大的局限性。

5.3.1 收益行为调整

收益行为调整是农牧民参与生态建设一段时间后对下一阶段的收益来源和目标所作出的调整，贯穿于农牧民间接参与行为响应调整的始终，也是决定间接行为调整力度的主要着眼点。山江湖区农民的这一调整体现为油茶收益处于次要地位，湿地松则越来越受农民所喜欢，毛竹受市场的影响收益强劲等，而三江源区牧民除从草原减压恢复后获得牧畜收益外，对移民牧民来说，更多地参与了转产收益，尤其是政府为牧民提供再就业渠道、信息、技术培训等。

在农民的经济收益来源中，油茶的比重变化较大。农访发现，20 世纪 80 年代山权到户后，油茶作为农村食用油品自给和经济收入的主要来源，一方面可提供农民日常用油，另外，在自己用不完的情况下，农民也会把油作为商品进行出售，从而换取生活中所需要的其他必需品。

从具体收益看，丰年处于盛果期的油茶树产油籽量为 100 kg/亩，每斤油茶籽榨油 0.15 kg，而每斤油市价为 5～15 元不等，其平均每人有油茶山 2 亩多，这样一来，丰年每年光油茶收入就可达 600～1800 元/人。但是，由于油茶大多年份都是歉收年(每 1 丰年隔 4～5 年)，且暖冬驱使油茶产量降低，更重要的是农村劳动力外出转移了农村经济收入的来源渠道，农民家庭不再依靠油茶产油供家食用或出售补贴家用，而且也使得家庭缺乏有效劳动力，请人“低改”不够工钱且还要管人家吃喝，致使油茶“低改”较少发生，大量被荒弃，有的甚至转产种植毛竹、果树或用材林。目前，油茶山场产油不用说对外出售，就连留守老人、妇女和儿童的日常食用都不够(不足 3 kg/人)。

毛竹市价的提升促使“低改”和种植面积的增加，而且收益行为也由原来的直接出售，部分调整为粗加工后出售，如抽丝后加工日常或美工用品，压制竹板等。关于毛竹“低改”和种植面积的增加前面已经论述，而其销售方式可由图 5-16 中看出，尽管圆竹原材料销售占据了毛竹收益的主体部分，但是，近年来，通过抽丝、压竹板等粗加工后出售的方式逐年增多，这大大提高了竹产品的附加值，有助于农民增收。77.84％的受访农民认为，毛竹销售以卖圆竹为主，而仅有 6.59％和 2.99％的认为分别以抽丝和压板方式进行出售。圆竹销售价格见 5.2.3 节，但是，为提高山场收益，有些农民将毛竹进行粗加工成用作椅子的竹板原材，每块竹板售 35 元，较加工前相比，加工后价格可以翻两倍。

而且，受损的(如遭风、病虫等损害，尤其 2008 年冰冻灾害受损)自己加工后，每根相似大小的也只能买 7～8 元，如将每节锯下，售价仅为 0.52 元/kg，但加工工时的工钱也包括在内。另外，若加工为做席子、帽子及其他装饰品的竹丝，则销售价格就更高了(图 3-3)。

毛竹直接卖原材料省事，但收益要少些，这已成为受访农民的主要共识。访谈中，针对“您认为毛竹采用不同销售方式，获得效益有什么不同”的回答，95.00%的受访农民认为，卖原材料省事，但收益少，而 35.71%的则回答，粗加工后通常效益会增加一半，但费时费工(图 5-16 和图 5-17)。这与上述农民所认识的圆竹价格低、加工后价格高是一致的。不同地貌间，山区毛竹分布较多，

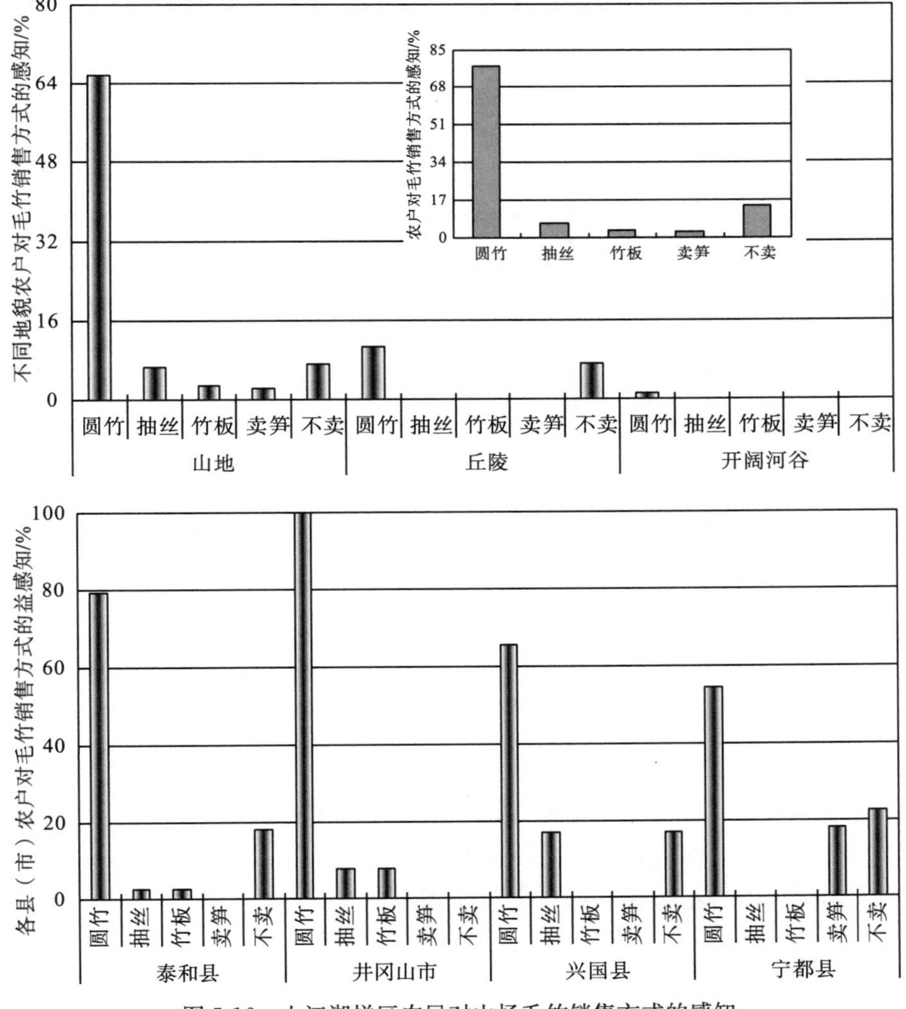

图 5-16　山江湖样区农民对山场毛竹销售方式的感知

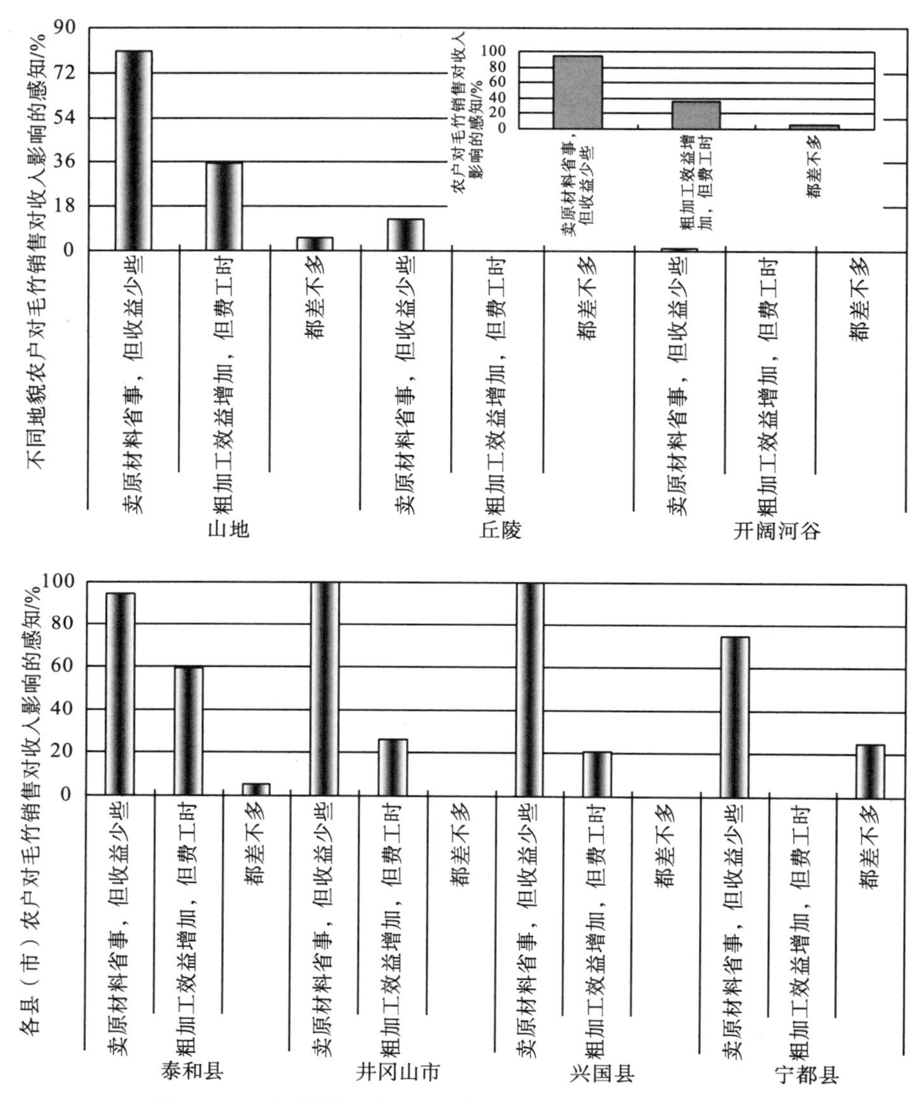

图 5-17　山江湖样区农民对山场毛竹销售对收入影响的感知

收入的主导性也驱使农民进行粗加工后销售(外出务工还不如在家进行粗加工)，而不同县(市)间，对粗加工的认同则主要出现在泰和县境内，达 59.65%的访谈农民有这一想法。因为，不管是不同地貌间还是不同县(市)间，农民都要权衡外出务工所得的收入与在家进行毛竹粗加工所可能得到的增加收入，如果在家粗加工多于外出务工，农民肯定在家从事粗加工活路。

湿地松收益的主导性源自于其见效快、能割脂的生物学特性。对于湿地松的这一生物学特性见 5.2.2 节，而农民收益行为调整则从湿地松割脂树龄、胸径及其价格等方面，进一步分析为什么农民会将自己的收益行为调整为种植湿地松。对湿地松割脂树龄的认识，57.80％的受访农民认为，种植后 8～12 年即可割脂，且 65.77％的受访农民感觉这时的林木胸径约为 12～14 cm，可谓湿地松生长较快(图 5-18 和图 5-19)。但对于湿地松割脂的树龄，受访农民也有不同的看法，认为 13～14 年的有 30.28％，而认为 8 年以下和 14 年以上的农民较少，分别为访谈农民的 3.67％和 8.26％。

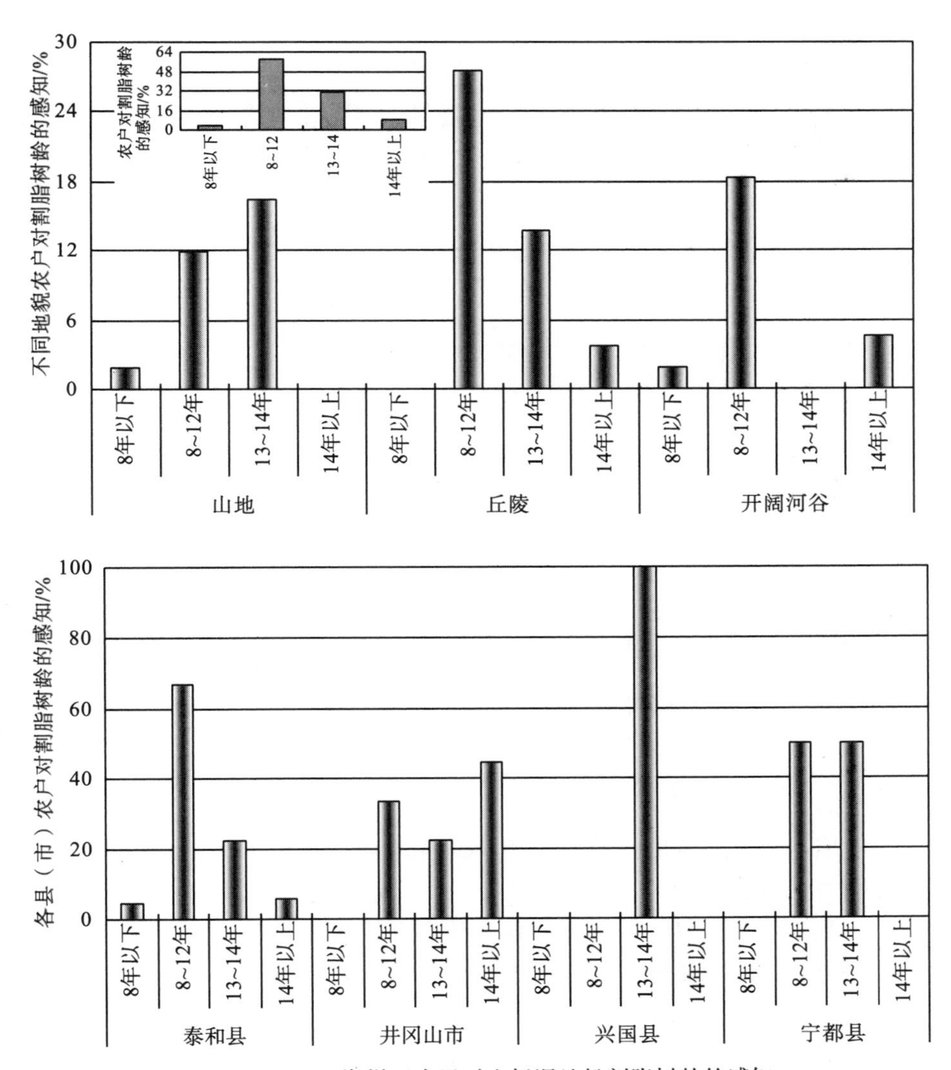

图 5-18　山江湖样区农民对山场湿地松割脂树龄的感知

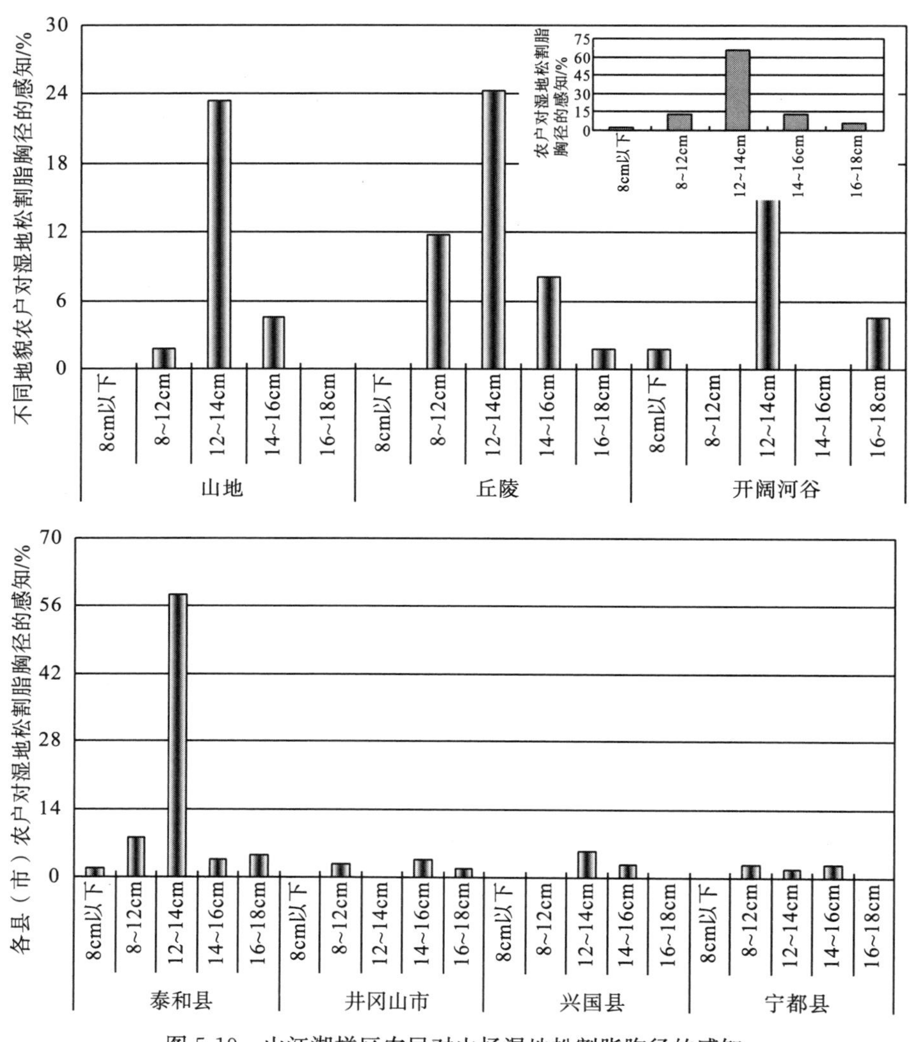

图 5-19 山江湖样区农民对山场湿地松割脂胸径的感知

相应地，认为湿地松胸径为 8～12 cm 和 14～16 cm 开始割脂的没有明显差别，分别为受访农民的 13.51%和 12.61%。不同地貌间，割脂树龄山区主要集中于 13～14 年，其次为 8～12 年，而丘陵和开阔河谷区则主要集中于 8～12 年，这一方面与湿地松主要分布于丘陵和开阔河谷区，那里水热条件较好，土壤肥厚，湿地松生长较快，山区在这些方面均相对差些，致使山区湿地松的割脂树龄较丘陵和开阔河谷区长，而且，这也说明了山区山场收益的多样性，即农民来自山场的家庭收益渠道不是集中于单一效益较高的树种，即使收益也要等到林木生长到可以发挥效用最大时。当然，山区湿地松在山区种植的面积较丘陵和开阔河谷区少得多，湿地松在山区家庭收入中的比重较低(农民也不太在意)，在短期经济利益的驱动下，也驱使丘陵和开阔河谷区的湿地松割脂树龄较山区低。不同县(市)间，泰和县割脂的年龄大多为 8～12 年，而兴国县则主要集中于 13～14 年，这不仅说明县(市)间的分布差异，而且回答了山场不同树种扮演收益来源的主导性，泰和县作为湿地松分布的重地，经济驱动较强，而兴国县则仅有零星分布，且部分仅仅以用材为主，发挥长得快的生物效能，而割脂则仅是附属收益。另外，割脂面在不同地貌和县(市)内部间的差异不明显。

湿地松割脂收益显著，价格通常以每年每棵树多少钱来衡量。当问及“湿地松的割脂价格为多少”时，65.14%的受访农民回答为 1.5～2.0 元/(棵・年)，33.03%的认为 1～1.5 元/(棵・年)，而认为 2 元/(棵・年)以上的受访农民也高达 7.34%(图 5-20)。按造林密度为 2400～2700 株/hm^2(杨清培等，2007)，造林投资按 2008 年 2100～2250 元/hm^2(20 世纪 80～90 年代造林工钱 675 元/hm^2)计算，8～12 年后可以割脂，年割脂收益 3600～5400 元/hm^2，可连续割脂 5 年，除掉造林投入，5 年割脂收益为 18000～27000 元/hm^2，5 年后主伐进行新一轮的种植，每公顷出商品材 105 m^3(钟健华，2005)，2008 年的市价为 400～500 元/m^3，主伐收益 42000～52500 元/hm^2。可以说，按上述的投入成本计算，湿地松的割脂和主伐后的用材收益是非常可观的，所以，农民特别乐于种植，甚至将油茶、其他果园改种为湿地松。

然而，倘若换种本地最常见的树种杉木，种植密度为 3000～3600 株/hm^2，按相同的造林工钱和主伐后的市价计算，8 年后可以间伐，15～18 年后可以主伐，每公顷出商品材 135 m^3，产值为 54000～67500 元/hm^2。比较湿地松和杉木的累计收益，湿地松要较杉木增加 6000～12000 元/hm^2，且缩短了造林后的成材时间。而且，由图 5-20 还可以看出，不同地貌和县(市)湿地松割脂价格内部间也呈上述态势，但 2 元/(棵・年)以上的主要发生在开阔河谷和丘陵区域。这也说明湿地松除受适宜性特征的限制外，现已成为农民参与山场生态建设中收益行为转换的主导方向。

移民转产松动甚至改变了三江源区牧民参与生态建设后收益行为的固有框架。访谈中发现，传统行业控制着移民就业的主导方向，如世代从事的挖虫草等，2006 年政府就组织牧民 308 人采挖虫草，人均创收 1800 元。但是，政府在牧民参与生态移民后安排系列技术培训，帮助牧民就业转产，也确实发挥了很大的作用，已经并逐渐松动了牧民固守的放牧框架，成为牧民“迁得出”后，实现“安得稳”与“逐步能致富目标”的主要路径，现已受到牧民和当地政府所喜好。

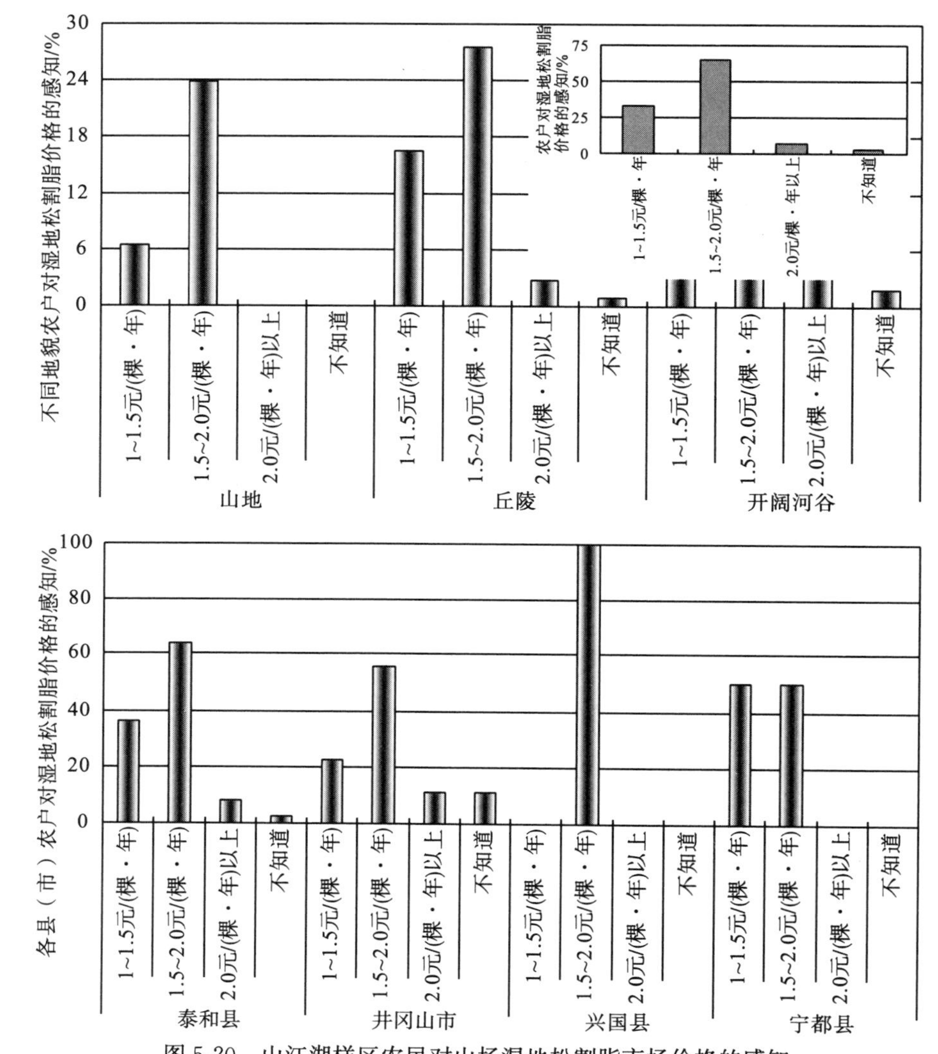

图 5-20 山江湖样区农民对山场湿地松割脂市场价格的感知

2006 年，河源新村筹建的纺纱厂正式投产，安排了 60 人的就业岗位，藏毯车间也安排 80 人编织藏毯，并配备电动纺纱车 171 台，安排 171 人纺纱。而且，及时开展劳动技能培训工作，组织新村牧民 18 人参加州科技培训班，60 人参加辽宁裁缝培训班，另有 14 名新村牧民被州直机关安置为保安(青竹，2008)。同时，当地政府还实行扶贫开发整村推进发展后续产业，有效提高了生产技能和经营水平，拓宽了移民就业和致富门路。而尽管芦清水(2008)认为，政府的技能培训并未在很大程度上推进移民的从业，务工的仅占总共移民的 12%，而挖虫草的高达 54.3%。但本书认为，由于文化水平、风俗习惯、言语沟通等方面的差异，移民需要指导人员反复讲解才能领悟，而且，牧民移民后对新环境的身份认同较差，很难融入到新的环境，并建立融洽的邻里关系，驱使其对迁入地的原住居民有种生疏和排斥的感觉，甚至一点小事都可能触动或激起较大的社会问题，遇到问题或麻烦也通常联系牧民迁出时原居住地老乡或政府等，这也都是可以理解的。但是，只要有松动的余地，移民后续的就业转产就可以推进，现有实践也说明了这一点，这也与摆万奇和张镱锂(2002)对整个青藏高原土地利用变化中的传统文化因素分析结果是一致的。

对比农牧民参与生态建设后收益行为的调整，我们认为，山江湖区农民的收益行为调整主要体现为农民对自身利益最大化的追求，具有典型的自发特性，基本不需要政府的引导，而只是提供山场建设的适宜性树种区划，以约束农民山场造林的收益行为调整。而三江源区牧民的收益转产虽然有一定的松动，但主要受政府的引导，并提供必要的培训条件和就业机会而部分实现的，带有政府引导下的自愿性特点。而且，山江湖区农民收益行为调整的积极性较高，甚至在2008年冰冻灾害受损的严重时期，农民依然坚持收益行为的调整方向(5.3.2节)，而后者牧民转产收益调整则随时都可能会被中断，如遇到困难牧民就不再参与培训或从业，学会了技术他们也很少会自谋职业或积累实践经验，对牧民来说，倘若没有政府的引导，培训项目和从事就业基本无关。另外，山江湖区农民对收益行为调整比较重视，访谈中发现，一旦农民收益转向了某一树种或管理方式，他们就会很专心地进行投入和管理，哪怕遇到一定的困难，而三江源区牧民的收益行为调整受语言、习惯、生活方式等方面与迁入地居民融合程度的限制，而很少从事其他产业活动。

农牧民参与生态建设后的收益行为调整，也受主动参与与被动接受所控制，山江湖区的农民想法设法调整收益行为，以增加未来的经济收益，而三江源区的牧民除了当地政府为其提供转产就业机会外，基本不可能自行寻找或开拓就业机会，有的甚至接受培训后仍不去再就业。所以，针对农牧民收益行为调整的差异，为进一步规范和指导农牧民合适收益行为调整的持续发展，山江湖区要做好山场适宜性树种的区划并严格实施，三江源区则要转产培训与就业的直接对接。

5.3.2　认识行为调整

农牧民认识行为控制着其收益行为调整方向的持续性，以及为达到收益最大化目的所进行投入行为调整的方向和力度，即意识决定行为、决定收益。山江湖区农民的这一行为主要体现为对2008年冰冻灾害山场受损的认识，如收益行为调整后的毛竹、油茶、湿地松等受损严重，尤其是“低改”后的毛竹和油茶，山腰以上的湿地松及幼龄割脂的湿地松等，而三江源区牧民的认识则更重要地强调对近年来就业转产的接受、认同、参与等的程度及其对未来的设想。查明农牧民认识行为的变化，有助于制定出更为合适的参与收益行为、投入行为等策略。

对山江湖区农民参与生态建设收益后的认识行为调整，本书从冰冻灾害损失→主要受灾树种→灾后影响→管理方式、树种选择与灾害损失间关系→如何权衡这一关系的链条入手进行分析。冰冻灾害给农民的山场经济收益确实带来了很大的损失，其中一部分损失就与农民的经济收益行为调整有关，当然，这部分经济收益行为的调整在有助于农民获得最大的经济收益的同时，对山场的生态建设则表现出某种不合适性。57.48%的受访农民认为，在冰冻灾害过程中山场收益受到很大损害，除山场不成材的或地势平缓的受损较小以外，访谈中，我们也确实发现冰冻灾害对山场林木的影响确实是非常严重的(图 5-21)。另外，还有些 16.54%的受访农民觉察到山场损失较大，而不是自己的收益(即便不受损农民也没有收益)，但这毕竟也是山场的损失，本书也统计在内。

不同地貌间，山区山场损失最为严重，而丘陵区相对较低，这与农民所认识的地势越高，受灾越严重的关系是一致的。而不同县(市)间，除反映的上述受损趋势外，还体现了山场林木所处立地条件的差异，如泰和县、井冈山市的适宜性条件较好，而宁都县和兴国县则相对较差，当然，山场好的灾害损失也较大，而不成材的，受损也相对较低，就像农民所描述的，树太小了，基本上都挨着地皮，冰雪压倒就着地，不会悬空的，不会出现折枝、翻兜现象。

其实，立地条件是决定山场受损是否发生及受损程度的主要因素，因为，在立体条件较好的区域，常常种植收益较好的、高大的纯林乔木(生态完整性较差)，而且，农民的管理行为也较为频繁和精细(生态适宜性差)，加之在管理到位的情况下，林木长势较好且快(树干较脆)，这样，在缺乏林下杂灌支撑时，山场植被很易受损。然而，在立地条件较差区，上述现象则刚好相反，差的立地，土层较薄、肥力差，有时水土流失较为严重，对于这样的山场常常缺少管理，植被类型仍以天然萌生为主，林木低矮且不规则，生态系统的完整性较好，在冰冻灾害来临时，林木之间可以互相支撑，且枝条较为柔韧，至多压弯、压趴地，而不会出现折枝、翻兜等。

冰冻灾害中，整个山江湖区山场受损都很严重，但不同树种及管理方式下的表现不同，且差异较大。农访发现，湿地松、马尾松、毛竹、杉木、杂阔等受损严重，但是，湿地松因长得快、木质嫩脆、树冠蓬大，易于折断，且折断后就要被清理，否则气温升高后，松油就会慢慢流出，林木也死掉，且易于诱发病虫火害发生。虽然马尾松与湿地松具有外观的相似性，但其木质韧性相对较好，属农民所说的本地松，生态适宜性较强，受损程度稍轻，且受损后只要有枝杈的也还会保留。当然，杉木的韧性、灌蓬特征等也使得其较马尾松受损程

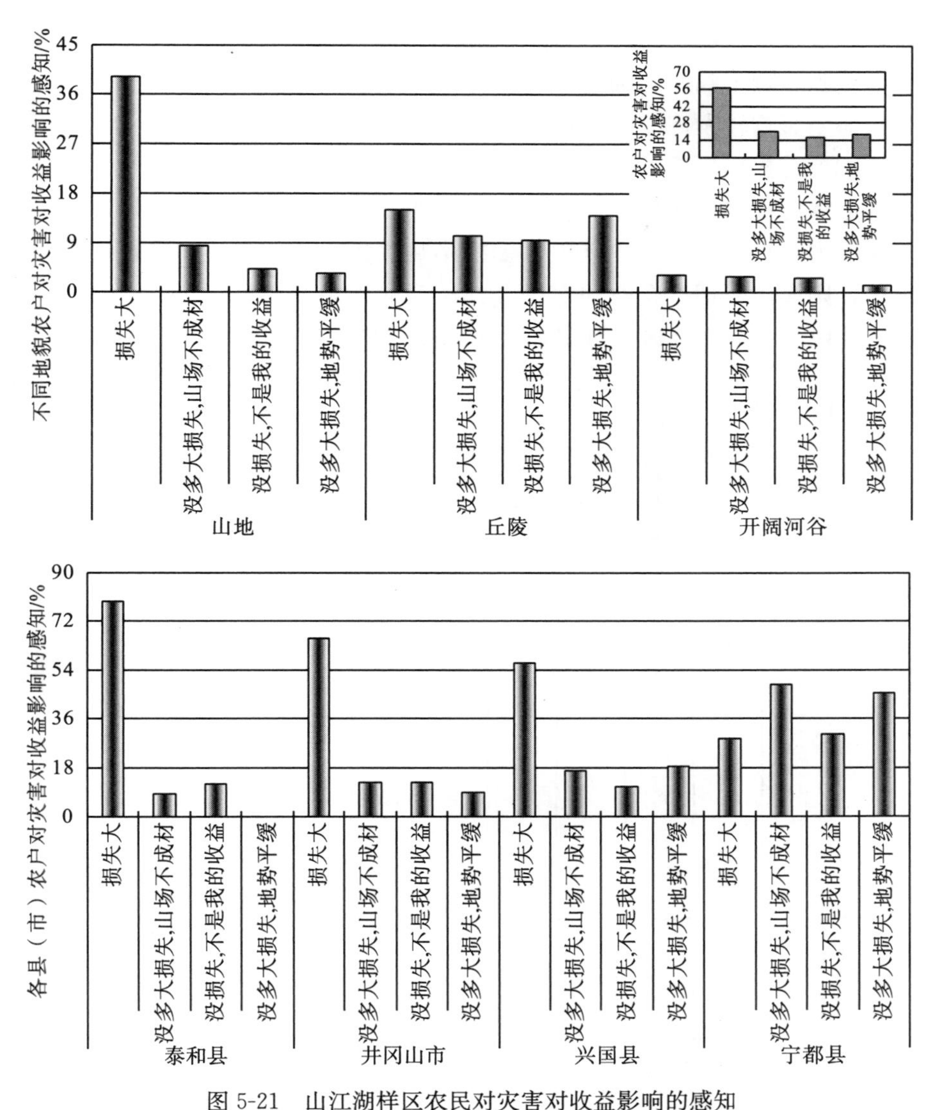

图 5-21　山江湖样区农民对灾害对收益影响的感知

度还轻，受损后的清理与马尾松的基本一致。毛竹受损后可以自生，繁殖快，但受损也很严重。另外，“铲山”、“低改”成纯林的山场受损更严重，具体原因在第 6 章详细分析。可以说，在相同灾害条件下，农民认为树种选择、山场“铲山”和“低改”对灾害受损程度有一定的促进作用，即受经济收益驱动的影响，部分收益行为的调整在冰冻灾害过程中表现出某种程度的不适应性，但农民对这一不适应性已有一定程度的认识，而且，认为在接下来的山场生态建设中要兼顾经济与生态效应的并重，调整参与行为。

受灾不仅体现在林木的物理受损上，农民对山场林木的灾后长势也有一定的认识。这些从农民对问题："雪灾后毛竹发笋及长势有以前好吗？油茶、油松等长势受到影响了吗"的回答中可看出，70.72%的受访农民认为灾后湿地松、杉木长势受影响较大，22.91%的感觉油茶会受到影响，而5.58%的回答受影响较轻的则是受损后的毛竹发笋(图5-22)。上述山场林木受损状况也表明，不同树种的生理受损与其生物学特性有很大关系，如毛竹发笋快，受影响小，湿地松再生能力较马尾松和杉木还差，受损影响更大。其实，生理受损严重且表现明显的，则属由公司、企业和农民合办经营的外来桉树(纸浆林速生桉)，但由于引进才刚刚起步，样区只有宁都县东山坝镇城源村广州弘茂实业公司2006～

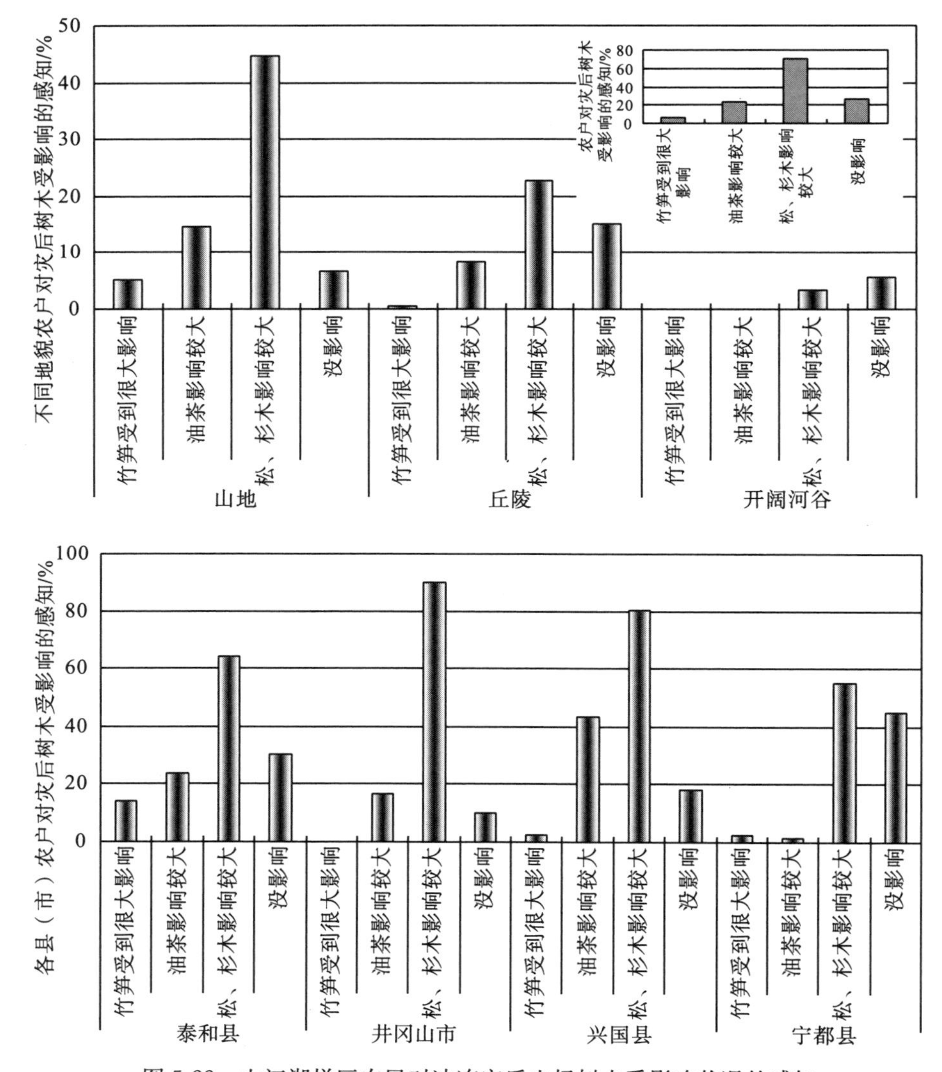

图5-22　山江湖样区农民对冰冻灾后山场树木受影响状况的感知

2007 年种植的桉树 800 hm^2，兴国县东村乡小洞村 2005 年种植的 20 hm^2，所以书中未将其列入统计重点。访谈和实地踏勘发现，桉树生理受损严重，除了叶片干枯，大部分叶片都红了、黑了，枝条也干枯了，有的整棵树下半部分都受损，没有再生的能力了。

上述分析表明，农民对冰冻灾害所造成的损失、受损树种，以及它们与树种选择、管理投入间的关系等都有清楚的认识，但是，农民为何还要坚持选择外来树种，并进行管理投入呢？农访发现，农民对参与生态建设后的收益行为调整，尤其是管理方式和树种选择与冰冻灾害造成的损失间的逻辑关系有新的认识，而且，给出意想不到的说法，即不进行收益行为调整，累计损失更大。

针对罕见的冰冻灾害损失，农民依然选择“铲山”、“低改”和选择外来树种。对“您认为以前造林如果采取哪些改善措施，这次冰冻灾害造成的损失会减轻”问题的回答，尽管有 52.43％的受访农民对收益行为调整与灾害损失间的关系不太清楚，并认为这次灾害属于天灾，是 100 年不遇的灾难(70 岁以上的老人都没经历过)，但仍分别有 22.67％和 29.76％的感觉，如果不进行“铲山”、“低改”，本着适地适树原则选择乡土与外来树种，冰冻灾害的受灾程度和损失会轻些，但是，当农民权衡了如果不“铲山”、“低改”，不选择外来树种的话，100 年累计所减少的家庭收入比这次冰冻灾害造成的还严重得多(图 5-23)。不同地貌和县(市)间的认识差异，源自于适地适树的资源禀赋格局，如毛竹和油茶以山区、丘陵分布为主，而湿地松则主要适宜于丘陵和开阔河谷区，尤其泰和县更为适宜，当然，山区农民对“低改”和“铲山”认识清楚，而丘陵区域则强调湿地松树种选择的影响。而且，山区因海拔较高，气温较低，风大，致使冰冻灾害的影响较丘陵和开阔河谷区大。

在追求经济收益最大化与合适行为调整可减灾间的权衡上，农民的认识仍以继续管理投入和外来树种引种为主。访谈中，当问及“您在减轻冰冻灾害损失与增加经济收益方面是如何权衡参与行为的”时，农民的认识与图 5-23 所展示的山场管理、树种选择与受损程度间的关系是一致的。尽管 51.8％的受访农民认为，这次冰冻灾害是天灾，并未在减灾与增加经济收益间权衡过，仍继续原有的山场建设行为，但是，仍分别有 24.4％和 27.4％的农民认为极端气候很少发生，还要继续“铲山”和“低改”，并选择外来树种，否则，多年的累计损失较冰冻灾害造成的还大(图 5-24)。另外，还有 1.4％的农民认为山场林木钩权缺乏劳动力，请人不够工钱，已很少进行了。

对于这次冰冻灾害，乡土树种马尾松较外来树种湿地松的适宜性强，不“低改”的毛竹和油茶较“低改”的，有林下植被支撑，且土层结实也很少翻兜(具体影响见第 6 章)。而且，灾害是 100 年不遇的极端气候，倘若农民不种植湿地松，不进行“低改”毛竹和油茶的管理，几十年的累计收入损失，恐怕较这次冰冻灾害所造成的损害还大得多。可以说，农民仅仅把 2008 年冰冻灾害看成是一次极端天灾，而不会对农民今后的管理山场林木的措施变化有很大影响。

为此，我们不能简单地说是乡土树种好还是外来树种好，也不能单纯地强调生态建设的经济效益或生态效益。在没有完善的、农民可接受的生态补偿措施时，必须两者兼顾，做好适地适树的生态适宜性区划，引导农民在参与山场生态建设时自觉遵守，同时，规范农民的山场管理与经营行为，避免重生态轻经济的不可持续和重经济轻生态的生态效应不明显甚至受损。

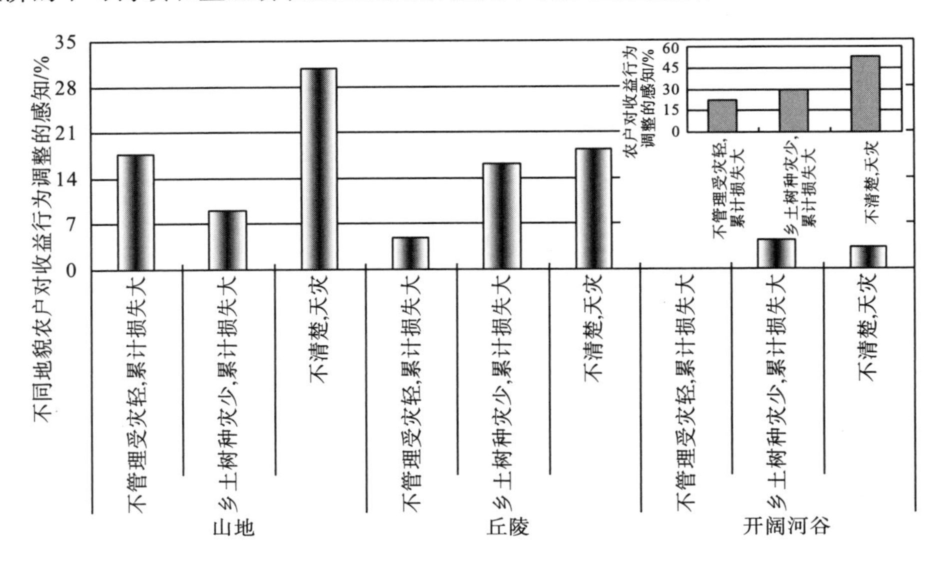

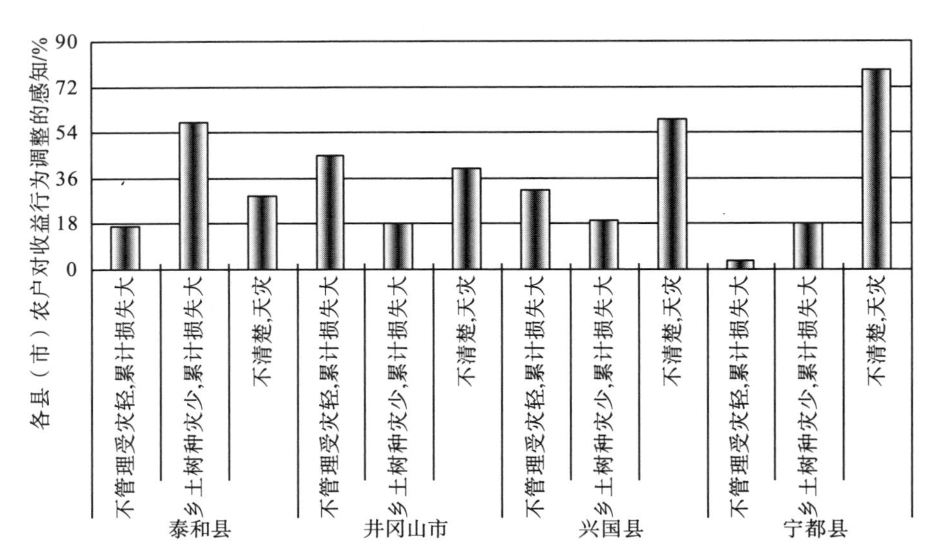

图 5-23　山江湖样区农民对山场管理及树种选择对受损程度影响的感知

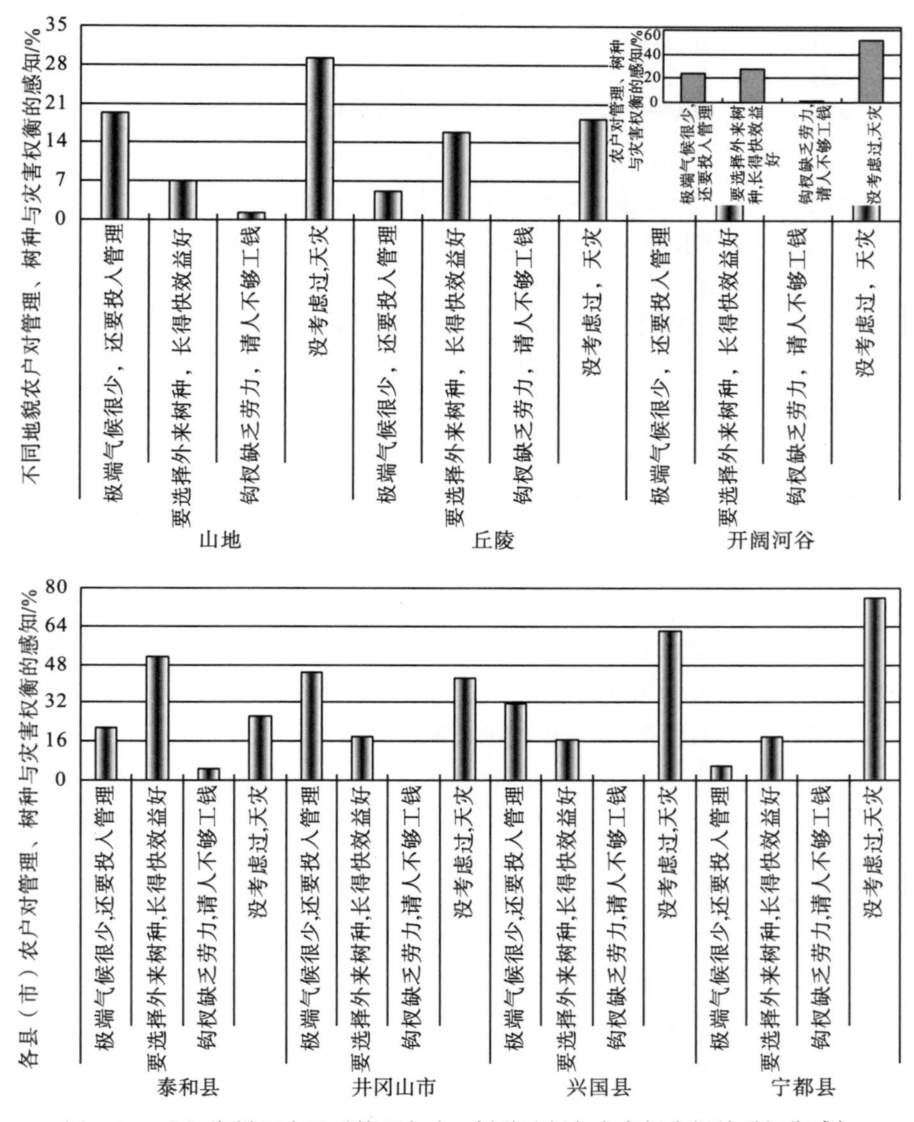

图 5-24　山江湖样区农民对管理方式、树种选择与灾害损失间关系权衡感知

三江源区牧民对移民后的就业转产、技能培训等亦有一定的接受意识。牧访发现，移民后的牧民对转产就业及其前的技术培训有一定的认同性，并部分已慢慢接受了移民后的收益行为的调整，如 28 岁的赛洁曾是玛多县扎陵湖乡的牧羊女，自参与移民搬迁到玛多县河源新村，她就参加了一个藏毯编织培训班，与居住在这里的 130 名移民一同接受培训。如今，她已是一名熟练的藏毯编织女工，并每天按时上下班，这样，除了获得移民安置的补偿费用，还可挣到一份可靠的工资收入，转产再就业顺利，并逐渐构建起新的、稳定的生计来源，

适应新的生产、生活方式。再如，来自玛多县黑河乡的搬迁牧民南吉在果洛藏族自治州技术培训学校学会了烹饪手艺。截至2006年年底，移民中参加各类技术培训的人员已达移民总人数的92.4%，且大多热衷于驾驶培训(这可能是因为简单、易学，收益丰厚，容易就业，且在学习驾驶之前大多数成年男牧民均会骑摩托车)。同时，借助移民后续产业的发展，政府还为玛多县生态移民区的190户移民，在同德县塘沽科家滩移民新村建立4个奶牛示范点，现已投入使用，并受到当地牧民的普遍欢迎和认同。

以上可见，迁出牧民已对离开草原，寻求新的生活有一定程度的认识，而且，他们也已从培训、转产就业中获得了预期甚至意想不到的收益，家庭收入较移民前有大幅提高。但是，访谈发现，牧民的预期，在强调政府提供培训和就业机会的同时，应倾向于协调移民与原居民间的适宜性、协调性和融洽性，以便有助于促进牧民对上述认识的接受程度，否则，迁入牧民始终不会把迁入地当做自己的家乡。如果迁入地原居民不能很好地接受他们，或者他们不能尽快地适应原住民的生产与生活习俗，即不能融入原居民气场中，他们就很容易返牧，甚至给将来拟搬迁牧民带来很大的不良影响。更值得庆幸的是，伴随外来人口和市场经济因素的介入，未移民的牧民也发生了较大变化，当然，这里面有些是我们以前连想都不敢想象的，如未移民牧民已意识到鼠害的危害性，再不灭就危及他们的生存(原来让牧民灭鼠很难实现，迫于宗教习俗，他们都不得杀生)。

对比农牧民参与生态建设后认识行为的调整发现，山江湖区农民对收益行为调整的认识已从原先单纯的经济利益追求转换为经济收益与极端气候条件下由收益行为转换带来的灾害损失间的权衡，即不仅仅要考虑收益的最大化，还要考虑收益最大化背后的参与行为是否会带来较大的生态问题。三江源区牧民的收益行为调整认识，着重体现为对移民后的转产就业及其前的培训认可，以及未移民对灭鼠等草场建设的接受。与山江湖牧民相比，三江源区牧民的这些认识行为的调整仍处于相对的接受阶段，即仅仅是接受政府的配套与辅助政策，缺乏应有的创造性和自发性。

但是，山江湖区农民对收益行为的调整主要体现为农民经济市场化条件下农民的自行决策、参与和调整，而三江源区牧民对收益行为的调整则受益于政府引导下和灾害胁迫下的牧民意识调整或提高，带有被动接受性特点。而且，前者对驱动或影响其认识行为调整的原因有清醒的认识，如市场经济收益、外出务工、投入产出等，而对千百年来习惯于逐水草而居的牧民来说，改变这一祖祖辈辈沿袭的生活方式和文化传统，离开家园放弃游牧、搬迁入城，并从事以前从未想过的现代职业，着实困难，仍然是复杂而艰难的矛盾抉择，且易于反复。当然，牧民的这些认识行为的调整离不开政府的引导，但更重要的还在于牧民的参与，并从参与中获得了预期收益，而且，参与过程中也确实意识到转产就业类似于世代从事的奶、肉、毛等生产，而只是现在离开了草场，在专门地方、由专门的人员指导进行生产。

从农牧民的认识行为调整上，山江湖区则仅需要做好适地适树的生态建设区划即可规范农民参与行为的调整；而三江源区则需要在转产就业时，尽可能地开拓出有助于牧民接受的行业，以提高农牧民参与调整的积极性和主动性，减少不合适参与行为的再发生和新出现。

5.3.3 投入行为调整

区别于直接的参与行为调整，投入行为则主要强调农牧民在间接参与时，为适应收益行为和认识行为的调整，而实施的具体在投入变化上的做法，当然，以获得最大收益为最大目标。山江湖区农民的这一行为则主要体现为为达到收益最大化目的的毛竹“低改”、湿地松割脂的经营主体、农民间或农民和公司间的联营、粗加工企业(公司)主体的引进等，而三江源区牧民的投入行为则以积极参与技术培训和转产就业为出发点，进行自行的后续产业发展。

山场的自行联营与出租、出售已成为山江湖区农民最具活力的投入行为调整的方向。毛竹“低改”措施和相邻两次的时间间隔见4.1.3节(图4-14)和5.2.3节(图5-14)，本节首先结合2004年山场林业经营使用权到户后，分析农民山场在联营、出租、出售等方面投入行为的变化。2004年林业经营使用权开始改革，农民在法律上获得了山场经营使用权，并发放了林权证。慢慢地，为适应收益行为的调整，农民开始大胆尝试股份合作制经营方式，将自己所拥有的山场、资金和技术等进行联营入股合办，见4.2.1节(图4-19)。宁都县湛田乡李家坊村2003年开始农民自行集资合办(管理)山场，农民自发连股投资，几家人合管合办，种植杉木、湿地松、木荷、枫香等树种。

另外，联营也为山区基础设施建设的投资、经营和管理指明了方向，如泰和县小龙镇瑶岭村山里不通公路，仅有一条1 m宽的土石路，离集镇较远，到街上来回要走一天，当地居民出行很不方便，导致很多毛竹成材后也卖不出去，也没有企业能进来买，大都是自生自灭，林业资源的经济价值没能体现，农民生活也相对贫困，即资源优势没有转换为经济优势。2007年，农民和公司企业合营集资修建了1条3 m宽的碎石路，具体农民在卖给公司企业毛竹时，每一根少要一元钱，作为修路的农民投资，而短缺资金全部由公司承担，并且由公司雇用当地村民进行修建，农民还可获得修路的工时费。这其实就类似于最初改革开放时的招商引资做法，最终道路归当地村民使用，而只是在具体承建时由公司主要出资，农民出一小部分，且农民作为建设工人又可获得一部分工资。

不管是农民间的联营来经营山场，还是农民与公司间的合资来进行为山场经营服务的设施建设，农民和公司参与股份合作制的过程都是受收益行为调整的驱动而得以实现的。农民看到了收益行为调整后，一家一户被动或自发响应生态建设工程与与联营响应间的比较收益，而公司则通过认识山区林业资源的可开发性、价值所在与制约其开发和价值显现因素间的关系，并权衡开发所可能带来的效益与联营投资花费间的费用-效益得失，间接参与农民收益行为调整的投入与收益，并引导农民进行收益行为的转换。可见，联营投入(入股)解决了农民一家一户所不能办到的山场经营、基础设施建设等问题，动用了不同利益主体所拥有的优势资源要素，均衡了利益分配，从目前来看，是较有生命力的一种投入行为调整模式(整合了资源，均衡了利益)。

毫无疑问，一家一户拥有的任何资源都是有限的或是不全面的，不能在规模效应上体现出竞争优势，如山场经营使用权是按人均各户都有的，而资金、技术、劳动力、市场等要素资源则并不是各家都有，公司(企业)则大多拥有后者，这样，农民间或农民与公司(企业)间就可以借助各自的优势资源进行联营，从事山场林业的适度规模化经营与建设，实现资源流动与资源整合。这不仅仅能提高山场林业经营的经济效益，提升各参与主体的经营收益，而且，也有助于山场生态完整性的改善，有助于林业资源的可持续开发利用，有助于林业产业健康发展。

山场出租、出售也随着农村劳动力的外出而慢慢开始。其实，这也是一种农民间或农民与林业公司间的变相联营。农民在筹资合办过程中，各农民股东都要参与管理与经营，共同承担风险，而出租、出售山场的农民则仅仅从中获得收益。访谈发现，通常山场每亩出租、出售价格为5元/30年，而承租或购买山场的农民或公司负责经营与管理。如泰和县碧溪镇芙塘村就有部分农民将自家承包的山场卖给经营林业的公司(企业)，有的只卖林木，不买山，即只卖地上附属物(林木成材皆伐后，买卖就终止)，而有的连山场和林木都买了，即完全买断山场经营管理使用权及地上附属物，类似于山场经营使用权过户，同时将地上附属物也折价卖掉。另外，泰和县石山乡石山村还将山场林木成材后卖给承包商，由他们自己砍伐后自己种植，种植后的树归农民所有。究其变卖山场的原因，一方面由于有些山场不好管理，有人偷，换句话说，反正我也不好管理，也管不了，还不如卖了算了，有点收益；另一方面由于大多受农村劳动力外出务工的驱动，家中缺少劳动力，没人管理山场，收益行为的调整也不能进行，相比较，卖了收益还多些。综上所述，无论山场出租还是出售，都是瞄准农民是否从中能获得较自己经营更多的收益，否则，出租或出售就会受阻。

但是，林业是弱质产业，其收益风险受气候变化、管理投入等因素的影响较大，且收益期较长，购买山场的农民或公司，也是看中了近年来收益行为调整后的效果而进行的(林业市场相对看好，树种选择相对自主，可以进行“低改”等投入)，而农民出售山场的价格偏好也受收益行为的调整所指示(目前租赁或购买价格相对便宜)。这使得出租、出售双方都会以收益行为调整的目标林木作为价格衡量标准，即以目标树为准进行价值恒定，但不同区域的山场受其适应性树种条件的限制，价格核算的目标树是不同的，如低山丘陵区通常选择湿地松，毛竹分布区常按毛竹计算等。

当然，访谈中还发现，农民对山场出租、出售还是有一定的顾虑，他们不但要维持他们的生活，还要考虑后代的生活，不能一卖了之，留在手里永远都是自己的财富，并认为承租或购买山场的农民或公司(企业)肯定从收益最大化的意图出发，可能会对山场存在过度开发或利用的心态，如重用轻养，重砍伐轻造林，重索取轻管护等。国家应在这方面给予规范，尤其是防止把承租或购买的山场用于非法牟利，如借助“三权”抵押契机，抵押贷款后并不用于山场经营，而用于房地产开发等，结果导致山场生态环境遭到很大程度的破坏，甚至较造林前还差。

农民和村集体经济组织已经成为山场林木粗加工公司引进的主体。对问题“在收益中出现不同林木粗加工的，是农民自行引进加工公司，还是乡(镇)统一引进”的回答，虽然 91.89%的受访农民都未进行林木的粗加工，而是直接以原材料的形式进行出售(图 5-25 和图 5-26)，这与 5.3.1 节介绍的毛竹的销售方式是一致的(图 5-16)。但是，仍分别有 5.65%和 2.46%的农民，借助乡(镇)和村集体经济组织负责引进的企业粗加工后进行销售。这里，不管粗加工后，农民收益增加多少，而仅看粗加工企业的引进主体，是乡(镇)、村集体经济组织还是农民自身。访谈发现，在农民了解的 33 个粗加工引进主体中，乡(镇)引进主体为 69.70%，而村集体经济组织和农民自行引进的比重则高达 30.30%。不同地貌和县(市)间，乡(镇)引进粗加工主体的主要发生在泰和县的山地区域，而村集体经济组织和农民引进的则以井冈山市和兴国县的山地区域为主。

乡(镇)引进，我们是可以想象的，因为，他们是地方父母官，理应为农民谋福利，而村集体经济组织和农民自行引进的，则不能不说是农民为适应收益和认识行为的调整而作出的一大创举。如井冈山市大陇镇源头村 1994～2003 年农民和村集体经济组织实行股份制造林(自产自销)，每户有 6.67 hm^2 股份，每年每户要完成 0.67 hm^2 的造林任务，并引进外来企业投资进行粗加工办厂，原来卖 5～6 元/株的毛竹，加工后可销售 10～12 元/株。农民间的联营提高了规模效益，引进粗加工企业提高了林产品的附加值，两者共同提升了农民参与山场生态建设的产业化程度，是值的推崇的。

直接出售原材料，农民收益相对较低，然而，乡(镇)引进粗加工的企业通常分布在政府驻地或交通相对便捷、场地较为开阔区域，从而导致一家一户的林木不可能实现粗加工后再销售。究其原因在于：一方面农民及其所拥有的山场距乡(镇)驻地较远，粗加工需花费大量运费，而且，没那么多劳动力，若请人帮忙，工钱和请客花费都不够；另一方面政府还要收取部分行政管理费和执行成本，且粗加工手续繁琐，具体办理又不知具体程序。这样，除掉运费和管理费，粗加工后农民也增收不了多少钱。而且，乡(镇)引进粗加工企业也通常从全乡(镇)农民的全局考虑，也并不一定能满足全乡(镇)各村农民的共同需要，而村集体经济组织和农民自行引进的常常基于本村的实际，具有很大的灵活性和主动性，也减少了运费和行政执行成本。另外，村集体经济组织和农民引进也

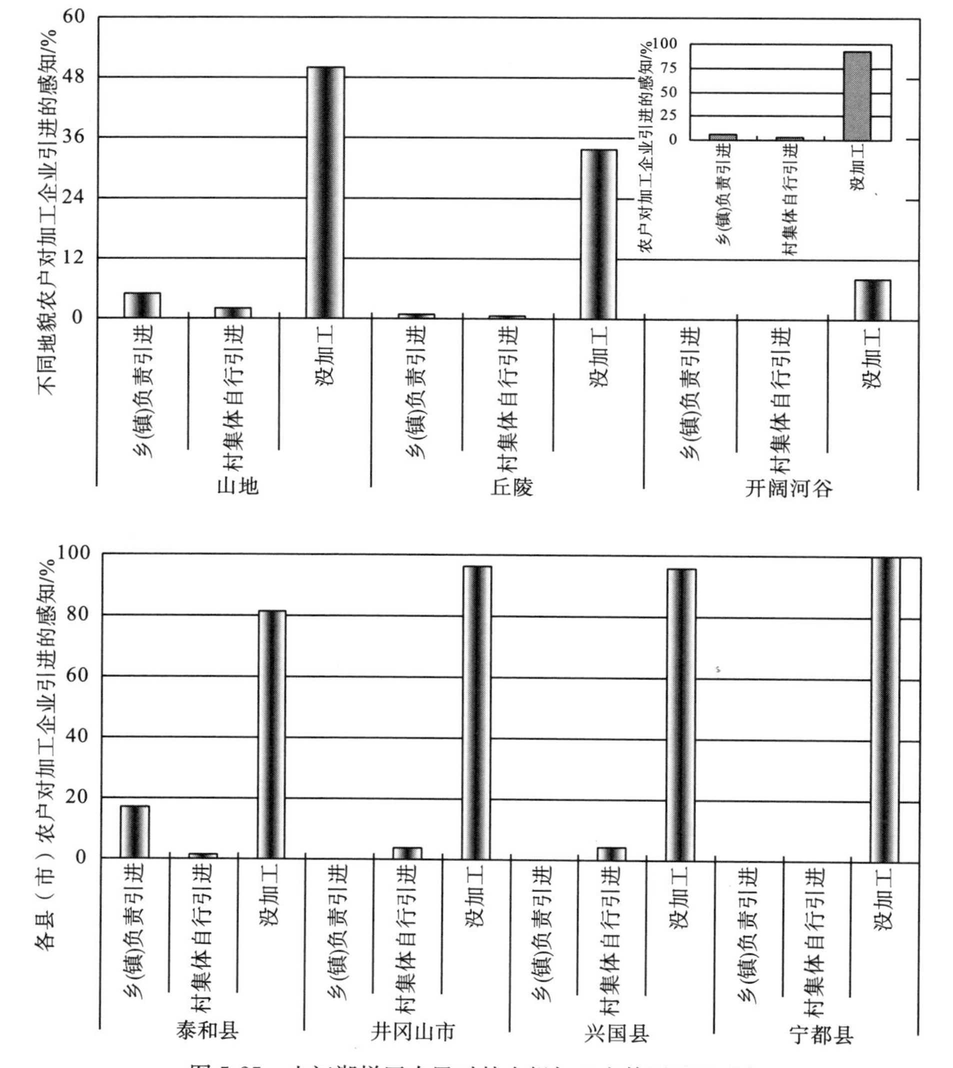

图 5-25 山江湖样区农民对林木粗加工主体引进的感知

井冈山市柏路乡长富桥村村集体和农民引进

兴国县良村镇亩元村村集体和农民引进

图 5-26　山江湖样区林木粗加工主体引进类别

反映了其作为收益和认识行为调整主体的参与投入意愿。

可以说，与上述所分析的农民间自行联营一起，村集体经济组织和农民自行引进粗加工公司，将成为未来最具活力的农民投入行为调整方向，而具体的调整框架详见 7.2 节。

湿地松割脂以外来企业承包为主也是农民投入行为调整的一部分。访谈发现，虽然认为湿地松不割脂的农民占受访农民的 48.87%，但持这种观点的并不是处于湿地松的主要分布区，而是湿地松仅有零星分布的井冈山市、兴国县和宁都县，详见 4.1.1 节(图 4-3)。而在 51.13%认为割脂的农民中，仅有 0.90%的回答由本地林场承担，但大多都由外来公司企业经营(50.23%)，如图 5-27 和图 5-28 所示。详细分析，不同地貌间，湿地松割脂由外来企业负责的，主要发生在丘陵地区，占受访农民的 25.79%，其次是低山区，而最低的则是开阔河谷区，不同县(市)间的这一分布以泰和县最为突出，65.89%的受访农民持这一观点，其次是井冈山市和兴国县，宁都县最少。

湿地松割脂由外来企业经营，具有两个方面的好处，一方面节省了大量农村劳动力，而每年农民只需把山场要割脂的林木按棵数给企业，自己就可以外出务工，而另一方面农民也无须每家都购买割脂工具、存放设备等，熟悉割脂技术，更重要的农民也用不着每家联系松脂销路。这种割脂行为既解放了农民自己，又使农民从山场获得了一定的收益。因此，农民是最乐意外来企业承包割脂的，既不割，也不管市场，又可以出去务工，当然，也可以被聘为割脂工人。

参与培训的投入程度是解释三江源区牧民投入行为调整的最重要部分。我们知道，在高原恶劣而脆弱的生态面前，大批的牧民只有离开草场、弃草离畜，放弃游牧、搬迁入城，参与生态移民和以草定畜，这虽然是他们不想看到的，也是不愿做的事，但是，他们也必须面对这一很难改变的生态现实(草场退化，载畜量降低，生态日趋脆弱)，进行就业转产和收益行为的转变。只有这样，部分牧民才能生存下来，也才能获得令他们较为满意的家庭收入(详见 5.3.1 节)。参见芦清水(2008)的研究结果，参加转产培训的牧民已占移民点总人口的 92.4%，而参加驾驶技术培训的牧民人数最多，占比达 30.3%(表 5-1)，这一数据，说明了牧民已基本上从其世代依靠的传统行业(如放牧、挖虫草等)中转变出来，进入了转产就业的开发性移民阶段。如格角(2006 年，一家五口从玛多县整体搬迁到同德县境内)17 岁的女儿就参加了由村里 30 多名青年组建的文艺表演队，目前正在省城西宁接受舞蹈培训。格角对女儿现在的就业状况很满意，他说女儿从小就喜欢唱歌、跳舞，现在女儿的特长和爱好被发挥出来，才能也就不会被埋没了(叶超等，2007)。

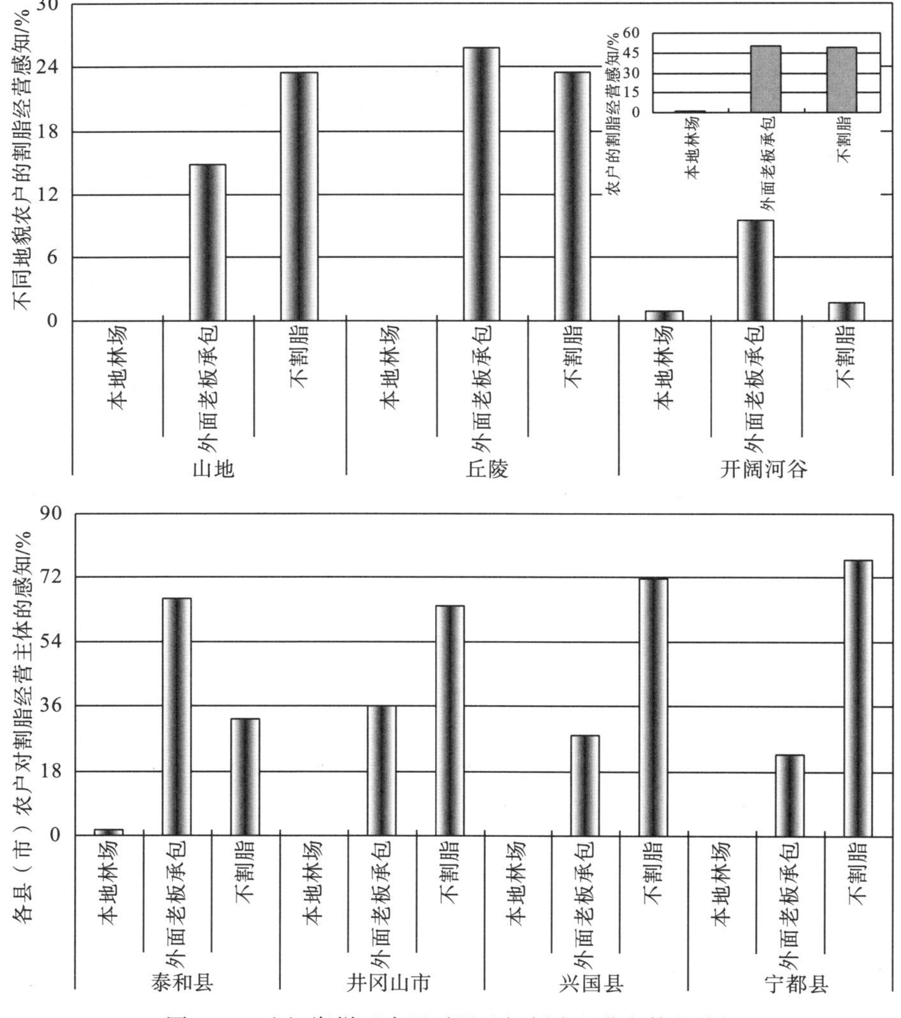

图 5-27　山江湖样区农民对湿地松割脂经营主体的感知

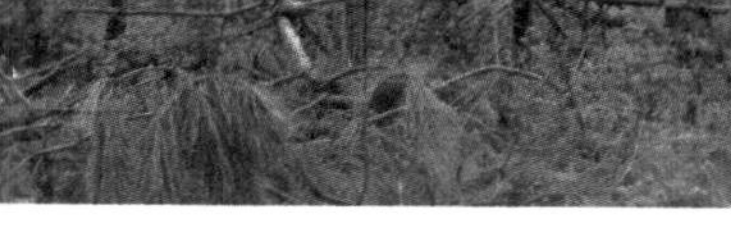

泰和县禾市镇桂源村(已割过脂的)

泰和县禾市镇桂源村(正在割脂的)

图 5-28　山江湖样区湿地松割脂主体

表 5-1　三江源样区移民牧民参加技能培训程度

培训类型	参加移民牧民数/人	站移民点总人口比重/%	培训类型	参加移民牧民数/人	站移民点总人口比重/%
民族歌舞	40	9.3	驾驶	131	30.3
缝纫	76	17.6	养殖	86	19.9
餐饮	66	15.3	总计	399	92.4

从政策层面看，移民牧民的这一参与投入行为的调整，符合现有政策需求，也是政策制者所期望看到的。如政府把生态移民、以草定畜的关键放到解决好移民后续产业和生活出路上，而解决后续产业问题的突破点又放在对移民的实用技术培训上，如农牧业实用技术、机械维修、道路运输等，并把种植、养殖、纺纱、藏毯编织等来自传统牧业的生产方式与现代产业结合起来，牧民表面上看是转产了，但实际上仍旧从事与牧业有关的加工工业，这样，参与的牧民更容易接受，且符合他们的生产、生活习惯。其实，从长远看，脆弱区的生态恢复与重建，最有效的也是最彻底的方式不是直接的生态建设工程的上马(治标)，而是间接地转移脆弱区的人口压力(治本)，而转移人口的方式当然也不是硬性的强迫式移民，而是通过增加对教育、技术和科技的投入，提高生活在这一区域的人口素质和应用现代科技的能力，顺利就地转产或异地就业。

比较农牧民参与生态建设后投入行为的调整可看出，山江湖区农民参与山场建设的投入行为变化，在收益和认识行为调整的驱动下，具有很强的创造性，如山场的经营组织、粗加工企业的引进、外来企业的经营割脂等，都是农民为追求山场收益最大化而探索或实践出的良好路径，拥有较强的发展潜力和较好的应用前景，而三江源区牧民的投入行为调整虽然展现出一定的积极性，但这一投入行为仍停留在参与投入的配合阶段，很少涌现出创造性的转产投入行为，即政府提供平台，牧民参与转产。山江湖区农民不需要政府的主导，农民自发组织参与投入，体现了农民本身的意愿和追求收益最大化的根本动力，具有很强的生命力，而三江源区牧民则是在政府主导下的牧民参与投入，倘若没有政府的主导和平台提供，牧民的参与投入随时都可能终止，甚至返牧，况且因语言、文化等的差异，政府主导的培训也不一定能够满足不同牧民的需求，即培训的项目与将来从事的职业并不是一一挂钩，有时甚至基本无关，这也会在很大程度上限制牧民的投入参与行为。芦清水(2008)也获得了政府预期与牧民的就业愿望有一定差距的基本结论，并把这一差距归功于文化水平、语言沟通、风俗习惯等。另外，前者的投入调整还受大区域经济发展环境的驱动，而后者的则相对简单，仅仅限于解决目前生计问题，而虽然也有外来经济需求的驱动。

总体来看，山江湖区农民的投入行为调整较三江源区牧民拥有更大的稳定性，山江湖区农民仅需要政府在山场经营使用权流转、工商资本介入、山场林木砍伐与粗加工等方面提供宽松环境和政策导向，让农民尽可能地发挥自己的积极性和创造性，最大限度地参与山场生态建设，而三江源区牧民需要政府为适龄移民提供就业培训，以及与之相适应的就业机会，同时，为参与培训和再就业的牧民提供减免学费、伙食补助、就业等优惠政策，提高牧民参与的可能性与积极性。从目前来看，山江湖区农民进一步发展的条件较为成熟，仅需要在确保农民利益方面做好均衡、制定支持山区生态建设得多元融资政策等，即可增强农民参与投入行为的稳定性，三江源区牧民的转产就业培训和牧民参与程度已有一定的基础，但仍需要根据不同牧民的基本情况进一步拓展培训就业的机会，让参与培训的都能顺利就业。

5.4 小 结

综合上述分析，参与收益后的农牧民参与响应的自发调整，主要体现为农牧民在参与生态建设后对生态-经济效应的感知，参与的直接响应行为调整(参与方式、参与行为和参与管理)，参与的间接响应行为调整(参与收益、参与认识和参与投入)。山江湖区农民参与生态建设后的自发响应行为调整受经济效用最大化的驱动而带有很大的主动性，而三江源区的牧民则主要是在政府行为主导下，响应政府政策的参与行为调整，拥有较大的被动性和配合性，具体表现如下。

(1)主动改善与被动接受为山江湖区农民和三江源区牧民的效应感知的主要区别。农牧民参与生态建设后所可能获得的经济效应来源渠道是不同的。山江湖区农民的经济效应感知强调山场的自行投入、创造与分享，如造林、管理等带来的卖原材料、生活用材和用柴、环境改善等，具有主动创造的特性，而三江源区牧民的这一效应则以政府的生态移民、退牧还草的补偿为主，如安置补偿、草场基础设施建设、饲料补偿等，体现为较强的被动性。而且，山江湖区农民创造出了股份合作制利用山场的健康模式，三江源区牧民对政府的依靠较强，缺乏造血功能。

山江湖区农民参与生态建设后的生态效应感知主要体现为水土流失减少、山泉水增多等。访谈中，75.50％的受访农民认为，参与山场造林后，水土流失减少了，70.28％的发现山泉水增多了，这些感知具有很强的不经意性。而三江源区牧民的参与移民和以草定畜后的生态效应，则体现为大风时有没有风沙威胁草场和牲畜，雨季时草皮会不会被冲毁，泥土会不会被冲翻等。它们均与农牧民有密切关系，且对农牧民的生产、生活有着显著影响的，否则他们不会感知得那么清楚。

山江湖区农民参与收益后的衍生效应主要体现为生产稳定性、生活舒适度等。93.18％的受访农民认为，山场造林后田抗旱期延长，认为河溪水没干过和饮水没问题的有35.61％。而三江源区牧民对生态移民、退牧还草等延伸出的抵御或抗灾能力增强感知明显。而且，山江湖区农民的感知体现了日常生产、生活中事物间的主动联系，三江源区牧民的感知体现了极端气候事件发生时事物间的被动联系。

(2)山江湖区农民直接行为调整，体现为山场造林、管理等具体行为，而三江源区则主要以对移民、以草定畜等的支持与理解为主。山江湖区农民的参与方式调整主要是在政府和村集体经济组织主导与农民自行种植间选择，体现出农民参与生态建设的主动性，而三江源区牧民则在不同参与方式间权衡利益最大化时进行挑选，除牧民在自行决定自愿搬迁与否中体现出的主动性外，大部分移民搬迁所选择的方式还是以政府引导为主。政府给出几套可供选择的模式，牧民在其中自行选择。而且，山江湖区农民的参与方式调整体现为参与主体主导性，参与方式自行性，三江源区牧民的参与方式调整是在政府的引导下，参与仍显被动。

山江湖区农民的参与行为以适宜性树种的选择、种植为主，体现参与行为的主动性，而三江源区的牧民则主要集中于有效使用基础设施费。同时，多户共证户主动进行移民与以草定畜的权衡，如移民、定畜等，甚至参与围栏建设，但这一参与行为的调整仍可看到适应政策主导及被动参与的影子。但是，不管是山江湖区还是三江源区，农牧民参与行为的调整都是以追求利益最大化为出发点，只是山江湖区农民的调整离开政府的主导仍会继续下去，而三江源区牧民的调整离开政府的主导则会很快终止，甚至前功尽弃。

山江湖区农民参与管理山场行为的调整，主要受林木本身收益、劳动力外出、气候变化等的影响，具有很强的自发调整性，可在生态-经济效应间进行权衡，而三江源区牧民的灭虫、鼠等则主要是在政府引导下的牧民参与草场建设的行为调整，很少考虑本身管理行为的变化与收益间的关系，且更多地还是考虑管理行为的变化是否符合自己的宗教习俗。总体看，虽然他们都受农牧民追求自身利益最大化所驱动，山江湖区农民会主动参与山场生态建设，三江源区牧民离不开政策引导。

（3）山江湖区的农民对间接参与响应行为调整较三江源区的牧民清楚得多。山江湖区农民参与生态建设后的收益行为调整主要体现为农民对自身利益最大化的追求，具有典型的自发特性。农民收益行为调整的积极性较高，政府和村集体经济组织的主导作用逐渐被削弱，但可在山场造林区划、规范管理行为等方面介入，而三江源区牧民的收益转产虽然有一定的松动，但主要受政府的引导，并提供必要的培训条件和就业机会下而部分实现的，带有政府引导下的自愿性特点，基本不可能自行寻找或开拓就业机会，且牧民转产收益调整则随时都可能会中断。

山江湖区农民对收益行为调整的认识，已从原先单纯的经济利益追求转换为经济收益与极端气候条件下由收益行为转换带来的灾害损失间的权衡，主要体现为农民经济市场化条件下农民的自行决策、参与和调整，而三江源区牧民的收益行为调整认识，则着重体现为对移民后的转产就业及其前的培训认可，以及未移民对灭鼠等草场建设的接受，带有被动接受性特点。

山江湖区农民参与山场建设的投入，在收益和认识行为调整的驱动下，农民自发组织参与投入，体现了农民本身的意愿，具有很强的创造性，如山场的经营组织、粗加工企业的引进、外来企业的经营割脂等，都是农民为追求山场收益最大化而探索或实践出的良好路径，拥有较强的发展潜力和较好的应用前景，而三江源区牧民的投入行为虽然有一定积极性，但仍停留在政府主导的参与投入阶段，很少涌现出创造性的转产投入行为，且没有政府提供平台，牧民的参与投入随时都可能终止。

第6章　农牧民参与政府生态建设的外部不经济性

外部不经济性属环境经济学中刻画一切活动所可能对超越范围外产生的利害影响(李云燕，2007)，现已成为衡量农牧民参与行为合适性的重要标尺。就农牧民参与的阶段性看，外部不经济性又有初期被动参与诱发和获益后主动参与触动之别。在生态建设初期，农牧民的参与行为往往是被动的，而在农牧民从生态建设工程中获得超乎预想的收益后，农牧民的参与行为自然会做出主动的行为调整。当然，无论是建设初期还是农牧民获得收益后，参与行为的外部不经济性都是不可避免的(Villarroya et al.，2010)。更为详尽地，依据参与行为与外部不经济性间的驱动关系，初期被动参与阶段的外部不经济性可细分为直接和潜在两大类；考虑到参与行为诱发外部不经济性的频繁程度，收益后主动参与阶段的外部不经济性又可分解为大概率和小概率两部分。本章拟分析山江湖区和三江源区农牧民参与行为的外部不经济性，即是要查明和理解初期阶段的直接和潜在外部不经济性、收益后的大概率和小概率外部不经济性是哪些？是由哪些农牧民行为所诱发？山江湖区和三江源区农牧民参与行为的外部不经济性的对比结果又在哪些方面可以互相借鉴？

外部不经济性贯穿农牧民参与生态建设的始终，如何降低或减缓则成为正在或未来政府主导生态建设工程所必须考虑的关键环节。本章选择两大典型的生态建设工程为对象，使用参与式农村评估方法从农牧民认知的角度，旨在查明农牧民在不同的参与时期所可能诱发的外部不经济性。

6.1　农牧民参与行为的外部不经济性

农牧民在参与生态建设的初期，通常是被动的，其参与行为的外部不经济性也就很难避免，有些参与也是由以前的外部不经济性所导致的生态恶化所驱动的，即达到了农牧民必须反省、必须认真对待的地步。外部不经济性作为环境经济学的重要理论，现已成为衡量农牧民参与行为合适性、是否符合自然演化规律的重要标尺。上述山江湖区农民对山场的管理，如“低改”、清山、炼山等，都会有一定的外部不经济性行为发生，如水土流失、病虫害、火灾等，而三江源区的牧民对牲畜结构及性别的调整等也会带来一定的外部不经济性，如局地的草地退化严重、牧民经济受损等。但访谈中发现，农牧民行为的外部不经济性有直接和潜在之分，分述如下。

6.1.1　直接外部不经济性

直接外部不经济性常常与生态建设初期农牧民直接的参与行为有着直接的因果关系。山江湖区农民“低改”、清山等行为带来新的水土流失，三江源区牧民寄畜、草场使用权转让等诱发的新的草地退化，都是农牧民参与行为产生的直接外部不经性。认识农牧民参与行为的直接外部不经济性，有助于从根本上规范农牧民的参与行为，而且还有助于理解农牧民的参与程度与影响。

山江湖区农民的“低改”、清山等行为(图 4-13、图 4-14 和图 4-15)，虽然不会引起大的水土流失，但是，流失程度肯定会比以前要大得多。这属于农民在最初的参与阶段所诱发的最直接的外部不经济性。“低改”、“铲山”等清除了林下地表覆被(植被)，松动了表土，雨季时雨水直接打击地表土层，且地表径流增大，流水所形成的动能大大增加，从而为水土流失的发生提供了源、渠道和动力(图 6-1)。如前所述，“低改”、“铲山”等虽然有助于山场收益的提高，但因破坏了生态系统的完整性，缺少林下植被对地表的保护(拦截和消纳)，加之松动了表层土壤，雨季林下雨水对表层土壤打击更易导致破碎、流失，地表径流也易形成，在有表层堆积物、地表径流和缺乏植被拦截的条件下，水土流失定会严重。然而，在有植被覆盖的情况下，水土流失会减少 10%～40%。

图 6-1　山江湖样区油茶“低改”(井冈山市葛田乡葛田村)

而且，造林前的砍杂灌、炼山和穴栽等(图 4-24)，也会产生上述外部不经济性，种树后的 3 年之内，水土流失常常较为严重。类似于“低改”、“铲山”等，山场清理、炼山和翻耕造林后，至植被基本恢复前，会有较强的水土流失发生，但是，农民通常不会考虑，因为他们过多地强调山场管理后的经济效益。清山完全铲除了山场植被覆盖，炼山则将山场所清理出的植被连同多年枯枝落叶烧掉，而翻耕不仅将地下的树根挖出，且松动了地表约 15 cm 的土层，从而导致较强的水土流失发生。当然，随着果树的种植、地表植被的恢复，水土流失的现象会逐渐减轻，但仍会比种植果树前大。因为果树的保土蓄水能力通常较杂灌和灌丛要差，而且局部恢复的植被农民也会因其与果树争水肥而铲除干净，但幸好这时仍有草根和杂灌根存在，可起到一定的保土蓄水作用。

相比较之下，穴栽→清山→炼山所诱发的水土流失逐渐加重，山场生态环境遭到人为扰动的强度更大，所直接诱发的外部不经济性也较强。因此，除了在重点商品林区，国家是禁止炼山和清山的，尤其是在国家重点公益林区，常常提倡以开造林窗口的方式直接穴栽。

造林以纯林为主(图 6-2)，一座山一种树，以及“低改”后的油茶和毛竹也已成纯林，致使森林生态系统结构简单(很少具有乔灌丛的立体结构)，这一方面不利于森林火灾、病虫害的防治，另一方面也使得部分野生动物(如飞鸟等)失去了栖息和繁衍之地，如鸟儿很少会落在针叶林上，这样虫害也就失去了天敌，当然，也少了鸟粪对林木的增肥效应。76.77%的受访农民认为，山场造林多选择纯林，而仅 9.65%的认为造混交林较好。不同县(市)间，泰和县和兴国县有部分混交林种植，分别占相应受访农民的 15.07%和 13.55%(但比例仍然很低)。同时，20 世纪 80 年代末～90 年代初，由于种树没有考虑用柴林(薪炭林)，

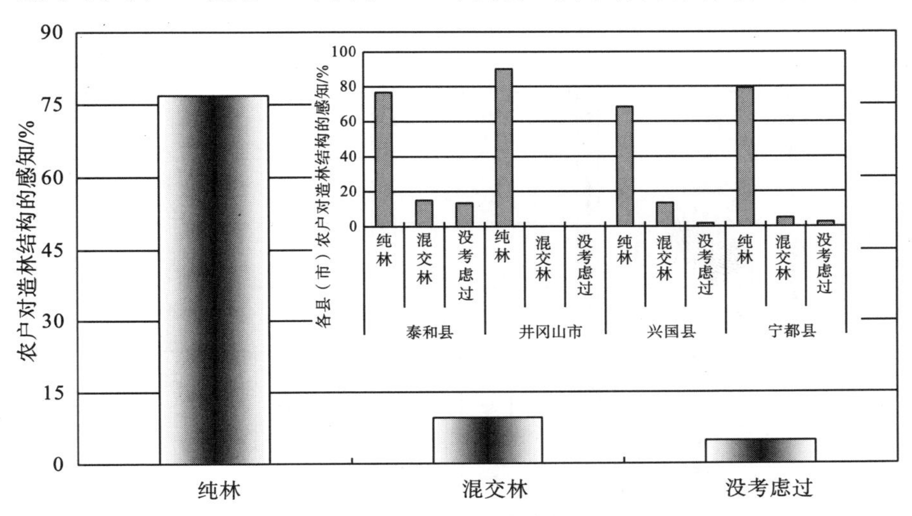

图 6-2　山江湖样区农民对造林结构的感知

而大多仅种植用材林和经济林，从而使得农民为了生活，只有砍除林下植被，而且用柴后也有草木灰肥田，有的甚至因为化肥较贵，而直接用砍来的草焚烧后肥田，即农民常说的干粪，从而造成山上有树，而林下裸露或沙化现象的频发。

农民对因造林所产生的外部不经济性的认识也较为清楚，但是，这些仅当外部不经济性已经维系到他们的切身经济利益时才会觉察或者才会对此产生重视的警觉。84.84%的受访农民认为，山场造林后野生动物尤其是野猪比以前多了，31.10%的发现对山边的田有遮阴影响，还有 11.64%的认为会增加农业病虫害发生的概率(图 6-3)。山场植树造林，会带来野猪、野兔和飞鸟等野生动物

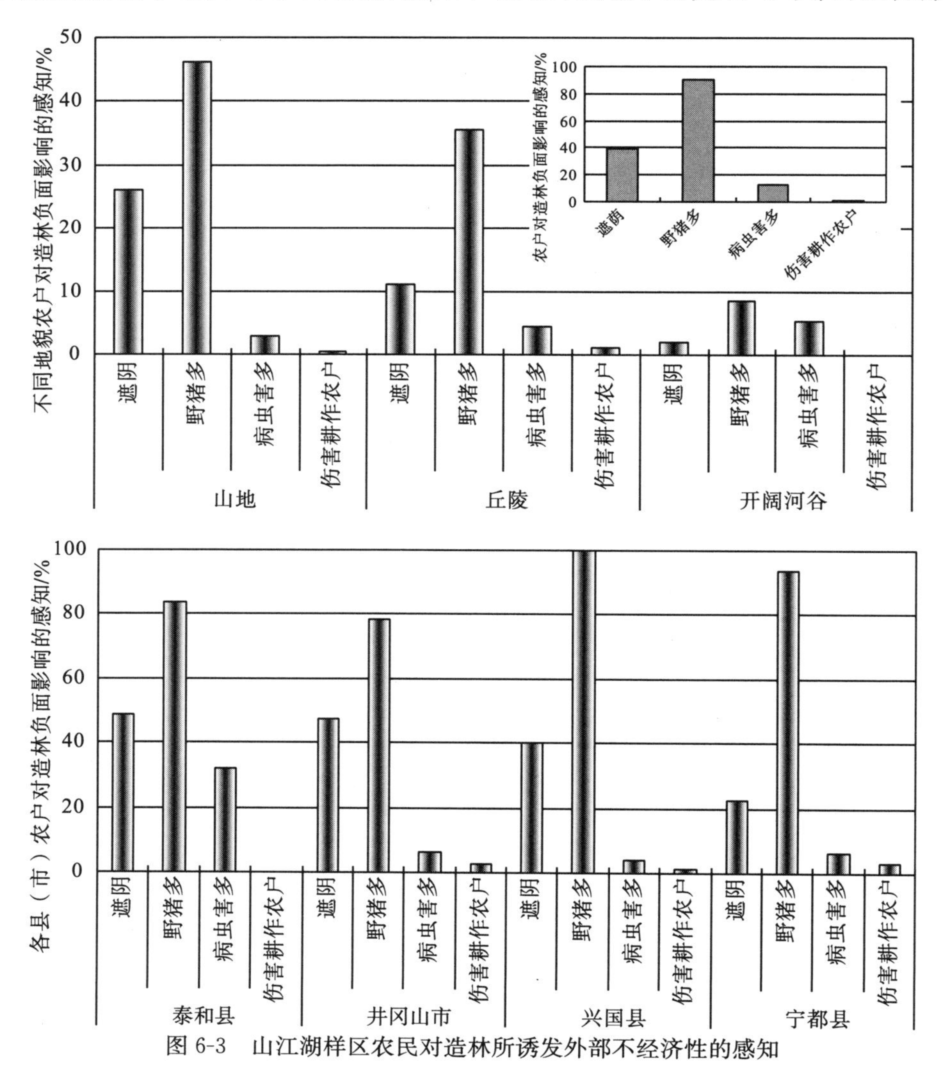

图 6-3 山江湖样区农民对造林所诱发外部不经济性的感知

数量的增加，从而威胁到农业生产，甚至造成颗粒无收或大面积农田作物受损，而且，靠近田边的造林也因树冠遮阴而影响作物生长，造成作物生长缓慢、低矮、成熟较晚等。另外，有些林木的叶子落入农田，如阔叶等(阔叶中的碳氮比低于30，易于腐烂)，经腐烂转化为有机质可以肥田，但有些树叶落入田后很难腐烂，如针叶等(针叶含有树脂，腐烂后土壤显酸性)，这样农民赤脚下田耕作时，易受伤害。加之落叶可以为农田中的虫害产卵，以及为越冬提供适宜场所，从而增加了来年作物病虫害发生的可能性。但直接的外部不经济性在有些区域表现为隐性，很难发掘。宁都县湛田乡井源村的一位初中地理老师就持这一观点，山场林木较多的区域，水土流失较少，河里的沙都很少，但人为活动也会对山场有一定的扰动，这在小流域很难看出，大流域或河流的下游比较明显。这说明，山区水土流失，特别是植被较好的区域，都是隐性的，而非显性的。

相比较而言，在山场造林所产生的外部不经济性中，受访农民对野猪快速繁殖以至于致灾的影响感触最深。目前，野猪被划定为国家二级保护动物，禁止捕杀，而且，为了农村社会的治安稳定，农民拥有的用于捕杀野猪的器械又都上缴给地方政府，加之大量农村青壮年劳动力的外出，减少了对山场和野生动物的干扰，为野生动物的繁衍和活动提供了更大的空间，形成了“人退猪进”的格局。从目前全国的报道看，伴随退耕还林等生态建设工程的推进，农村生态完整性在很大程度上得到了大幅提升，从而使得野猪繁殖迅速，对农田造成的影响已达到了非常严重的程度，野猪致灾的信息频见报端。从农访结果看，为驱赶野猪等野生动物对农业生产的危害，山场农民更是用尽了各种手段，如吃过晚饭放火炮、放流行音乐、在田间安装高音喇叭等。

三江源区牧民参与行为的外部不经济性对生态建设有直接影响。牧民访谈发现，现有参与生态移民的牧民中多以无畜、少畜或寄宿户为主，83.9%的多畜牧民不愿参与生态移民，且在参与的牧民中户主年龄在50岁以上的占48.5%(芦清水，2008)。即是说，牧民家庭牲畜的多少和户主年龄在很大程度上决定了牧民是否参与生态移民还是仍旧留在草场上继续从事牧业生产。

但是，为获得自身利益的最大化，一方面享受生态移民的安置补偿费，另一方面又要获得牧业收入(甚至牧业收入不减少)，从而导致现有参与生态移民的牧民寄畜或家庭分割现象较为普遍。在这种情况下，草场压力不会得到较为有效的缓解，有的草场退化的程度甚至较以前有所增大。可以说，在牧民追求利益最大化驱动下，牧民参与生态移民的行为定会带来一定程度的外部不经济性。通常，家中有2或3个弟兄的牧民，一般是一个或两弟兄连同父母的牲畜，寄宿给留在草原上的兄弟那里，迁出的牧民及其他兄弟和父母冬天在安置房居住，而夏天则全部或部分返牧草原；有的则是为了孩子到城镇享受好的教育或其他公共服务设施和补助，让家中的老人和孩子移出(老人可以照顾孩子)，实施家庭分割，而自身仍留在草场上从事原有的牧业生产。这样，草场的压力并未得到有效或彻底减轻，牧民则是获得了自己预期的最大收益。

而且，在现有的政策中，牧民和牲畜移出后，草场的使用权并未发生转变，仍归迁出牧民所有，这样，就存在两种情况：要么禁牧，要么转让。为此，部分迁出牧民就仍可利用自己对拥有草场的使用特权，通过邻居、亲戚及乡邻间的转让、出租等方式(流转)获取额外收益，或者将原有牲畜寄留于邻居、亲戚等家中，致使草场压力并未减轻。但是，如果原有草场实施禁牧的话，非移民户草场的承载力并不会随着牧民的迁出而发生变化，即他们的牲畜数量没有减少，放牧空间也没有扩大，致使他们所拥有草场的放牧压力并未减轻，外部不经济性也是不可避免的。某种意义上说，生态移民需要配套以草定畜、围栏建设等辅助性措施，以便在生态移民后，能够实现在减少牲畜数量的同时，扩大留在草场上牲畜的生存空间，盘活移民后的草场使用权，降低草场牧压，减少与生态移民有关的外部不经济性问题的发生。

对比农牧民参与行为所产生的直接外部不经济性，可看出，在山江湖区农民参与山场建设行为所产生的外部不经济性中有些是不可避免的，尤其是造林对农业生产的影响，如遮阴、野猪多、病虫害多等，有些是较容易调整的，特别是与生态环境问题有关的，如“低改”、清山、炼山及造林结构调整等，而三江源区的牧民留畜、产权调整等的外部不经济性则很难调整，特别是现有政策尚未充分考虑牧民人口和牲畜数量差异的条件下，笼统实施为 8000 元/(户·年)。

针对山江湖区农民山场造林的外部不经济性，可以从造林规划、管理经营、造林方式和造林结构四方面进行适应性调整。造林前可首先编制适地适树，以及林农优化布局规划，造林时禁止炼山和清山，推行穴栽，且造林以混交结构为主，造林后规范毛竹和油茶的“低改”措施。

但是，在三江源区牧民参与生态移民所产生的外部不经济性的调节还应从藏传统文化入手，结合以草定畜、围栏建设等，开展生态移民。生态移民时的以草定畜、围栏建设等，不仅解决了牧民的留畜问题，而且有利于构建适合草场生态良性发展的生态-生产范型，而不是目前所展现出的民移畜不移，或牧民家庭分割后部分人口迁移，也不是民畜迁移后的草场禁牧或流转。根据耗散结构理论，适度放牧有利于草地生态系统处于一个开放、动态环境下，也为构建大区域资源互补型移民模式提供了稳固的依托。可以说，山江湖区农民参与行为的外部不经济性缺乏根基，只要提供部分补偿，易于调节，而三江源区的牧民行为则有牢固的宗教习俗基础，难于改变。

6.1.2　潜在外部不经济性

农牧民参与行为的外部不经济性不仅有直接的表现，而且拥有潜在的作用，即级联效应或借助事件间的联系逐渐衍生或传导而产生潜在的影响，对其进行适应性调控需要从源头入手。潜在外部不经济性往往与生态建设初期农牧民直接的参与行为有着推演式的因果关系，它是农牧民行为通过一系列的作用而产生的。山江湖区农民的外出务工与山场火灾、捕蛇与鼠害等，以及三江源区牧民调整畜群结构、性别等与草地退化，都展现出链条式的潜在驱动关系，最终诱发一定程度的外部不经济性发生。但是，该类外部不经济性不是由农牧民的直接参与行为所诱导，而是由最初参与行为所引擎，再借助一系列的连锁行为的变化所产生，有很强潜在性。

山江湖区农民外出务工→山场干扰减少→山场植被恢复→野猪增多→损害农业生产→放火烧山→危及山场生态的链条表明，在非农工资不断攀升、务农机会成本逐渐提高的情况下，大量农村劳动力外出务工(从事非农产业)，改变了支撑家庭的收入结构与来源，从而降低了农民对山场的利用和管理强度，减轻了农民对山场的干扰频次和程度，进而有助于山场植被的恢复和生态完整性的提高，即农民生计问题的解决不在仅仅依靠对山场的索取，而主要是来自非农收入。

在这种情况下，出现两种原因有助于山场野生动物的生息和繁衍，尤其是对农业生产影响较大的野猪最为突出。生态环境好转，为野猪的生存提供了好的栖息地，而农村人口的迁移又降低了人口对野猪的胁迫，人退猪进。当然，野猪的大量繁殖必然面临生存空间的扩大和觅食范围的外拓，从而危害农业生产，引用受访农民的话来说，且不说野猪啃食庄稼，就是野猪睡一觉，打几个滚，跑一次都会造成很大的影响。但是，当丘陵山区农民田又少，受野猪影响农业生产收入降低或没有收入，而且又不能从山场林业生产获得替代收入时，野猪就成了农民所面临的最大天敌。但野猪是国家二级保护动物，农民又不能打、电或铗。为此，有的农民便走向了极端，放火烧山，驱赶野猪。他们认为反正山场不成材，没有收益，或山场林木长势较好，但收益不归农民，常由村干部享有，这样，在山场受益权衡不均的情况下，农民通常会给山场带来外部不经经济性的行为。

另外，由于山场造林后利益分配的不均衡或农民从山场获得的收益较其预期低得多，一旦发生火灾，村干部是很难召集到村民去灭火的，有时召集留守在家的村民灭火，要付出与当地零工相当的工资。其实，这也是农民参与行为的直接外部不经济性，是由利益分配不均诱发的。

外出务工→种田劳动力少→山田坎草→山场火灾的链式外部不经济性行为也很普遍。大量农村劳动力的外出，家中留守的主要是50岁以上的老人、妇女和儿童，以及病残人员，这样的劳动力结构必然对农田的种植面积、耕作半径、管理投入等产生很大限制，如劳均耕地面积大幅增加、耕作半径显著压缩等，且伴随劳动力的老龄化和外出务工人口的逐渐增加，这一形势还会更为严峻。农访发现，两个老人种一大户人家的田或一家人种几家人的田的情况较为普遍，这样，春耕农忙时通常焚烧田坎，致使每年的山场火灾高发期也主要出现在这一时段(图6-4)。而且，焚烧的原因还在于农民对除草剂的忌讳，使用除草剂后，田坎草确实被清除得很干净，效率也很高，但它甚至连草根都除死了，结果田坎在没有草根把护的情况下，每年雨季都被冲垮，需要重修(有时一年需要重修几次)，费时费力，致使农民通常不在田坎上用除草剂，而是春耕时焚烧。

井冈山市大陇镇源头村

宁都县均峰乡元尾村

图6-4　山江湖样区农民焚烧田坎和山场火灾

山场造林→生态好转→山中蛇多→留守青年捕蛇→田鼠大量繁殖→鼠害威胁山场林木生长的链条也具有潜在的外部不经济性。受访农民大多认为，现在山区正由猫狗喂不起来向山场林木长不好的方向演变，原因在于，山江湖生态建设之前或初期，周围山场生态恶化、水土流失严重、植被覆盖度低且长势差，田鼠大量繁殖并危及农业生产，为降低这种危害，大量的鼠药被施用，而家养的猫和狗一旦食用被药死的田鼠后也会被毒死。但是，伴随山江湖生态建设成效的凸现，山场生态完整性得到较大幅度的提升，与之相应的，山场蛇的繁殖率大大提升，蛇与田鼠间的捕食关系，使得田鼠的数量和生存空间大大萎缩，这样，猫和狗就再也不会因吃到被药死的田鼠而中毒。然而，蛇市场价格的提升和食用蛇者逐渐增多，为留守青年找到一条简单的致富路——捕蛇。蛇的减少也相当于减少山场老鼠的天敌，老鼠大量繁殖威胁山场林木的生长，从而产生一定的外部不经济性。

三江源区牛多羊少→草场利用空间结构变化→草地退化的链条促使一定的

外部不经济性产生。牦牛、藏羊是源区牧民的主要饲养动物，这种选择是对高寒自然生态环境适应的范例，即牛因体格健壮，抗御高寒环境的能力较绵羊要强，为提高越冬率，牦牛的数量逐渐高于绵羊。从图4-26可看出，源区现有畜群中羊牛比例逐年降低。芦清水(2008)也发现类似结果，畜群结构牛的比在1∶1以上的牧民占其总访谈牧民6.3%(1984年)、13.9%(1993年)和36.7%(2003年)。

据马子富研究(2003)，青海南部果洛地区牲畜结构比例中，绵羊与牦牛的比例为1∶1.1比较合适，且这一结构具有生态学、经济学与文化学方面的根据。而玛多县现有的羊牛比低于这一结果，致使牦牛与绵羊的资源生态位置间的错位被打破(即牦牛觅食在低处且坡度相对平缓，而绵羊则可到达高处且坡度相对陡的区域)。结果牦牛高寒的生活习性，不仅使得夏季牧场最高最冷地方的草场过牧，湿生植被和低位草场超载，而且也侵食部分绵羊觅草区，从而带来一定的草地退化。

成年母畜减少→幼畜繁殖较少→保持牲畜数量→出栏率降低→畜龄增长→牧草资源浪费的链条作用也会产生较强的外部不经济性。农访发现，为提高越冬率，减少越冬牲畜死亡，成年母畜数量有减少的趋势，其目的旨在减少越冬前幼畜繁殖的数量。当然，为保持牲畜数量，除生活需要外，牧民很少将饲养的牛羊出售，从而导致高龄牲畜较多。高龄牲畜生长较慢、畜膘保持也困难，牧草投入与牲畜产出(肉、奶、毛、皮等)失调，致使草场资源得不到合理利用。即是说，草场的生产率得不到应有的体现，每年春秋季成年牲畜上膘后，经过越冬，畜膘又被拉下来，由于出栏率低，除食用外，成年牲畜数量降低的幅度很小，每年草场的生产率仅在牲畜拉膘后的上膘上得以体现。其实，这也是农民行为外部不经济性的重要表现，即草场的生产力被循环流失。

对比农牧民参与行为的潜在外部不经济性可看出，山江湖区农民参与行为的潜在外部不经济性主要受外生变量所驱动，如外出务工与野猪和山场火灾、农民捕蛇与鼠害毁林等的关系，而虽然三江源区的牧民畜群结构、成年母畜比例等也受草地退化的胁迫，但它们与草地退化间的关系内生性较强。前者易于通过一定的政策措施给予农民外部不经济性内部化，如生态补偿、田坎种植多年生蓑草等，而后者因其内生于宗教习俗，且受草地退化的驱动，其受控调节的难度较大，另外，后者的作用强度和时效也较前者持久，不可能在短时间内获得明显改变。因此，生态建设中，农牧民参与行为的外部不经济性应设计有备，否则，在农牧民没有觉察，且形成参与定式的时候，其参与行为的外部不经济性所诱发的生态问题甚至会超过建设前的状况。

6.2 农牧民行为调整的外部不经济性

收益后参与和其伴随所带来的外部不经济性是分不开的，而有些是遍在性发生的(大概率事件)，有些是在突发性外力的作用下促成的(小概率事件)。遍在性发生的只要有人为扰动都会诱发，如山江湖区的水土流失和三江源区的草地退化，突发外力诱导发生的是在正常人为活动下由不可预见的、灾害性的事件所促成，与人为扰动诱发不同的是它可能产生更大的生态-经济损失，如山江湖区2008年春季的冰冻灾害导致的山场林木受损。但是，突发性事件能够避免，如果人们一开始就改进行为的投入，突发性事件到来时的生态-经济损失可能会得到某种程度的降低。

6.2.1 大概率外部不经济性

收益后参与行为调整所诱发的大概率外部不经济性，其外在表现也不外乎水土流失、草地退化等(初期的参与行为也一样产生)，但关键是获得收益后，农牧民的参与由初期的被动到收益后的主动，参与态度的变化是否会诱发更大的外部不经济性，如山江湖区毛竹和油茶“低改”、松杉“铲山”、果树的等高开坎种植等导致的水土流失是否因行为调整而加剧，三江源区转产就业培训是否会拉大未来牧民间的收入差距，从而促使部分迁出牧民返牧现象的出现。

对山场造林后生态效应的认识决定农民投入行为变化诱发大概率外部不经济性的可协调性。山场造林可以有效地保持水土。访谈中，当问及“您认为造林后，大雨时山场是否可以储水、护土和挡石等”问题时，95.87%的受访农民认为山场造林可以储水、护土和挡石，而仅有7.09%的感觉特大雨就是有树也没有用。而不同地貌间，山区的农民对山场造林的体会最为清楚，约51.38%的受访农民认为，造林可以有效地保持水土，但不同县(市)间农民认识间的差异不显著，大都反映山场造林具有上述效应(图6-5)。其实，山场造林的生态效应在5.1.2节已经清楚论述，但本部分以其为切入点，主要分析收益行为转换后，农民是否能意识到或过多地强调造林的生态效应，包括部分由管理而产生的生态问题的发生。而倘若农民没有注意到造林的生态效应，那么由收益行为转换所带来的大概率外部不经济性就可想而知了。如在农民不知道上述效应时，其更不会对种植湿地松、杉木的清山、垦扶，毛竹和油茶的“低改”等所诱发的外部不经济性进行考虑，而仅以经济效应作为唯一衡量指标，那么收益行为转变后的次生水土流失、林下沙化等更不可避免。

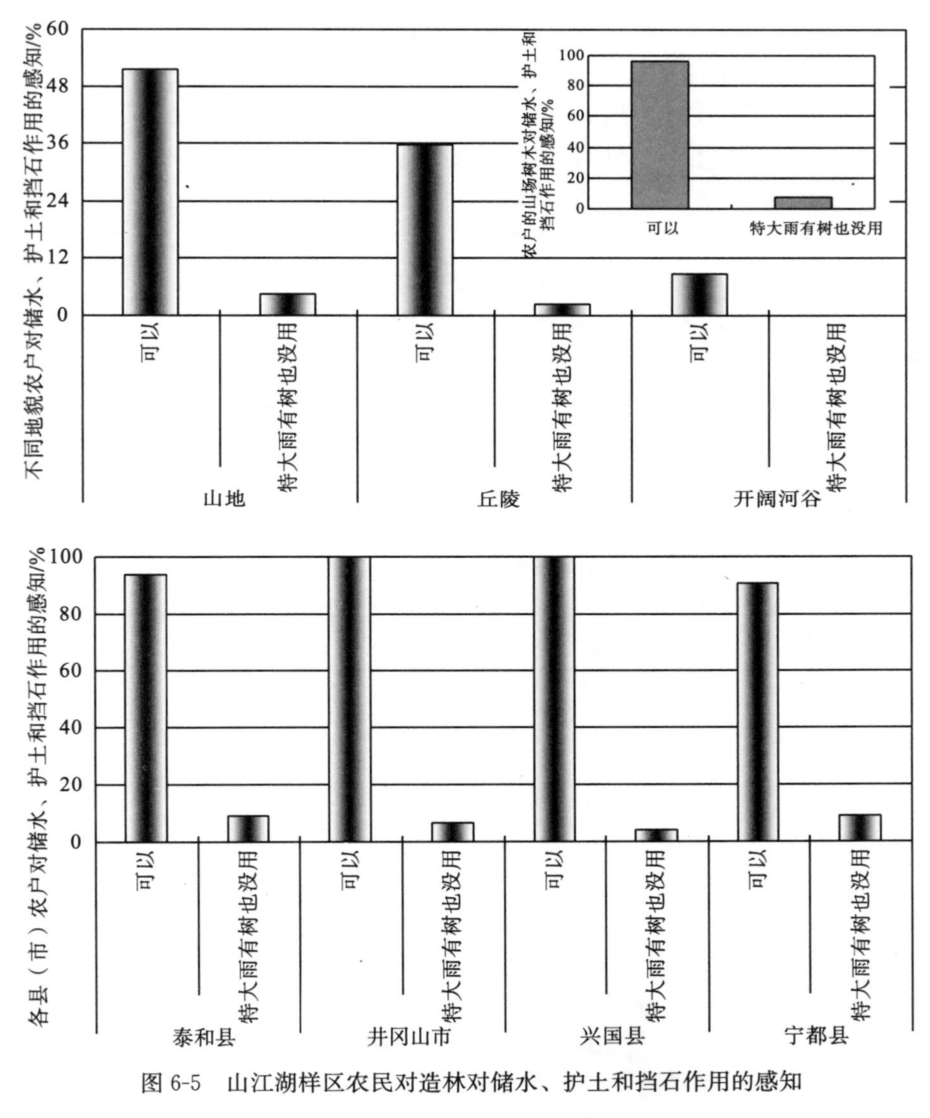

图 6-5　山江湖样区农民对造林对储水、护土和挡石作用的感知

从目前来看，山江湖区农民参与收益后的行为调整所产生的大概率外部不经济性是非常容易协调的：一方面农民已经意识到大概率外部不经济性所可能诱发的对农业生产和农民生活的影响；另一方面伴随农村劳动力的外出农村生态，农村人-地关系发生较大变化(山场压力减轻)，留守人口的扰动空间缩小。加之部分原用于农业生产的用地被撂荒或用于林果草种植，以及农村种植和耕作方式调整，这都使得与农民参与收益后行为的调整有关的生态问题大大降低，生态完整性获得一定程度的提高，大概率外部不经济性的发生程度和频率均大大降低。可以看出，山江湖区的这一大概率外部不经济性是比较容易协调的，

只要政府结合农民认识的变化，再辅以适应性对策的调控，即可降低或减少大概率外部不经济性的发生，尤其是由其诱发的深层次生态问题的发生。

造林对关键性生产习俗和财产性物品影响的认识决定农民在行为调整中选择规避大概率外部不经济性行为的主动性。山场造林也能保护山下的田坎和房屋(尤其土坯房)。对“山场有了林木，您认为大雨时，田坎、土房等会得到保护吗”问题的回答，84.65%的受访农民认为，造林后，山下田坎和房屋都能得到保护，而仅13.58%的感觉只能保护房屋，田坎每年都要修，但这主要发生在泰和县的山地区域(图6-6)。田坎是与农民生产关系最为紧密的习俗，每年生产

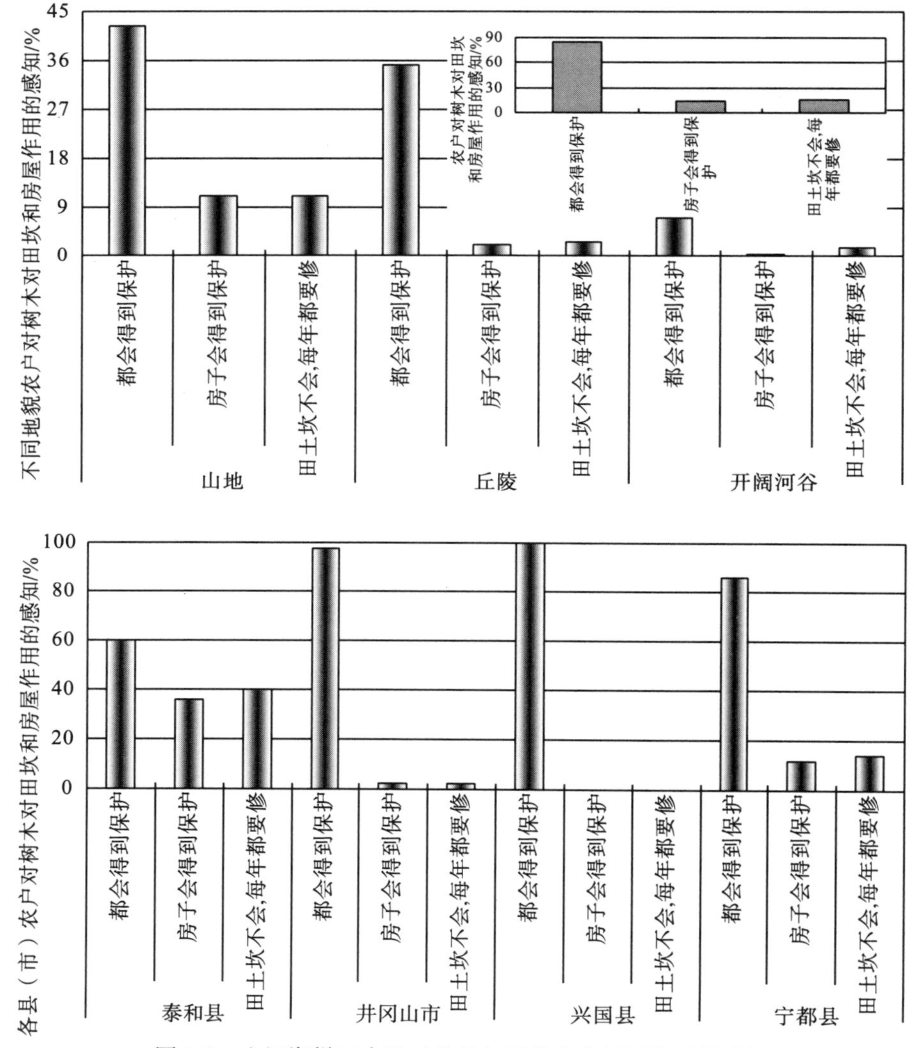

图6-6　山江湖样区农民对造林与田坎和房屋间作用的感知

开始时必须打田坎，田坎保护的好坏很大程度上决定来年生产的劳动投入。房屋作为山区农民重要栖息地的财产性物品，保护、修缮和改造倾注农民的大量投入。对山场造林后所产生的生态效应与田坎和房屋间的关系分析，与农民对造林后水土保持效果的认识是一致的。换句话说，通过对农民的这一认识，可以理解其对收益、认识和投入行为调整所带来的生态-经济效应的感知，尤其了解其对行为调整变化所诱发的大概率外部不经济性的体会和具体的防范措施。在认识到山场造林能够保护山下的田坎和房屋(尤其是土坯)后，农民的行为调整就会更注重减少大概率外部不经济性中水土流失的发生。

山场造林与旱涝灾害和水土流失间具有明显的负相关关系。访谈中，回答问题“您认为植树造林与旱涝灾害和水土流失有很大关系吗”时，91.73%的受访农民认为，它们之间存在明显的负相关关系，当山场林木较多、较好时，旱涝灾害少，水土流失也就很少发生，或者发生的强度大大降低(图 6-7)，这在 4.1.2 和 5.1.2 节已分别作了论述。但是，也有 5.31%的受访农民认为，它们之间没有多大关系，以前也这样，持这一观点的农民主要发生在山区。

中、高山区，因山高、坡陡，植被覆盖度高，人为扰动很难施加，这样由其所带来的水源涵养和水土保持效应也较为明显，致使山泉水也多，田遭受干旱胁迫的程度较低，或抗干旱的能力增强(时间延长)。但是，因地势原因，使下游有很多的泉水涌现，而山里则不太明显。另外，山里因人为干扰，即便目前大树相对较少，但小树很多，整体上植被覆盖度变化相对较小，或基本没有什么能看得到的变化，当然，山场水土流失的变化也表现不显著，即很难觉察到。而有时即使水土流失很严重，也因地势高，水大时冲到下游沉积，从而山里的人对山区生态环境的变化感觉不大。

另外，仍有 3.54%的受访农民认为，由于造林遭乱砍，旱涝和水土流失更严重，还不如山场有些杂灌，这一现象以井冈山市和宁都县最为突出，如井冈山市的下七乡光明村、宁都县的固村镇团溪村等，详见 7.1 节。因为，如果山场仅有杂灌或灌丛，就不会有人想从中获益，也就不会有人设法去砍伐或偷，这样，山场的植被覆盖度就会很少发生变化，而一旦山场林木长势较好，就会有很多人想从中获益，当不同利益间的冲突难于协调时，就会出现乱砍滥伐或偷砍，结果使得山场植被变化较大，有时在很短的时间内就会有急剧恶化的现象发生，从而出现农民所说的有杂灌比有林木好。可以说，农民对山场造林投入行为的大概率外部不经济性是非常清楚的。

农民从投入行为调整的源头减少收益和认识行为调整所诱发的大概率外部不经济性。如前所述，大概率外部不经济性是不能避免的，而只能通过投入管理行为的调整来尽量减少，如水土流失与“铲山”、“低改”、垦扶等之间的关系，都已在 4.1.3 和 4.4.1 节论述过。当问及“您认为您的经营管理科学吗”时，

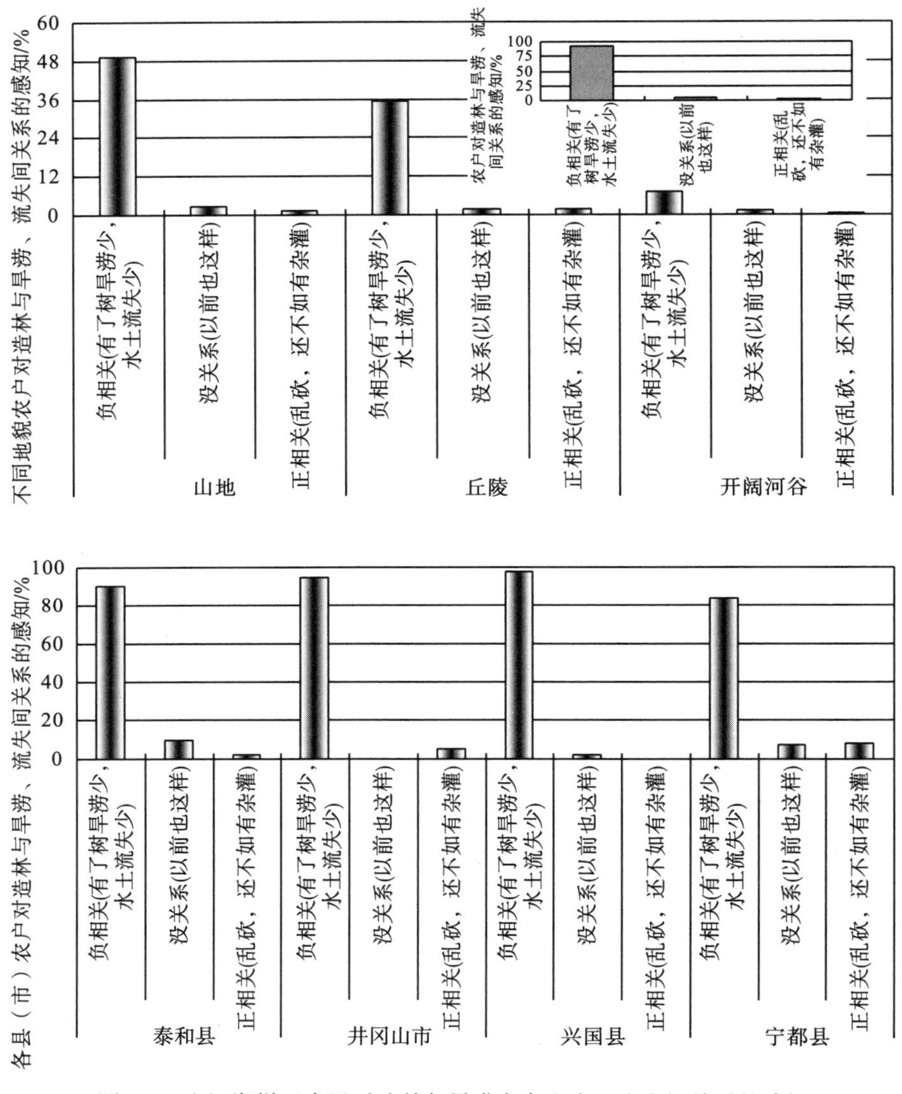

图 6-7 山江湖样区农民对造林与旱涝灾害和水土流失间关系的感知

35.57%的受访农民认为，管理过程中有水土流失发生，但很少，因为毛竹“低改”则实行穴垦，油茶实行的是筑坎等高覆盖，松杉“铲山”仅去除不成材的杂灌，而成材的都会保留(图 6-8)。30.31%的农民感觉其经营管理是非常科学的，除了提高了短期收益外，也能起到很好的保土、保水作用，因为管理投入时就考虑了这些，如油茶“低改”季节选择等。

但是，仍有 25.00%的受访农民并不投入其他管理措施，而仅仅实施防偷，当然是不投入管理的，其大概率外部不经济性很少会产生，除有乱砍滥伐外。

另外，有 9.84%的受访农民还体会到，管理的投入易引起火灾，如炼山、焚烧林下枯枝落叶和山边田坎等。井冈山市黄坳乡行洲村还认为，由于现在用柴较少，也不怎么清山了，林下茅草较多，干旱季节易着火。

不同地貌间，山区人们对由管理投入所引起的外部不经济性较丘陵区更为关注，且也更会注意管理方式的投入(如等高、筑坎等)，以及适应性投入行为的调整，而不同县(市)间均是水土流失很少发生占主导位置，而除防偷不再投入其他管理措施的主要发生在兴国县和宁都县境内。可见，农民对其山场管理投入科学性与大概率外部不经济性的关系还是比较明了的，而且，经营管理方式的投入更强调对水土资源的保持，而不仅仅再追求短期经济效益。

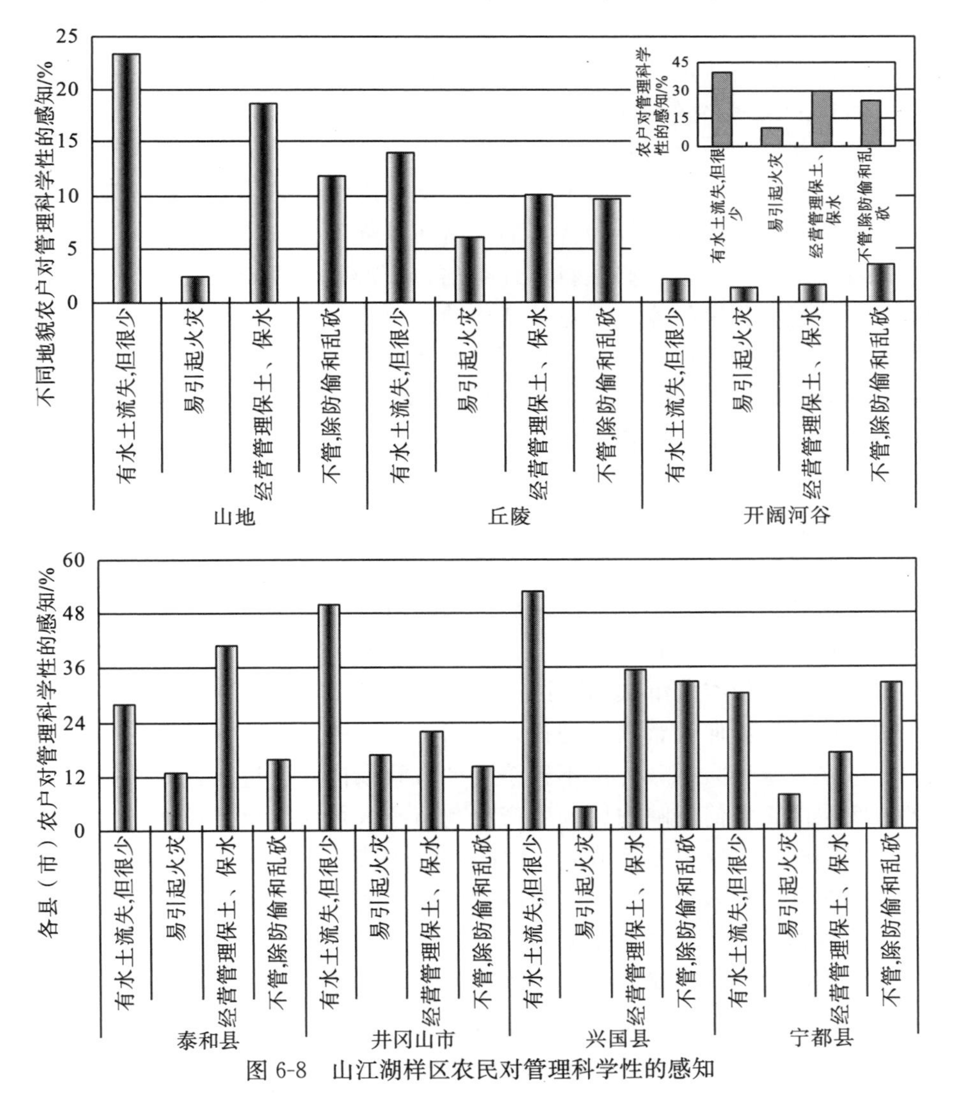

图 6-8　山江湖样区农民对管理科学性的感知

三江源区牧民就业转产的大概率外部不经济性可能会以牧民间的收入差距反映出来，但现在尚未有外部不经济性事件的发生，或虽有潜在外部不经济性，但还未通过产业间的链条显现出来。如上所述，牧民对就业转产有很大程度的接受性，并在政府引导和提供培训与就业机会的条件下积极参与，但牧民的这一参与收益带有很大的离散性，如不同牧民的参与程度、参与职业、文化背景、懒散状况等，都会在收入上有一定的体现。访谈也发现，从目前情况看，迁出的牧民由于没有牲畜放牧，而通过再就业培训，在当地或外出异地从事非牧第二、第三产业生产，这样除了每年的国家移民补贴，还有稳定的非牧收入，生计状况较好，日常家电齐全，如彩电、冰箱、洗衣机等。

但是，也有生活较懒散的牧民，除了国家每年补助外，并不参与其他的就业活动，而虽然有些也已参与了就业转产培训，整天还是以闲散、娱乐等度日。另外，牧民所从事的不同职业也会带来收入上的差距，如餐饮、驾驶、建筑、维修等。当然，牧民收入差距较大或生计状况并没有得到明显改善时，攀比后存在较大落差，返牧现象也就不可避免，结果影响生态移民、以草定畜生态建设工程的实现，导致以返牧为特征的大概率外部不经济性也就不可避免。对参与生态移民的牧民来说，必须将“迁得出，安得稳，逐步能致富”三阶段统一协调，要让迁出牧民的家庭受益较迁出前还要多，至少不能降低，否则，迁出的牧民因受益减少而必然返牧，从而影响后续移民工作的开展。然而，相比较而言，再就业培训后的转产是移民后牧民收入提高和生计改善的最好办法。

以上分析可看出，尽管大概率外部不经济性不可避免，但是，伴随农牧民获得收益后参与行为和认识的调整，山江湖区农民对管理行为介入所诱发的外部不经济性有更为清醒的认识，如造林与挡土石、护田坎和房屋、抗旱涝和水土流失等间的关系，而且，能有意识通过合适行为的调整减少大概率外部不经济性的发生，以减少水土流失，保护自家的田坎和房屋。农民能对自己管理投入的科学性进行定性的评价和适应性行为的调整，如是否保土、保水等。理解这些，有助于从根本上解决由农民行为调整所带来的大概率外部不经济性，而农民也更能认知如何调整自己的投入行为，为区域乃至国家尺度的生态经济建设提供减轻或避免大概率外部不经济性的政策取向，反过来，为国家或区域尺度的政策取向又如何反映农民的生产便利与投入行为提供便捷通道，以便于政策的顺利实施，并取得政策成效。即国家或区域尺度如何在政策制定中反映农民的生产便利与投入行为，在达到不消减农民经济收益的情况下，解决行为调整所带来的大概率外部不经济性。

三江源区牧民转产就业符合生态移民、以草定畜的减压需求，其大概率外部不经济性尚未显现，但有可能会通过不同参与牧民间的文化、能力、习俗等方面的差异，形成收入间的差距，进而产生移民对现有政策的误解，比较之下容易产生返牧现象。因为，在特殊的宗教、文化、饮食等背景下，参与生态移民的牧民生计来源需要重建，生活方式需要重构，在重建和重构过程中，因牧民本身的差距而引起的家庭收入不同，必将反作用于对政策的理解。因此，对三江源区牧民来说，政府在引导牧民进行就业转产的同时，要尽量防止参与后的收入差距不至于拉得过大(超过接受程度)，虽然参与收益是牧民本身的劳动所得，但差距的过大易引起牧民的认识怪圈。

6.2.2　小概率外部不经济性

小概率外部不经济性当然很少发生，但一旦发生，其带来的损失将是巨大的。如 2008 年席卷包括山江湖区在内的我国南方大面积冰冻灾害，对山场的影响就是代表性案例。这场冰冻灾害概率极小，山场林木大部分受损。再如，三江源区牧民的培训就业转产，倘若受区内甚至区外经济环境的影响，牧民转产就业收益萎缩或收益改善不明显等，都将会影响或动摇牧民对刚刚仅能接受的就业转产的可依赖性的认识，甚至对生态移民产生怀疑，返牧念头也会油然而生。当然，如果农牧民采取了合适的参与行为措施，小概率外部不经济性损失不会降低，为此，生态建设开展后必须分析农民行为与小概率事件间的关系(主要是很少发生的、灾难性的)，以便为适应性政策的调整提供科学依据，为农民行为的优化提供实证依据。

山江湖区冰冻灾害对林木的影响深度属收益行为调整和管理投入驱动的小概率外部不经济性。详细分析，虽然认为冰冻灾害是天灾(百年不遇)，但其造成的损失与农民的收益、认识和投入等行为的转换有一定关系，如“铲山”、“低改”及山腰以上种植湿地松等。当问及“您村的冰冻灾害对林业的影响与那些因素有关，且关系如何”时，尽管大部分受访农民认为，冰冻灾害的受损程度与海拔、坡向、风向、林龄等有关，如 96.22%的感觉海拔越高受损越严重，北坡较南坡严重(40.24%)，迎风坡强于背风坡(21.51%)，中林龄较严重(15.14%)等，但是，仍分别有 21.91%和 10.96%的农民认为割脂后的湿地松受损较为严重，“铲山”、“低改”后土层较松、易于翻蔸(图 6-9)。不同地貌和县(市)间的农民感知，与区域资源禀赋格局及其农民行为的投入有很大关系，如割脂与湿地松、土层疏松与毛竹和油茶的“铲山”、“低改”等的分布，而关于它们间的受损发生也很清楚。割脂、“铲山”、“低改”等都是收益行为调整后的投入行为，其对受灾损失的影响通过改变林木的生理过程、林下植被的结构和土壤疏松的程度等，影响冰冻灾害的作用程度，下面分别对此进行详细分析。

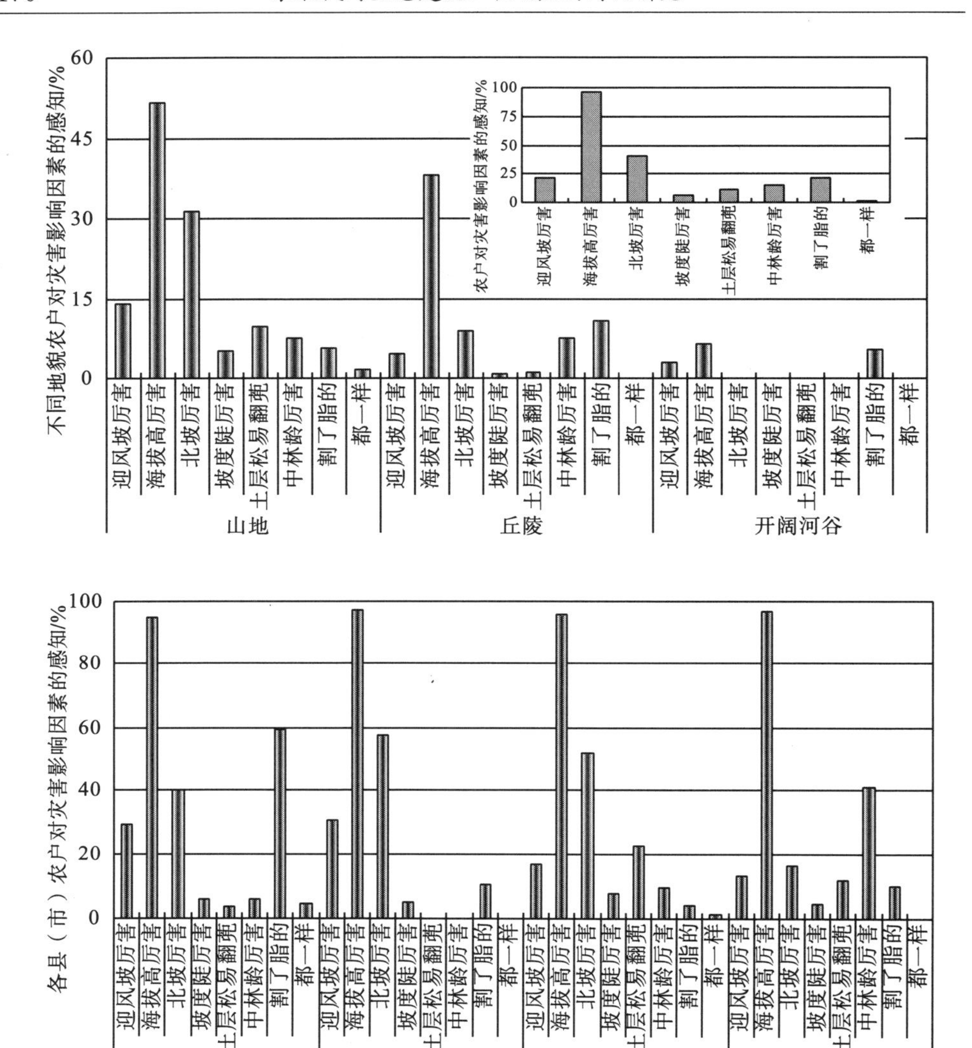

图 6-9　山江湖样区农民对冰冻灾害影响因素的感知

外来树种受损严重，乡土树种相对较轻，属收益后在树种选择上的小概率外部不经济性。针对“乡土树种好，还是外来树种好”的回答，尽管大部分农民认为，由于冰冻持续的时间较长，且经常下冻雨，外来树种和乡土树种受损一样，达受访农民的60.63％(图6-10)，但仍有35.37％的受访农民回答外来树种较乡土树种受损严重，甚至包括山区也仍有13.26％的农民持这一看法。不同地貌和县(市)间的这一认识，与外来树种的分布是一致的(图4-3)，如丘陵高于山区，泰和县多于其他三县(市)。湿地松生长较快，木质嫩脆，抗灾能力差，受损后再生能力较差，而马尾松和杉木则木质坚硬，枝条相对柔韧，受损后再生能力较强。湿地松的这一生物特性决定冰冻灾害时，其受损的程度较马尾松和杉木严重，且恢复能力也较差。外来树种生态适应性能力差，乡土树种则较强，这也即是收益行为调整在树种选择上的小概率外部不经济性。

种植或管理的纯林受损较混交林严重，属收益后在造林结构上的小概率外部不经济性。在问及“抗御冰冻灾害方面纯林好，还是混交林好”问题时，约10.74%的受访农民认为纯林受损较混交林严重(图 6-10)。纯林一方面在种植时

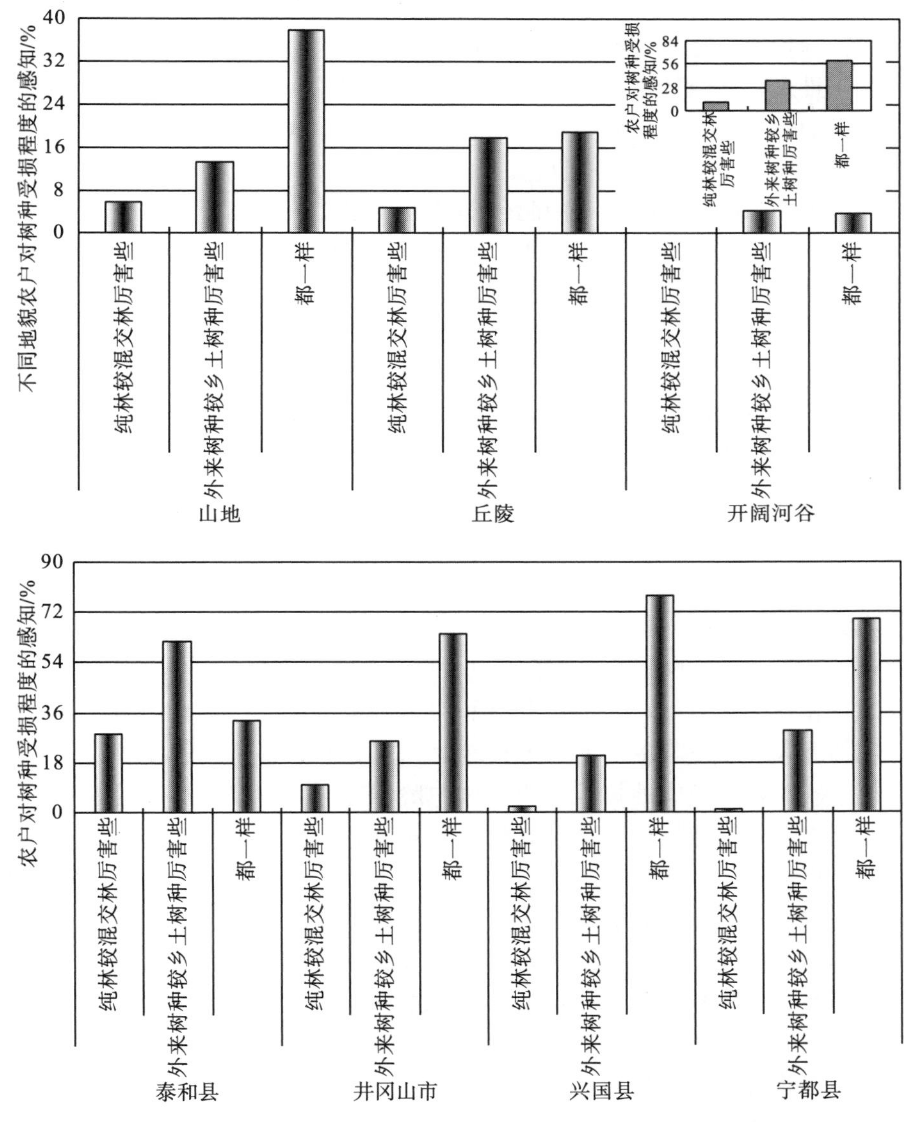

图 6-10　山江湖样区农民对树种选择与冰冻灾害间关系的感知

就选择了造林结构(4.4.1 节)，如一座山仅栽一种树，生态系统结构过于单一，这样在冰冻灾害时即缺乏其他树种间的支撑与遮挡，受损严重；而另一方面则是林木种植后，在成长过程中，进行清理、“铲山”等管理与经营行为投入，如毛竹、湿地松和油茶等，致使林下植被也就很少存在，冰冻时来自林下的支撑自然也就不会有。而混交林则林下支撑或遮挡较好，冰冻时，不同树种之间有一定的依靠作用，受损相对较轻，这也即是收益行为调整在造林结构上的小概率外部不经济性。当然，农民选择种植纯林而不选择混交林的原因主要在于：不同树种的种植与经营管理的时间、措施差异较大，如种混交林则需要频繁的经营管理投入，而纯林则仅需相对集中的时间和相对一致的经营管理措施，而且，成材的时间也基本一致，不需要频繁地展开择伐，即减少山场造林与管理的工作量，最大限度提高林业收益。

湿地松割脂树龄、胸径和割脂创伤范围决定受损程度，属在收益行为上的小概率外部不经济性。大风、大雪、大水等对湿地松的危害，都可能发生在割脂处，而且，现在的湿地松割脂大多承包给公司进行，农民只要把山场的湿地松按每棵多少钱给公司，即可拿到现金收益，而农民又可将由此节省下来的时间从事其他收益更高的非农产业，从而获得较为丰厚的收入。但是，对于承包公司来说，为追求最大的经济收益，大多割脂树龄小，且割脂工作人员培训力度不够，致使割脂欠规范，胸径大。通常情况下，规定湿地松 18～20 cm 才割脂(约长 13 年)，但如图 5-22 可知，承包商一般 12～14 cm 都割脂了(约 8～12 年)，而有的甚至还不到 8 年就开始了，即林木未成林(太小了)都割脂了。

另外，对“湿地松脂割范围是多少”的回答，58.72%的受访农民认为割脂创伤面大，一般割脂创伤超过林木周长的 1/3～2/3，且 30.28%的农民感觉有些都超过了 2/3，也有的是随意割脂(图 6-11)。不同地貌间，割脂创伤超过 2/3 的主要出现在开阔河谷区，尤以泰和县和兴国县最为突出。因此，由于割脂树龄小、创伤面大，致使割脂了的湿地松在冰冻灾害时大多都受损了，且均从割脂处受损。同时，割了脂的树虽然小，属中龄，这样，枝杈伸展较远，大雪时承受压力能力较小，受损严重，且易折干和冠，而小湿地松枝杈伸展较窄，受力较小，受损较少。加之在割脂处很易发生病虫害，这更加重了冰冻灾害时的受损程度。这与上述分析的中龄林木受损严重的结果是一致的(图 6-9)。可看出，湿地松割脂的小概率外部不经济性体现为割脂的冰冻受损更为严重。当然，湿地松割脂允许死亡率为 5%～6%，不得超过 7%，同时，因割脂死亡，公司要赔偿，但割脂商年年换，就是割死了树，也找不到人赔。受经济利益驱动的收益行为调整，使得湿地松割脂日渐趋小，割脂的冰冻受损更为严重便是收益行调整上的小概率外部不经济性。

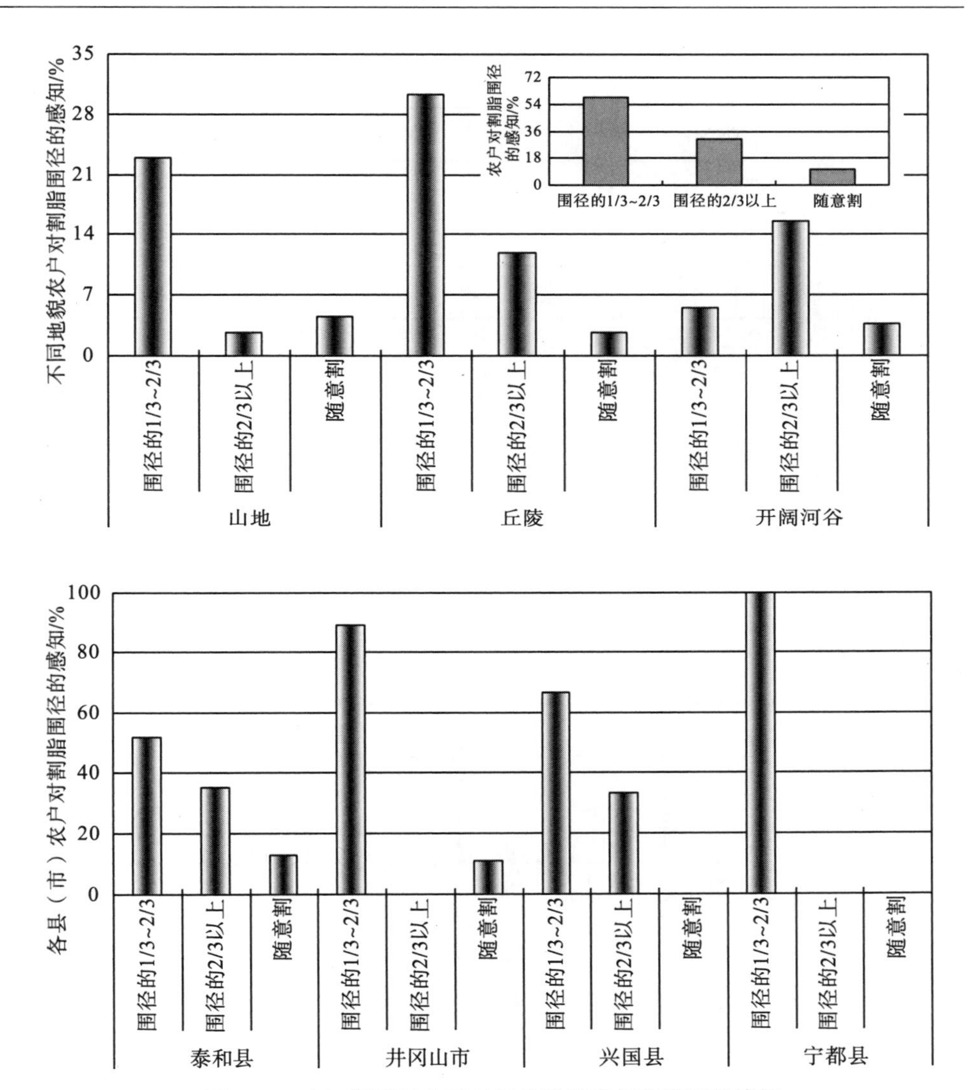

图 6-11　山江湖梓区农民对湿地松割脂创伤范围的感知

山场垦扶、清理和“低改”后冰冻时受损更为严重，属在管理投入上的小概率外部不经济性。虽然 66.34％的受访农民认为，冰冻灾害与山场管理间没有什么关系，管理不管理受损一样，但是，仍分别有 30.27％、27.12％和 9.93％的回答山场垦扶、清理、“低改”因减少了林下植被的支撑，松动了表土，雨雪天气时，降水易于就地入渗，植被长势好且嫩、脆，易诱发较为严重的灾害损失(图 6-12)。在缺少林下植被支撑时，如毛竹、油茶“低改”，马尾松和杉木清理、“铲山”后，冰冻灾害时，林木易干折和冠折，而且，这些管理也松动了表层土壤，使冰冻时的融水易于入渗，在相同的压力作用下，更易于翻蔸。另外，

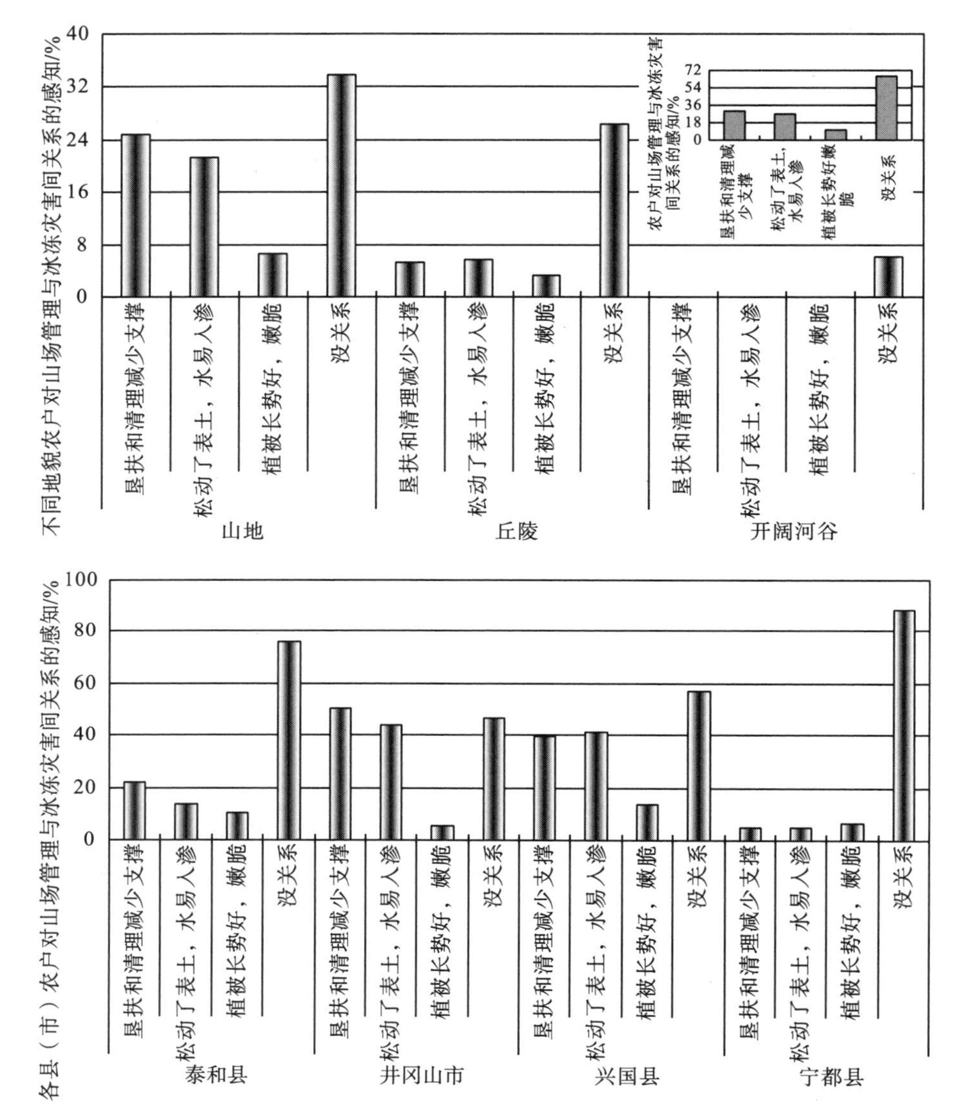

图 6-12　山江湖样区农民对山场垦扶、清理与冰冻灾害间关系的感知

管理的投入改良了土壤特性，减少了杂灌对水、肥的利用，促使毛竹、油茶、马尾松、杉木等的快速生长，这样，林木生长较快，枝条嫩、脆，易于折断受损(折干、折冠)。但管理投入对冰冻灾害受损的指示，以井冈山市和兴国县的山区最为明显，因为，这里的农民通常要对自己的山场进行管理，当然，对这次灾害所带来的与管理有关的损失也更为清楚，而收益形态调整后，管理行为投入的小概率外部不经济性也就体现于此。可以说，山场经营管理带来三大方面的变化：林木长势快且脆、森林生态系统单一和表层土壤疏松易入渗，在很

大程度上对冰冻灾害时的受损程度有一定的推动作用，进而促使小概率外部不经济性更为严重。

三江源区牧民就业转产的小概率外部不经济性来源于其缺乏依托的根源和本身脆弱的、经不起外来经济扰动的牧业经济实体。移民前，源区牧业生产常是游牧为主的、传统的单一牧民生产实体，牧业经济虽然也受外来人口、经济等的影响或作用，但相对较小，当然，每年牧业收入(如肉、奶、毛、皮等)也仅是满足自家的生活需求，经济相对薄弱，很少发生商品交换(甚至物物之间)，这也使得移民后的就业转产缺乏经济依托。但是，移民后，在将收益行为向就业转产进行转移时，不可避免地会遇到一些问题，其中最重要的是如何解决薄弱经济实体下，经济萧条带来的转产就业牧民的返牧问题，这也即是转产就业所可能产生的小概率外部不经济性。

转产就业已被牧民慢慢接受，但牧民仍会对就业转产后收益的不确定性产生一定的怀疑，如倘若外部经济环境较差或引进企业效益不好，牧民是否能够保住和放牧牧畜一样的收益(包括国家 10 年每年安置费用)，如果这一问题能够很好解决，那么牧民不会也不可能返牧，否则，外部经济环变差后或引进企业的后劲不足，转产牧民失业或半失业状态，而且，牧民的风险防范意识较低，抗风险能力也较差。这样，牧民肯定会对转产就业产生怀疑或排斥，而当国家补助不能满足牧民生活需要时，哪怕 10 年，牧民的转产就业仍无出路，返牧现象也就不可避免。三江源区牧民转产就业必须考虑这一由外部经济环境或引进企业状况驱动的可能发生的小概率外部不经济性。

对比农牧民行为调整的小概率外部不经济性可发现，山江湖区农民参与响应的行为调整带来的小概率外部不经济性，受林业发展的弱质性决定，即与气候劣变有直接联系，如 2008 年的冰冻灾害等，而三江源区牧民行为调整导致的外部不经济性则受外部经济环境或引进产业状况的影响。山江湖区体现为气候变化的驱动，具有不可抗拒性，但前期管理行为的调整，一定程度上可以相对减轻灾害损失，而三江源区则展现为社会经济的影响，有一定的可调控性。而且，在遇到小概率外部不经济时，前者受经济利益追求的驱动，参与行为的调整仍然会坚持，如选择湿地松，油茶、毛竹的“铲山”、清理或“低改”等，而后者则往往会放弃，并很快从事其传统的牧业形式，如由转产的职业转为原先的游牧、挖虫草等，但是，如果以后再想把牧民迁出，并进行转产，那根本就是很不可能的事。另外，山江湖区农民的抗灾害风险能力较强，一次极端气候的影响，农民也仅把它看为天灾(极端)，并认为如不进行行为的调整，多年的损失累计比极端气候带来的还要严重，而三江源区的抗风险能力几乎不存在，而且，当遇到问题时，牧民只会等着政府来解决，基本的适应能力都没有。

6.3 小 结

在农牧民参与政府主导的生态建设工程初期，山江湖区农民行为的外部不经济性易于调整，三江源区的则很难受控调节。但是，在农牧民获得收益后，参与行为也随之发生调整，而由其所有发的外部不经济性，在山江湖区被明显显现，但在三江源区至今仍尚未出现。

(1)山江湖区农民行为的外部不经济性易于调整，而三江源区的则很难受控调节。山江湖区参与行为的直接外部不经济性有些是不可避免的，如遮阴、野猪多、病虫害多等，有些较容易调整，如规范“低改”、减少清山、禁止炼山及优化造林结构等。而三江源区的牧民留畜、产权调整等的直接外部不经济性则很难调整，它是现有政策与宗教习俗框架耦合的结果，合适政策的调整必须从传统的宗教文化入手，结合以草定畜，调整补偿政策，开展生态移民。

山江湖区参与行为的潜在外部不经济性主要受外生变量所驱动，如外出务工与野猪繁衍和火灾发生、农民捕蛇与鼠害毁林等的关系，易于借助适应性政策的调整给予外部不经济性内部化。虽然三江源区畜群结构、成年母畜比例等也受草地退化的胁迫，但它们与草地退化间的内生性关系较强，且因其内生于宗教习俗，又受草地退化的驱动，受控调节的难度较大。

(2)山江湖区农民行为转换的外部经济性明显显现，而三江源区的尚未显现。山江湖区农民对收益后行为转换所诱发的大概率外部不经济性有更为清醒的认识，且能对自己管理投入的科学性展开定性评价，并有意识地通过适应性行为的调整予以减少。而三江源区牧民转产就业的大概率外部不经济性可借助牧民间的文化、能力、习俗等差异，形成收入差距，进而产生牧民对现有政策的误解(即把安稳和致富的责任归于政府)，易产生返牧现象。

山江湖区农民参与行为调整带来的小概率外部不经济性，受林业发展的弱质性决定，体现为气候变化的驱动，具有不可抗拒性，但前期管理行为的调整，一定程度上可以相对减轻灾害损失。而三江源区由牧民行为调整导致的外部不经济性则受外部经济环境或引进产业状况的影响，有一定的可调控性，但因牧民的抗风险能力较差，遇到小概率事件，牧民就会放弃转产转为传统牧业形式。

第 7 章　农牧民参与响应的适应性自觉行为调整

基于农牧民对政府主导的生态建设工程的响应及参与收益后的农牧民行为的自发调整的分析，我们认为，要想实现对生态系统的宏观调控，达到重建与恢复的目的，仅有对这些的认识还不够，还必须在认识被动参与响应、主动自发调整等存在问题的情况下，进行农牧民参与响应的适应性自觉行为调整。农牧民的被动响应虽然也促进了生态建设工程的建设，并取得一定成效，但也带来一定程度的外部不经济性的发生，如山江湖区山场造林后的遮阴、野猪多、病虫害多等，以及“低改”、清山、炼山诱发的水土流失、火灾等，三江源区的牧民牲畜结构及性别的调整带来的局地草地退化趋于严重、牧民经济受损等。而且，农牧民自发行为的调整也会产生一定的外部不经济性，如山江湖区水土流失、冰冻灾害时的受损程度等，三江源区参与生态移民的牧民转产就业的收入差距、收益萎缩或改善不明显等驱使的牧民返牧。但是，这些外部不经济性有些是不能避免的，或很难调整，而有些又是可以调整的，有些是以大概率形式经常出现，而有些又是以小概率形式多年不遇。针对不同外部不经济性的特点，本书拟通过对农牧民参与行为面临新问题的认识进行分析，制定农牧民参与响应的适应性自觉行为调整框架，在此基础上，具体分析如何进行自觉性行为的调整？并识别调整后的风险规避策略。结果有助于为未来制定山江湖区和三江源区农牧民自觉参与政府主导生态建设工程的行为响应框架提供科学依据，并为其他类似工程的农牧民参与提供借鉴。

7.1　农牧民参与行为面临新问题认识

伴随生态工程的深入、农牧民参与收益后的认识及行为响应、新的外部环境的变化等，农牧民参与行为也必定面临新的问题，如外部政策环境变化提供的有利机遇及挑战，本身参与行为存在的问题及其在新环境下的可能劣变等。新的政策机遇可为生态工程的进一步深入提供良好的政策支撑，如 2004 年山江湖区实行的山场林业使用权改革，2005 年三江源区提高整体牧民迁移补助标准并延长到 10 年等，新的挑战也是农民适应性参与行为调整所必须经历的考验，对进一步生态建设成效的取得具有决定意义。参与行为存在问题及上述所论述的外部不经济性，即是适应性自觉行为调整所面临的问题，而新环境下，它们是劣变所必须关注的。

7.1.1 新外部政策环境变化

新的外部政策环境的变化在一定程度上有助于农牧民参与政府主导生态建设工程积极性的提高，但是，面对新的政策环境，农牧民在将其运用到生态建设后也必然会对它的有利与不足的一面进行理解与认识，如部分政策环境定会给农牧民带来好的收益，而部分政策环境则对农牧民的部分参与行为进行调整，在一定程度上会影响农牧民收益的提高，或者对农牧民的部分参与行为产生限制或约束作用。在这方面，农牧民是最有发言权的，因为他们既是新政策的践行者，也是生态建设的最直接的参与者。可以说，新的政策环境的变化离不开农牧民的参与感知，而且更是基于农牧民已有行为、已产生的生态和生产状况出台的适应生态恢复与生活福祉提高的政策环境。因此，要分析农牧民参与响应的适应性自觉行为调整，必须首先认识新的政策环境的变化。

2004 年的山场林业经营使用权改革，成为山江湖区新政策的最大亮点。96.46%的受访农民都已拿到林权证，且发证集中于 2006 和 2007 年。而当问及“您认为山场林业经营使用权改革后有哪些好处呢，对您生产的积极性有影响吗”时，96.65%的受访农民认为，明确林业经营使用权后，山场界线明确，给农民在法律上吃了一颗定心丸，进一步明确了山场林业的使用权，49.61%和49.41%的受访农民感觉投入也放心，收益也是自行支配，但是，也有 1.18%的受访农民认为山场使用年限也得以延长(图 7-1)。上述农民的回答，可以看出其对山场使用权改革认识的非常清楚。但不同地貌间以山地和丘陵区农民的感觉最为明显，且山地还要强于丘陵，特别是界线、收益与投入等，不同县(市)间的差异不明显。更为重要的，伴随“三权抵押”的开启，山场林业经营使用权可流转、抵押贷款等，农民能更加灵活地使用山场林业经营使用权提高家庭收入、改善家庭资金状况等，而且，也为农民间的合办山场提供便捷通道。

如前所述，山场林业经营使用权归谁所有在很大程度上决定农民参与山场造林、经营管理等的积极性，决定参与后的收益归谁问题，也左右不同利益主体间的冲突发生的频繁程度。山场林业经营使用权归农民所有后，产权决定收益，进而决定投入，从而促使农民对山场生态建设的投入积极性就会大大提高，也大大降低了不同利益主体间冲突发生的可能。而且，山区农民的认识强于丘陵区，主要源于山场林业收入在家庭收入的比重所控制，山区人均耕地面积较少，且耕地的质量较丘陵区差，这样，山区农民对山场的依赖较丘陵区强(靠山吃山)，从而促使山区农民对林业经营使用权改革的期待，以及对改革后所可能给他们带来的益处也较为清楚。

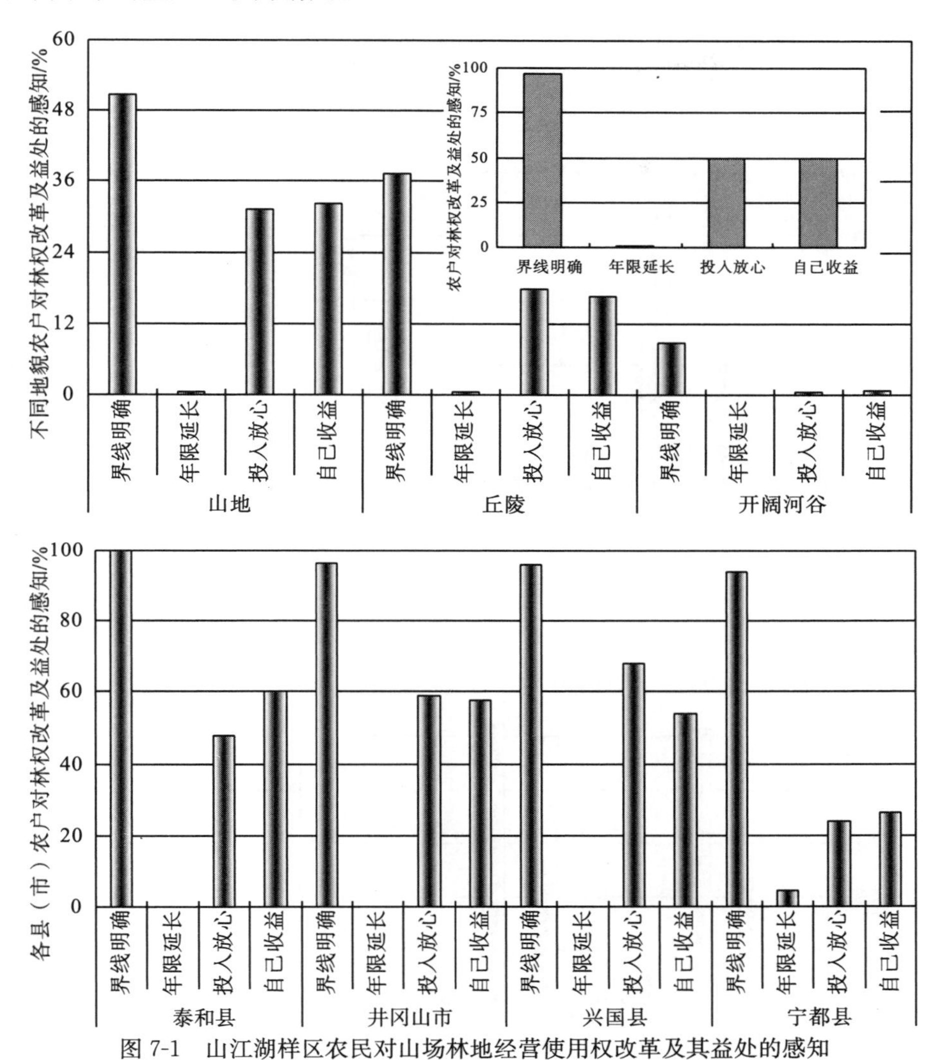

图 7-1　山江湖样区农民对山场林地经营使用权改革及其益处的感知

林业经营使用权后，农民经营山场的积极性得到了提高。对问题“拥有林业生产使用权后，您是如何经营您的山场的”的回答，虽然 74.21％的受访农民认为，由于农村大量劳动力外出务工，从事收益较高的非农产业，导致对山场的依赖和扰动大大降低，这样，在家留守劳动力对山场的管理也仅限于防偷、防乱砍滥伐等，以至于以前所进行的“低改”维护相对减少多了，从而有助于山场生态环境的恢复。但是，仍有 31.60％的受访农民回答要自行种树，自行“铲山”的也有 8.86％(图 7-2)。农民通常认为，自己的东西不会乱砍，集体的就可以乱来，山场林业经营使用权改革前(林权到户)，山场乱砍滥伐现象较多，而发证后，不但自己不会乱砍，而且还要监督、防偷等。可见，林业经营使用权还有助于提高农民对山场林木的保护自觉性，即是私有产权优越于公共产权重要方面之一。不同地貌间，防偷、乱砍和自行种树主要发生在山地区域，这与山区农民的生活靠山有很大关系。

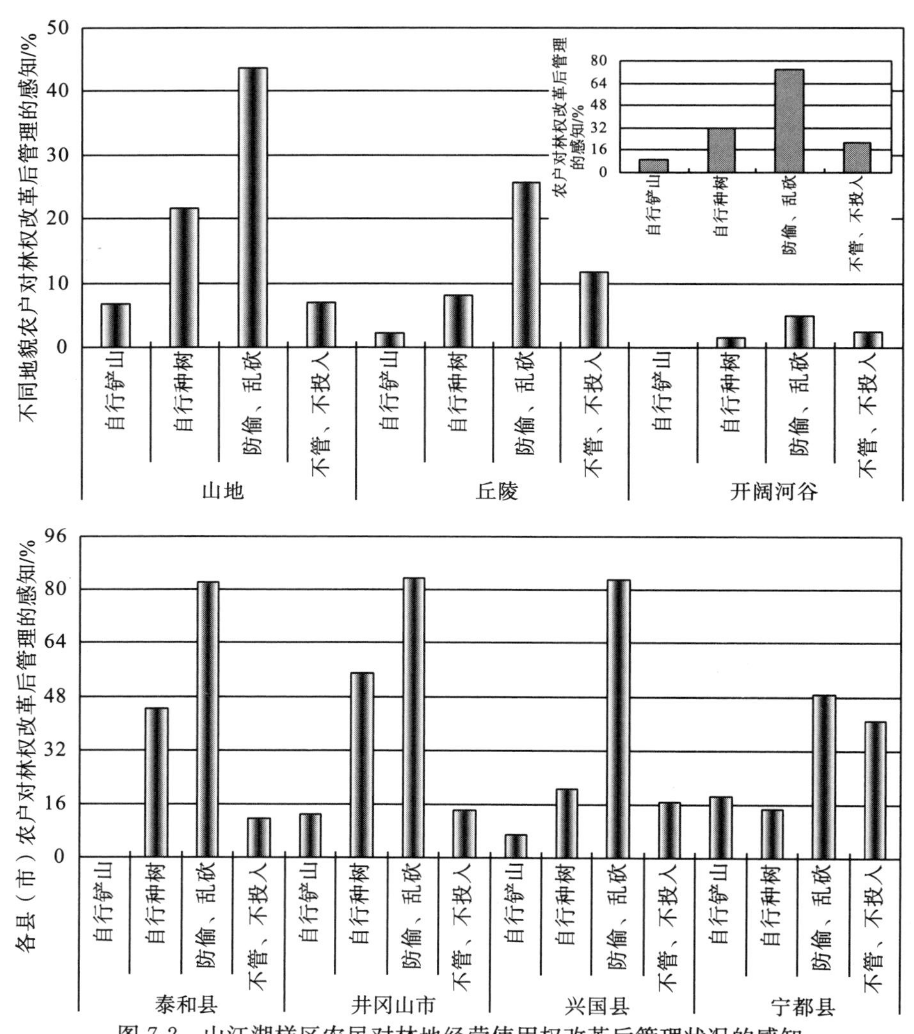

图 7-2 山江湖样区农民对林地经营使用权改革后管理状况的感知

山区生活靠山，当然对山场的变化比较关注，如山场林业经营使用权是谁的，怎么投入，如何管理，收益谁来享有等。丘陵区虽然也主要防偷，但由于部分山场没有收益，如荒山、荒坡等土壤浅薄，林木长势较差，农民基本不会对这部分山场进行投入和管理，或即使山场林木长势较好(成材)，但农民没有收益的话(主要归村集体经济组织所以)，农民也不投入和管理，甚至在山场利益分配欠均衡的驱动下，农民还会做出有损于山场生态建设和恢复的极端行为，如偷砍、乱砍滥伐等。不同县(市)间，泰和县和井冈山市农民的感触较深，对山场林业经营使用权改革的好处也体会较深，如自行种树、防偷、乱砍等，兴国县则主要以防偷和乱砍为主。

林业经营使用权在很大程度上增加了农民的山场收益(尤其是未来的潜在收益部分)。虽然 47.83%的受访农民回答，林业经营使用权并未给其家庭经济收入带来可以感触的明显增长，但仍有 34.25%的认为，收入在林业经营使用权后有一定程度的提高(图 7-3)。林业生产的见效相对较慢，从栽树到成材一般均需

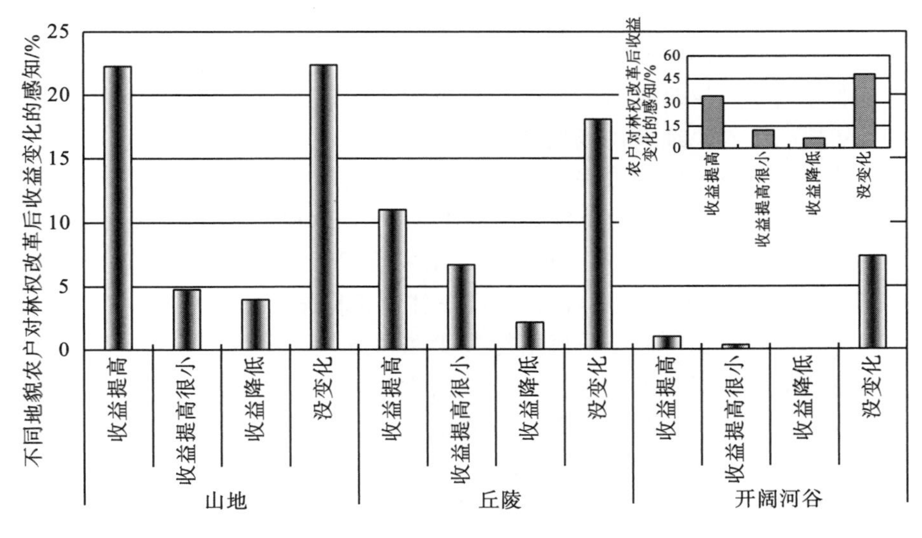

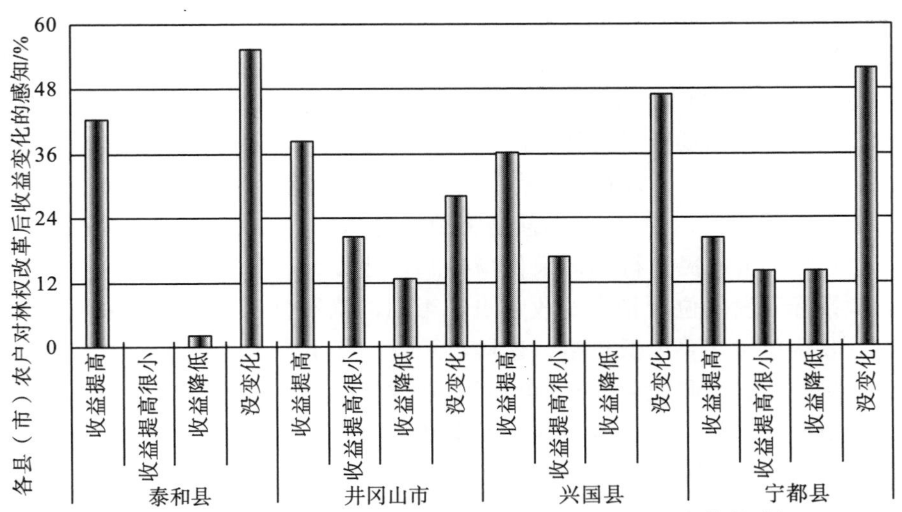

图 7-3　山江湖样区农民对林地经营使用权改革后收益变化的感知

10 多年的时间(就是种植生长较快的湿地松也需要至少 6～8 年，才能看到未来收益增加的态势)，而 2004 年国家出台林业经营使用权改革政策，2005 年地方制定实施方案并动员，2006 年开始统计，调查摸底，并和 2007 年一起集中发证。可见，林业经营使用权的时间距今较短，当然，从山场获得的家庭收益没有多大变化仍是意料之中的事，但是，林业经营使用权给农民带来山场林业资源使用权的再分配，而在此基础上的界线明晰和收益归自己所有，为未来农民获得山场增产收益提供了产权基础和法律保障，从而促使投入积极性提高。不同地貌间，明确山区农民林业经营使用权后的收益提高较为明显，约 22.24%的受访农民有这一认识，而不同县(市)间的这一提高主要出现在泰和县和井冈山市。产生上述分异的原因与林业经营使用权对农民经营积极性的是一致的。

林业经营使用权改革后，采伐指标买卖和超标采伐迅速增加。林业经营使用权虽然提高了农民经营山场的积极性，但由于规范了林木采伐程序和实施年度采伐计划，具体分解到农民、国有林场或公司(企业)时就需要实行指标采伐和采伐作业设计。按规定农民每使用或砍伐 1 m^3 木材的指标，需上缴纳管理费用 70 多元，这样，就会激发一些人，利用采伐指标来索取农民的部分山场收益(即剥夺农民的部分山场收益)，如乡(镇)林业工作站、木材商等。34.84%的受访农民认为，其所在村存在采伐指标买卖和超方(标)采伐现象(图 7-4)。当然，从某种意义上讲，实施采伐年度计划和按指标采伐在很大程度上有助于规范山场林木的采伐行为(按指标管理)，对降低或减少乱砍滥伐有重要作用，尤其是降低农民因采伐中幼龄林而带来的山场生态环境退化的问题的发生率。

采伐指标买卖主要发生于以下情况：一般农民办不下来采伐指标，虽然自己山场有成材的林木，而只有有些“有关系”的农民或地方官员才能搞到采伐指标，但是，他们山场上并没有成材的林木或不够办下来指标的数量(方数)，甚至他们根本就没有山场经营，这时，他们就会通过收取一定的费用，将采伐指标转卖给其他山场有成材林木的农民。而超方(标)采伐则主要指采伐的数量(方数)超过采伐指标下发数量，有的办下来的采伐指标为 10 m^3，而实际采伐时则可能超方采伐到 30 m^3，有的甚至将山场林木胸径在 5～10 cm 的都砍掉。当然，也存在部分农民自行办理采伐指标和作业设计，但这时砍下的木材必须卖给采伐指标下发单位所指定的收购点，否则，就不会下发给农民采伐指标，而指定的收购单位又要压低价格，这样，采伐指标下发单位就可从中获得农民的部分山场收益。不同地貌和县(市)间，采伐指标的买卖和超方采伐，主要发生在井冈山市和宁都县的丘陵山区，而泰和县和兴国县发生较少，这与泰和县的山场管理规范和兴国县的山场大多没有收益有很大关系。

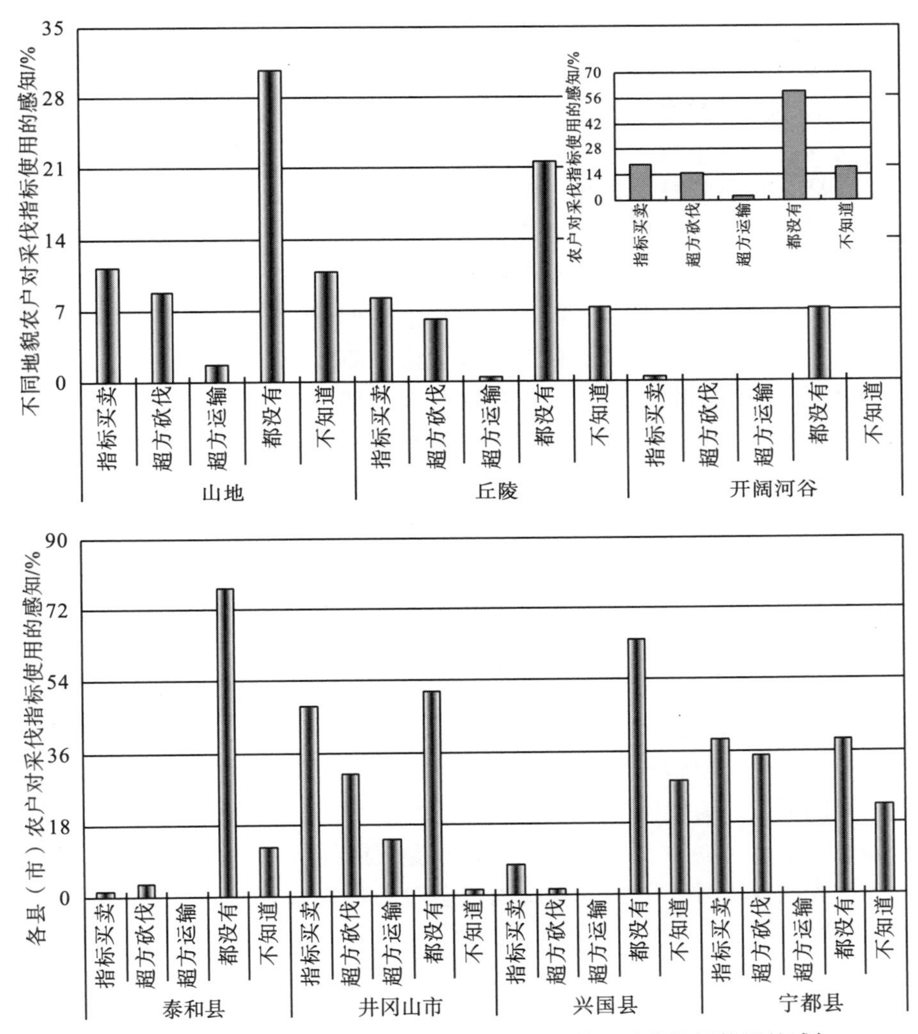

图 7-4　山江湖样区农民对林业经营使用权改革后采伐指标使用的感知

采伐指标买卖主要源于不同利益主体对农民山场收益分配的博弈，除需要按规定收取的管理费外，其他所产生的费用都是对农民山场收益的剥夺，尤其是农民自己办不到指标或具体办理时需要很长时间，以及不知道如何办理，都是目前所提出的服务性政府所不应该出现的现象。当然，这也为部分人从中牟利提供了空间。可以说，采伐指标的买卖在很大程度上增加了农民负担，剥夺了农民的部分山场收益。但是，在采伐指标超过山场所有成材林木方数时，受短期经济利益的驱动，为不浪费或不让指标剩余，就会将山场未达到采伐胸径要求的林木伐掉，从而对山场生态环境造成较大影响，即不该采伐的伐了，山场林木会在短时间内迅速减少，对整个生态系统有一定程度影响。比较对农民利益的剥夺，采伐指标的买卖主要是增加了农民山场经营的负担。

超方采伐主要包括两个方面：采伐的都是成材林木，超方是为了减少管理费的缴纳；本来山场成材的林木是有限的，而超方则就会将未成材的林木采伐掉；超方采伐违反采伐规定，应该被禁止，而且还有可能会造成很大的生态问题，因为将未成材的林木砍掉，有时将一座山的未成材林木全部砍掉，很大程度上破坏了山场生态环境，大大降低了山场生态系统完整性，严重时可能诱发严重的水土流失、滑坡、塌方等生态问题。

林业经营使用权改革后，部分农民感觉办理采伐指标的难度较以前更大了。改革前，采伐作业指标通常由林木经营公司或商贩统一承办，它们对办理程序较为清楚(文化程度也较高)，知道找那些业务部门，而且具体怎么操作也很熟悉，这样办理、审批均较快。改革后，即使有部分采伐指标由农民自行办理，但办理过程中，会遇到很多自己没有想到的麻烦，如办理只知道程序、找不到相关部门等，使得采伐指标办理效率太低、速度慢，这在很大程度上影响农民从山场获得收益的时间，增加了经营山场的难度和成本，当然，也为部分人投机指标买卖提供了土壤和条件，滋生并助长了投机行为的进一步泛滥。部分人很容易从中发现商机，索取农民的部分山场收益。对于这一问题，可以从简化采伐指标办理程序，并实施采伐证、林权证、造林作业方案等齐全时才能办理，缺一不可，根除采伐指标买卖发生的土壤。

林业经营使用权到户后也存在农民自行乱砍滥伐现象的发生。山场林业经营使用权的下发，为农民带来的最大误区就是他们通通常认为山场就是自己的，可以随便处置。访谈中发现最多的就是，受短期经济利益的驱动，农民将自己的山场砍光或变卖后外出务工，而也不会对山场再追加投入。图 7-5 表明，对“林业经营使用权后，短期经济利益驱动下，您村乱砍滥伐现象发生多吗”的回答，虽然 64.96%的受访农民认为林业经营使用权后很少会发生乱砍滥伐现象，而即使有也是别人所为(32.87%)，即偷砍，但是仍有 19.49%的受访农民认为有部分农民自行乱砍滥伐，并认为在使用权属于村集体经济组织所有时，还有人去制止乱砍行为，而林权到户后，都属于自己家的了，随便怎么处理，也没人去管。不同地貌和县(市)间的自行乱砍行为，大多出现在井冈山市和宁都县的山地丘陵区。

有一部分农民，一方面他们并不依靠山场收益，有其他的稳定收入来源，且林业经营使用权时分到的山场长期不成材，从而断绝了未来从山场获得林业收入的念头；另一方面他们打算将自家的山场流转出去，而山场的附属林木在流转的时候又折不上价，从而促使他们就将其全部砍掉，分类后再出售。而且，也存在部分山场在流转前，由于山场已有林木长势较差(多以杂灌为主)，不管在树种要求还是造林规格都与转入方的要求有很大差距，这样，转入方转入后要重新选择树种进行再造林，为便于造林作业及造林后管理，并不会对苗木的生长产生不利影响，转入方就会要求转出方在流转前把山场所有的林木全部砍掉，以此为流转是否发生及流转价格谈判的先决条件。不管对于哪一种原因，农民自行乱砍滥伐都会对山场生态环境产生较大不利影响。对此，需要制定相应政策予以禁止，并对乱砍滥伐的农民处以较为严重的处罚，以利于山场生态保护。

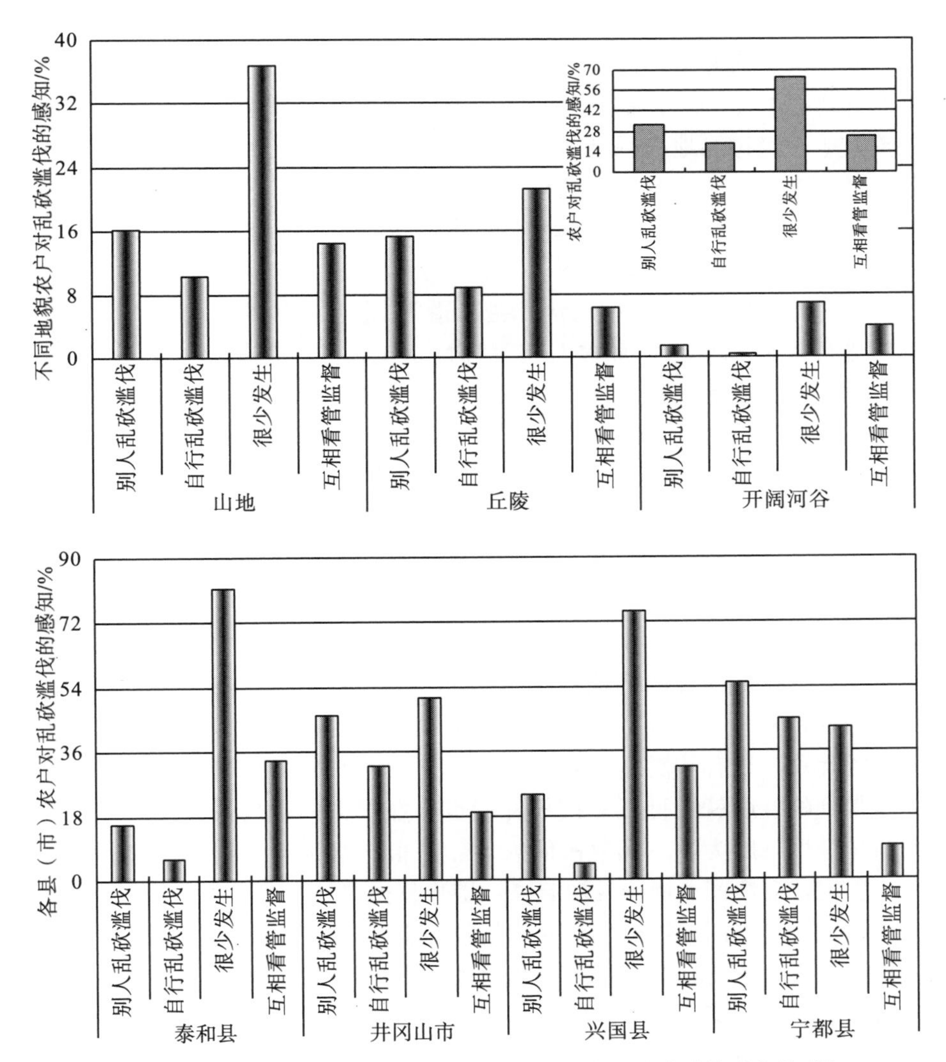

图 7-5　山江湖样区农民对林业经营使用权改革后乱砍滥伐现象的感知

交通便捷对山区的发展既有好处，也有坏处。近年来，山江湖区山场交通环境获得很大的发展，通往乡(镇)或村级的各级路网已基本形成，大大促进了当地的经济发展与人们生活福祉的提高。但是，天然林保护的好坏与交通便捷程度有很大关系，宁都县田埠乡金钱坝村原来不通公路，天然林保护较好。如当地农民所说，如果当时通了公路，山上的林子也会被砍光的，而因没有公路，砍了也运不走，所以保持较好，即“路通到哪里，就会被开发到哪里”。可以说，山区路网的通达性对山场林木有重要影响，有时成为山场生态环境受损的主要驱动因素之一。当然，这也与我们通常所说的，在交通路网很差的情况下，山场植被保存较好是一致的，反之亦然。

伴随山区交通环境的改善，人为扰动的强度和频度向纵深发展，这样，山场生态环境也会受到一定的扰动，尤其是在局地与乱砍滥伐有关的生态环境问题频繁发生，经过局地向区域放大后会诱发较为严重的生态问题。如由最初的点状扰动逐渐演化为串珠状，再演化为斑块状、带状等，从而促使山场植被生态系统完整性降低，甚至转化为农田或其他类型生态系统，致使水土流失加剧，局地会有滑坡、塌方出现，下雨时，有大量黄泥冲向山下去。而且，交通路网的建设本身(路基、路肩、排水沟、错车道等)也会占用部分山场林木，对原有的地貌进行改造和重塑，常常引起工程性水土流失、滑坡、塌方等生态问题，这也即是山场水土流失和地质灾害发生的主要驱动因素之一。像泰和县老营盘林业站的工作人员对此也有深刻认识，由于以前很多地方没通路，山区植被保护较好，河水清澈，现在很多道路都通了，人为干扰较大，雨季河水较浑。

提高安置补偿费、延长补偿年限成为三江源区针对牧民参与生态移民促使草场“减压”的政策变化。基于牧民的生态移民和以草定畜响应，如 5.1.1 节所述，三江源区于 2005 年制定了两项特殊政策：移民饲料粮补助年限延长至 10 年；围栏建设费也提高到 375 元/hm^2。这一政策的调整主要源于牧民生活必需品价格的提升，如粮食的运输费用就超过了其市场价，而肉、奶的价格也在上涨等，为此，对项目县实施以生活补助代饲料粮补助策略。但是，按照陈洁(2008)的计算，现有补偿标准偏低，还不及一般牧民生活开支的 1/3，而零散搬迁户所得到的补助就更低了；按户补偿也存在很大的不公平性，严重影响牧民的参与积极性，因为，不同牧民间人口、牲畜、草场面积差异较大；牧民转产就业不稳定，后续产业尚未发展起来；游牧牧民户没有纳入生态补偿的范围。

可以说，一方面补偿标准和补偿年限要有助于草场的真正“减压”，提高牧民的积极参与，为此，必须提高补偿标准并延长补偿年限，即牧民搬迁与否取决于搬迁后的牧民家庭的收入不低于在草场上从事牧业的收入水平，并获得较好的生存与发展机会。否则，就不可能有大量的牧民参与生态移民，且已经参与移民的牧民也存在很大的不稳定性，很易重新返牧。另一方面牧民移民搬迁进入城镇后，不再从事原有牧业生产，需要重新建立稳定可靠的生计来源渠道以满足牧民原有生活方式对肉、奶、毛、皮等的需求，而因牧民本身语言、文化、习俗等的限制，必须先对其进行技能培训才能转产就业，而鉴于现有产业本身发展后劲、外部环境等都存在很大的波动性，移出的牧民缺乏安全感时常发生。如果移民后的转产就业不能解决牧民的生活需求，返牧肯定会成为他们的首选。当然，牧民的返牧会重新从事牧业生产，会给草场带来较以前还大的载畜压力，诱发更为严重的草场退化，且治理或恢复的难度就更大了，即不可能再将返牧的牧民重新迁移出草场。

对比山江湖区和三江源区针对农牧民的外部政策环境的变化可发现，山江湖区林业经营使用权在明确产权、造林投入与收益分享间关系的同时，极大地促进和提高了农民山场投入的积极性，如自行种树、自行管理、防偷、自行收益等。但是，由于实行指标采伐和作业设计，也使得一部分人利用采伐指标为牟利的手段，参与分享农民的山场收益，在一定程度上侵犯了农民的山场经营使用权，如采伐指标买卖、超方采伐等。还有部分农民以山场经营使用权属于自己，可以自行处理为由，进行乱砍滥伐，也不进行追加投入。而三江源区牧民“减压”政策的调整，也在一定程度上促进了牧民参与草场建设的积极性。但因补偿标准低、补偿方式单一、转产就业无支撑等原因，使得现有牧民迁移缺乏后劲和动力，而且已搬迁牧民还存在一些不稳定的心态，外部政策环境和收益策略的变化，随时都可能促使返牧。可以说，尽管山江湖区和三江源区，外部政策环境的调整有利于农牧民参与生态建设的响应，但新政策实施过程中所存在的问题，仍然是我们所必须关注的。

7.1.2　参与行为外部性劣变

在新政策环境下，农牧民被动参与和自发调整参与行为阶段所诱发的外部不经济性是否会劣变，也是农牧民参与响应自觉性调整所必须认知的。如山江湖区的水土流失，在林业经营使用权改革后，伴随农民投入行为的增加(管理、利用程度等)，会不会更严重或趋于好转，而三江源区牧民补偿标准的提高和年限延长，会不会促使原先游牧的又转为定居牧畜等。如果不对这些外部不经济性在不同环境下的变化进行分析，也就不可能真正展现出合适的适应性自觉行为的调整。

林业经营使用权改革后，农民对山场管理投入的增加，在获得收益提高的同时，也增加了水土流失发生的可能性，以及发生的强度、频度。林业经营使用权改革后的山场管理投入主要体现为毛竹“低改”、造林、再造林等行为，而油茶“低改”相对较少，且针对油茶的林下植被的清理、“铲山”就更为少见，这与劳动力的投入与可能获得的经济收益有很大关系，尤其是在非农务工工资快速提升的今天，按照市场配置资源的一般规律，青壮年劳动力大都被配置于收益较高的非农产业，油茶“低改”的劳动力机会成本就会大大提升，从而促使油茶“低改”很少发生。毛竹的“低改”通常3～4年一次(收益相对较好)，且“低改”后林下杂灌、灌丛又很快速生，水土流失不会太严重，仅在“低改”进行与杂灌、灌丛长出这段时间间隔内会有少量发生外，但相比“低改”前水土流失肯定会有所增加。而且，目前造林或再造林也不再进行炼山处理，而仅进行清山，有的直接开展挖穴，造林后的垦扶、“铲山”则是常规展开的管理措施。当然，虽然炼山被禁止，但是清山、垦扶和“铲山”定会诱发一定程度的水土流失，哪怕是直接穴栽。伴随林业经营使用权后，农民造林的积极性大为增加，造林、再造林、“铲山”、垦扶等行为较以前都更有动力，毫无疑问，这部分管理和造林方式带来的水土流失肯定会增加，关于水土流失产生的具体过程详见4.2.3节(图4-25)。

山场由原来的用材林、生态林转产为经济林果在某种程度上也加速了水土流失的发生。林业经营使用权后的山场由农民自主经营，受短期经济利益的驱动，部分山场已经、正在或将要由原来的用柴林、生态林转产为经济林果，而虽然造林前的山场整地实施开挖梯土平台的方式，实行阶梯式并每梯整平，缩短了坡长，有助于减少水土流失的发生，并降低侵蚀程度。但是，在开挖梯土平台的过程中，由于挖填土方量过大，在一段时间内又缺少植被的覆盖，还是有大量水土流失现象的发生(尤其是在开挖后的3～5年内)，况且，造林后，每年又要进行“铲山”清理，即使有些茅草、灌丛等，也会除掉(图7-6)。这样，在雨季特别是暴雨时节，会诱发剧烈的水土流失现象的发生。

兴国方太乡井口村

宁都湛田乡井源村

图7-6 山江湖区林改后的山场转产

据兴国县方太乡井口村村民介绍，该村3～4年前实行脐橙开发(大面积连片种植脐橙)，种植前全部为马尾松、杉木等混交用材林，而为方便种植作业，除了将原有的马尾松、杉木等全部伐掉外，也采取了清山处理将所有山场植被全部清除掉，然后开挖梯土平台(即隔一定坡面开挖一个平台)用于脐橙的阶梯式种植，从而诱发较为严重的水土流失，尤其是在脐橙种植后不久且地表植被尚未恢复前，这时脐橙种植的平台及隔坡的土层尚未紧实时，只要下雨，沟里都是黄泥，而以前山场林木较多，且林下芒萁也很多，具有较为完善的生态服务功能，水土保持的效果较好。当然也不乏脐橙开发前为残山的，如20世纪90年代兴国县良村镇雄岗村就在残山上进行了种植，但残山的水土保持功能仍较开发出的果树林高。而且，也有些山场开发成果树林后，缺乏管理投入，效益不好，这不仅造成较大的人力、物力的浪费，也带来一定的水土流失。

红(黄)壤砂质低山丘陵区，通常开发成经济林果，形成经济林里产业带，如脐橙、湿地松等。但是，这一产业带的形成常常由原来的用材林、生态林等开发而来，如马尾松、杉木等，以及仅存有杂灌、茅草的残山，有时将整个山场清理后种果树。刚开发的3～5年，这一过程通常会引起较为严重的水土流失，而且，随着果树经济效益的显现，农民更加注意林下的“铲山”，这样，山场除脐橙、湿地松等植被外，很少会有杂灌、灌丛等存在，进而出现“远看绿油油，近看水土流”的情景，因此，在经济林果成林后或到盛果期后，水土流失也不会得以减轻，有时还会诱发林下沙化、次生水土流失等生态问题，类似西双版纳大规模发展橡胶种植后的结果。当然，也存在相反的演化结果，即原先由用材林、生态林等开发而成的经济林果，由于缺乏技术、管理经验，以及受市场影响的价格波动较大或低迷，导致农民对其的投入由原先的频繁或热衷转变为基本不去管理。尤其是在农忙的时候，大多农民在田里劳动，没有人去管果树(打药、下肥、浇水等)，产量也很低，并没有什么收益，大多目前又都荒掉了，宁都县田埠乡武里村农民对此有清醒的认识。

经济利益驱动下的林业结构调整有时会加重水土流失的发生，且有些经济林果还没有什么收益，而且相比用材林、生态林等，经济林果的生态效应尤其是水源涵养、水土保持能力有不同程度的降低。当然，在出现山场林木对水土、旱涝调节的能力降低时，会诱发较为严重连锁效应，如造成本已田块较小的农田，因缺水而耕作难度大，且流失往往造成田埂垮掉、滑坡等灾害。类似地，西双版纳营造橡胶林的效应就出现过当地农民富裕后没水喝的现象。

上述林业经营使用权后的自行乱砍滥伐也会增加一定的山场水土流失的发生。虽然大部分农民借助林业经营使用权的机会大力推进山场造林、管护等的投入，但是，仍有少部分农民为追求短期效益，借助山场林业经营使用权到户的机会，大肆乱砍滥伐而不再进行追加投入，如造林、管护等，从而在局地诱发一定的水土流失。像宁都县湛田乡井源村农民所说的，只砍不栽，2004年林业经营使用权后，少数农民只看眼前利益，不管以后如何，而且乡级政府也只管砍树收钱(即卖采伐指标)，少部分山场的林子都砍光了。甚至有的农民说，林业经营使用权对服务国家需求来说是失败的，林权到户后，部分山场的原始森林都砍光了。另外，有些虽然林权到户（农民有了林权证），但因管理不严，你栽他砍，胸径甚至只有 4 cm 的都砍掉，从而使得部分农民栽树的积极性大大受损。

可以说，林业经营使用权改革后，局部山上的林木不是有计划地采伐，而是乱砍滥伐。本来胸径 4 cm（外调用于建筑小料）的国家都应没收，甚至应该严查禁止采伐，给买卖双方都以予以严格的惩罚或处分（不能仅仅给乱砍滥伐的一定处罚，没有市场需求，也就没有供给，当然也就没有了砍伐，类似于“没有买卖就没有杀戮”的说法）。但是，现在胸径 4 cm 的都有人收，有些农民形象地说，卡车可以拖山（一般大货车可载 36～80 m^3），一卡车可以把一座山上的林木全部拉走。当然，由于山场管护不到位，没有林业管理员（少部分有林业管理员，但因每年给林业管理员的工资太低，他们的护林积极性也大大受损，而且护林的过程中难免会与乱砍滥伐者发生冲突，考虑到冲突结果没人埋单，他们也就属于管护，看着也装没看到），乱砍滥伐特别频繁，部分农民反映虽然知道山场林木太小，不能砍伐，甚至知道现在砍伐是违反山场管理规定的，但出于无奈，自己不砍，外面的人也会来砍，还不如自己砍了，卖点钱。这样，山场林木较少，且很小，调节不了水土，下雨后，会有很多土冲到山脚下，而干旱时，又很缺水。

采伐指标的限制也进一步促使冰冻灾害后山场未受损林木的清理。由于实行采伐指标和计划管理，且贩卖指标现象严重，一般农民很难拿到采伐指标，而且就是自己建房或做家具使用，还要收取采伐指标管理费每立方米 70 多元。因此，部分农民就利用 2008 年冰冻灾害对受损后林木的清理不需要办理采伐证为契机，将未受损的成材乃至中幼龄林木大量采伐（说成是受损的），这在某种意义上也即是乱砍滥伐的新现象。如同井冈山市新城镇垇头村农民所说，农民会自行将没受损的，连同受损的，一起砍掉，趁这个机会，不管多大，以免以后没有采伐指标。58.26%的受访农民认为，冰冻灾害前受采伐指标的限制，农民的山场收益行为受到很大约束，而在灾害后的短期山场重建过程中，部分农民会连没有受损的但已成材的林木一同砍掉，有的甚至未成材（图 7-7）。但这一现象，主要发生在井冈山市、兴国县和宁都县的山地丘陵区，而泰和县很少发生，这与不同区域的山场管理有很大关系。当然，对山场林木实行有计划的采伐指标管理，并展开采伐作业设计，这在很大程度上有助于山场的计划采伐与规范管理，有助于山场生态环境的保护和维持。但是，要尽量防止采伐指标成为一小部分人的牟利特权，如果这样，以前已取得的山场生态环境成效必将出现逆向演化，而且还有可能诱发大的生态灾难。因此，要让采伐指标成为服务生态建设，规范农民采伐行为的一项常态式管理措施，不要让农民从心理上对其有很大的抵触或敬畏。

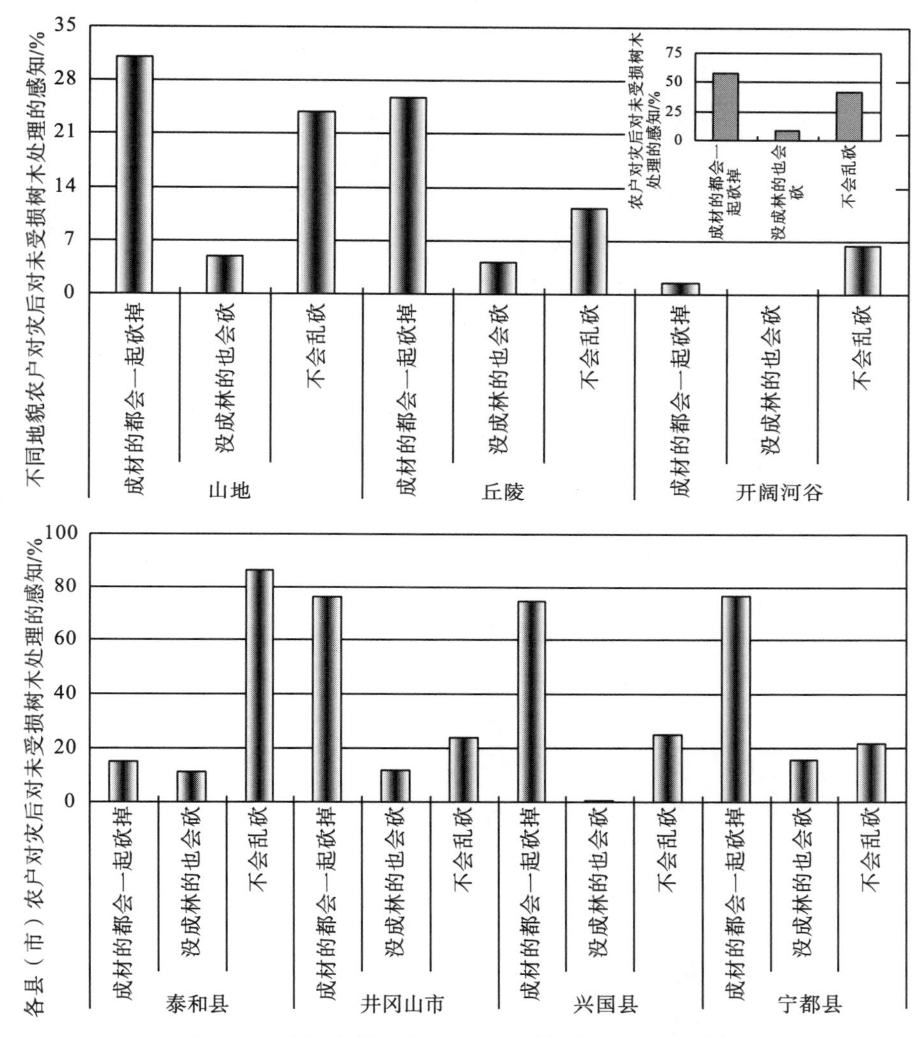

图 7-7　山江湖样区农民对山场受损林木清理的感知

当然，倘若按照上述办法进行清理山场，必然会带来较严重的水土流失。其实，造成这一现象的原因，主要在地方林业部门的垄断、乱用采伐指标，农民得不到采伐指标，只有借这次机会砍伐。但是，也不排除没有受损也砍除，因为这样方便灾后重建，而且重建后的林木长得又快又直。否则，如果仅将受损的林木清除掉，一方面在剩余林木下开展补植，是很难作业的，也不好把握造林的行间距及每亩株数；另一方面新造林在规格上又不可能与剩余的林木相当，如树高、胸径等，这样，就形成大树小树混交格局(类似于套种)，大树下长小树，是不能长直、长大的。在这样的因素驱使下，农民在进行灾后山场清理时就会连同未受损的一同清理(不管林龄大小和树种差异)。

冰冻灾害后的清理也会诱发很严重的水土流失。从图 7-8 可看出，除上级未下发清理指标或家中只有老人无力进行清理的外，大部分受损的林木(包括折梢、折冠、折干、弯曲、翻兜等)都要进行清理，但是，不同的处理方式所产生的生态效应差异较大。在“您认为灾后不同处理方式，以及处理过程中的踩踏，会对清理区的生态有影响吗”的回答中，62.72%的受访农民认为，山场清理会带来一定的生态影响，特别是对水土流失的发生有较强的驱动作用。而且，农民

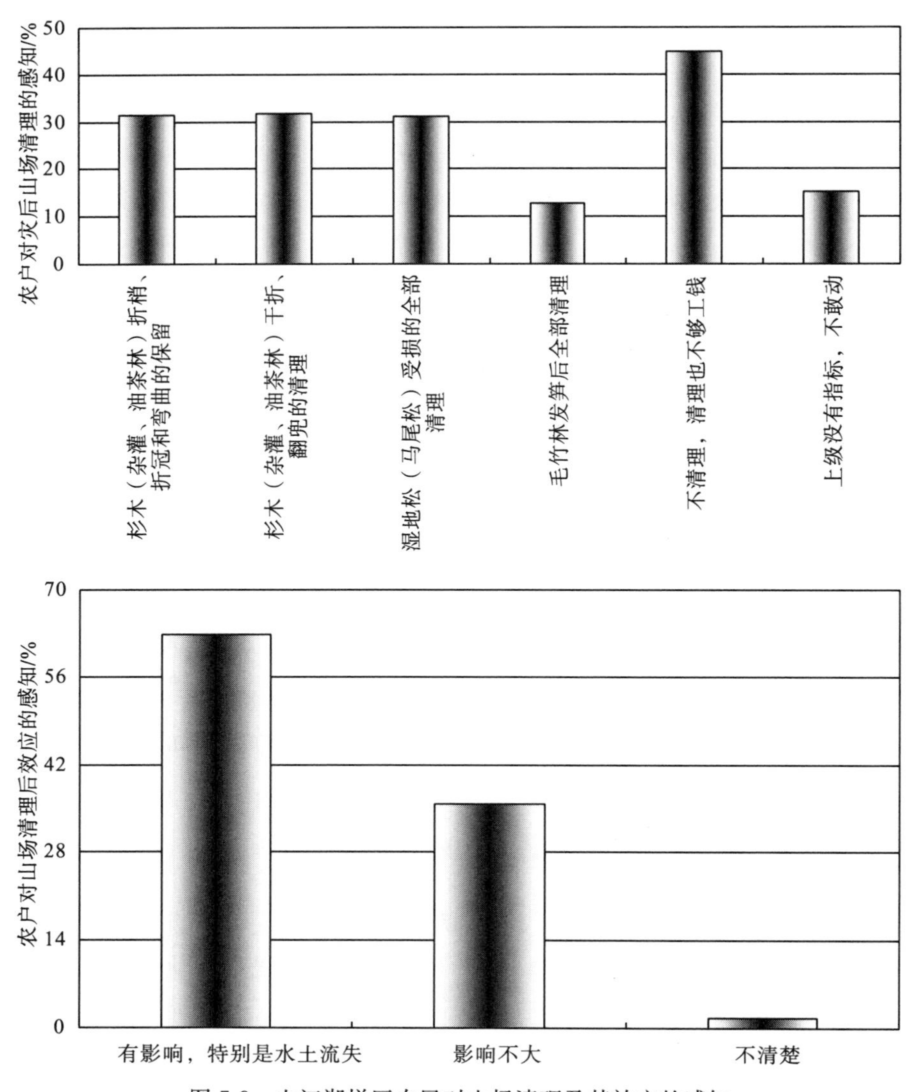

图 7-8　山江湖样区农民对山场清理及其效应的感知

还进一步补充道：①对于杉木、马尾松若要清理，可能只是针对折干的要全部清除，而折冠和断枝稍的都会保留，以减少在其他树种没种植和植被没恢复前水土流失的发生；②对于油茶的清理，则主要瞄准翻兜的，而折枝、折干的大都保留，因为虽然折枝、折干，但还有树根存在，还会在此基础上演化为次生油茶；③对于湿地松，只要受损都要清理，而不管是折干、折枝或断稍，因为湿地松油性强且只有一个优势顶端，一旦受损就要清理，否则，就会在受损处发生病虫害，或者有雨水灌入后也会发生腐烂。当然，如果不对这部分受损的林木进行清理，在雨热天气到来时，受损物质腐烂或成为干物质，会诱发强大的病虫火害隐患，从而对山场产生更大的生态影响。

清理及其附属扰动会引起一定的水土流失，一方面清理后大树少了，即使栽也不能迅速长大，更何况还未栽种，另一方面清理时的踩踏和栽种挖松，都会引起水土流失。但是，部分农民不是自行清理受损的山场，而是将其连同受损的林木一起卖给了林木经营公司，而为便于造林作业的开展，他们会将山场受损的和未受损，以及其他植被全部清除掉，类似于造林前的清山过程，当然，全部清理定会诱发较为严重的水土流失。很显然，最为合理的是分批清理，分批造林，但这种操作方式相对烦琐，不管农民还是林木经营公司都不乐于接受。所以，针对灾后的清理需要考虑树种的生态适宜性特点，以及受损后的次生演化状况，来制定科学的可操作性强的对策与办法。

冰冻灾害后，火灾病虫害发生较少，但隐患较大。访谈中，问及“冰冻灾害后您村发生森林火灾的次数多吗，火灾或病虫害发生的隐患大吗”时，56.50％的受访农民认为火灾病虫害很少发生，而 95.87％的受访农民感觉火灾病虫害隐患较大(图 7-9)。不同地貌间，农民对火灾病虫害发生少、隐患大的认识，山地强于丘陵，而关于冰冻灾害后已有很多火灾发生的体会在不同地貌间没有太大差异。不同县(市)间农民对火灾病虫害发生少、隐患大的认识，没有太大差异，但火灾发生较多的主要出现在宁都县和兴国县。访谈发现，山江湖区近年来山场火灾和病虫害都很少发生，但灾后火灾有一定程度的发生(干物质积累较多)，而病虫害还未看出，但都有很大的隐患。夏季高温多雷雨，灾后山场林木干枯、腐烂后，有很大火灾和病虫害隐患，而且，防患意识也不到位(有吸烟、烧田坎、野外用火等)，尤其春耕、备耕阶段的焚烧田坎和每年清明祭祖。

低的移民安置标准和有限的补偿年限使得草场“减压”的效果在局地出现好转，而大范围的超载仍在继续。低的补偿标准一方面促使大部分牧民不愿搬迁(参与生态移民)，而即使有些愿意搬迁，也像上面所陈述的一样，部分要么是老人，要么生活不下去了，而还有家中一人搬迁，而将牲畜留于亲戚，从而造成草场的压力并未真正减轻。在追求最大利益的驱动下，牧民肯定要比较参与生态移民或继续留在草场上所得的收益间差异，如果前者大于后者且稳定，牧民定会乐于参与生态移民，否则，牧民是不愿意参与生态移民的，即便参与也会出现上述情景。为此，必须提高补偿标准，让牧民感觉参与移民获得的补偿安置费用一定比他们的牧业收入要高且稳定。

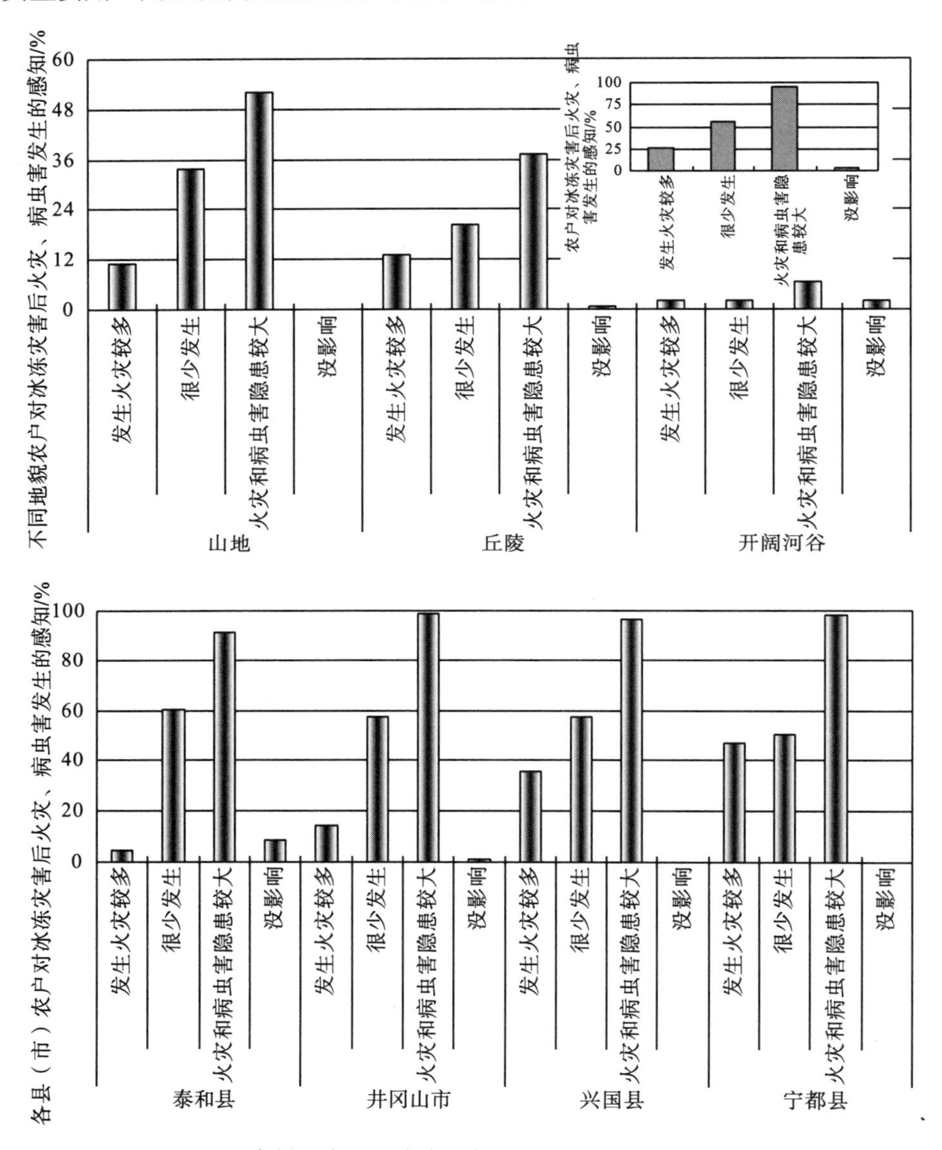

图 7-9 山江湖样区农民对冰冻灾害后火灾及病虫害发生状况的感知

另外，补偿标准仅限10年，而之后的生活来源，牧民当然也要计议。虽然地方政府也为移民提供了就业转产机会及其就业前的培训，牧民也已对这一转产有一定的接受，但转产的稳定性，由于受本身文化、语言等，以及引进企业本身发展后劲的限制，还是有一定的波动性。从而使得牧民对10年后的生活着落及其稳定性产生怀疑，即补偿结束后的生计来源及其稳定性是牧民是否参与生态移民的根本影响因素。对此，政府必须加快移民的转产就业及其技能培训，并尽量让技能培训与培训后的就业连接起来，再配以企业产业发展对劳动力的需求引导。

而且，现有补偿标准按户进行，忽略了不同牧民间人口、牲畜、草场面积等的差异，从而诱发人畜分离、人移畜留和家庭分割现象，也就不足为怪。当然，部分因草地退化严重而游离出的牧民(原先游牧牧民没有被纳入到生态移民的补偿范畴)，因看到国家补偿的益处(较他们游牧所获得牧业收入要高)，而又返迁原地，而这些在原户籍统计时因游离而漏统，结果造成移出的还没有回迁得多的现象，这也会增大草场的压力。上述综合驱动下，草地的局地"减压"和大范围超载仍在继续。

对比农牧民参与行为外部性裂变，可看出，山江湖区农民参与行为，在外部政策和环境的影响下，主要体现为水土流失对2004年山场林业经营使用权改革的响应上，如造林、"低改"、防偷、乱砍等，以及2008年冰冻灾害后的清理影响。三江源区牧民的参与行为可能会带来草地的局地"减压"和大范围超载仍在继续的劣变，这与补偿标准、补偿年限、转产就业稳定性、游牧回迁等有很大关系。但不管是山江湖区的水土流失，还是三江源区的草地超载，都有可能在政策和外部环境下发生劣变，如山江湖区林业经营使用权后，局地的乱砍带来了水土流失的加重，交通的改善也促使以前未利用的山场林业资源的开发，进而诱发大量的水土流失，而且，交通工程建设也引起了较大的水土流失、滑坡和塌方等灾害。而三江源区牧民生活水平的提高、收入差距及外部经济环境扰动，也促使部分移民回迁，从而使得草场资源的压力并未有效减轻，而有些区域还有一定程度的加重。当然，对于以上外部性的裂变，需要加强合适行为的政策调整，而不能让其自行演化下去。

7.2 农牧民参与行为自觉性调整框架

基于上述农牧民参与行为的分析及其所带来的外部不经济性，以及对现有参与行为所面临新环境和新问题的认识，我们认为，如何构建合适的农牧民参与行为的自觉性调整框架，以及如何优化农牧民的参与行为，提高他们参与的积极性，并尽量降低或缓解参与行为的外部不经济性发生的可能性。本节拟分别构建山江湖区和三江源区农牧民参与生态建设响应的自觉性调整框架，充分发挥农牧民参与的积极主动性，但是，这时的农牧民并不单指农民或牧民，而是包括公司、企业、个人团体等在内的非政府组织(多利益主体)，而政府则为其提供优越的参与环境，以最大限度地动用农牧民参与生态建设的各方资源(整合资源优势)，实现退化生态系统的恢复与重建。

7.2.1 农民自觉性调整框架

山江湖区农民参与行为的自觉性调整应以水土流失的防治为根本出发点，从以下几个方面入手构建系统性的生态-经济“双赢”框架：在经营模式上，引导农民间自主联营并自行引进粗加工企业，整合资源优势服务林业产业发展；在树种选择上，提倡种植适应性较强的乡土树种，而对外来树种则应对其规范引导；在管理方式上，“低改”、“铲山”、清理等管理实行筑砍、等高、保留成材杂木等；在采伐指标分配上，实行兼顾农民、公司等各方利益，并注重采伐与种植并重，如图 7-10 所示。

具体来说，在政策层面上：第一，国家或地方应在山场生态建设工程开启前，做好适地适树的区域宏观布局规划，并将农民的经济、生产等偏好纳入规划(强调公众参与)，以使制定的规划符合当地农民的生产便利习惯，便于规划的实施和执行；第二，通过政策给出区域合适的造林树种选择的范围和可能，并给出每种树种的适宜种植范围、具体的经济价值和生态效应，同时，给出选择政府导向性树种，农民可能得到的补偿或优惠，引导农民选择生态-经济兼顾的树种；第三，明文规定禁止炼山、焚烧田坎、少清山等不合适的山场经营行为，提倡穴栽；第四，制定有助于资源整合的政策与办法，为山场林业经营的入股、购买，出租等联营和合办提供便利，以引导农民、企业、个人团体等非政府组织共同参与山场生态环境建设，以改进过去政府主导建设、农民被动参与的不足，提高山场生态建设的效果，确保现有生态状况的维持。

另外，当农民及其他非政府组织为恢复或重建山场生态环境，而未单纯地追求利益最大化，按自己的收益偏好进行树种选择、管理投入等时，所可能产生或造成的收益损失，国家或地方政府应成立专门的效益或价值评估机构，通过生态补偿的办法为农民的损失进行弥补，以使其从补偿中获得的收益较按照本身偏好所获得还要高，以提高他们参与生态建设的积极性。

当然，在前面几章的分析中，我们也可以看出，农民在参与山场生态建设时，也已意识到这些问题。如泰和县老营盘镇林业站和上圯镇林业站工作人员都反复强调适地适树的重要性。宁都县湛田乡李家坊村农民强调山场联营产权、整合资源经营的问题，但都没有形成产业化规模。大部分农民也在反映，要做好山场的保护，必须解决农民的吃饭问题，实施生态补偿，否则，生态建设很难取得预期的成效，甚至在特大冰冻灾害面前，农民仍乐于选择外来树种湿地松。通过比对还认为，如果不选择外来树种的多年累计造成的收益损失，比冰冻灾害的受损还大。

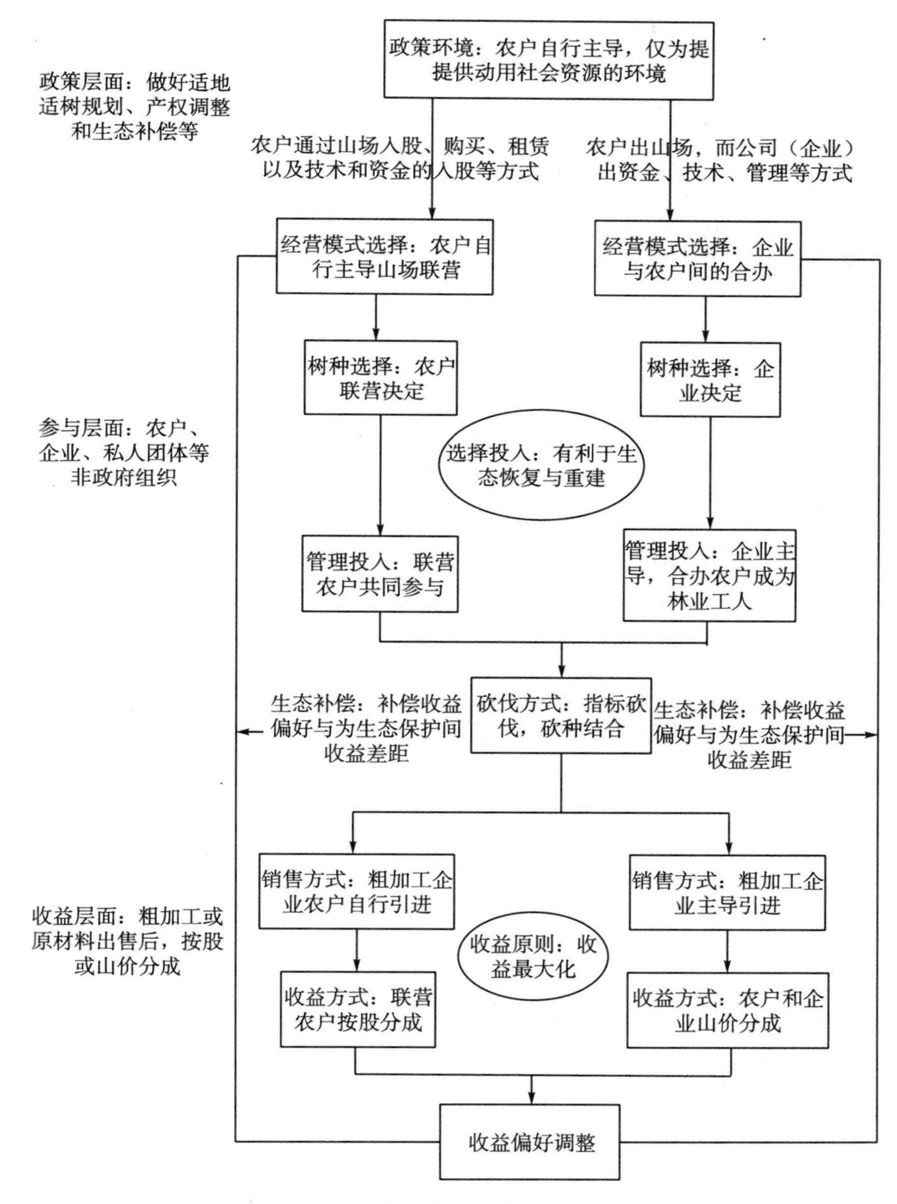

图 7-10　山江湖区农民自觉适应性调整框架

在参与层面上，农民及其他参与主体，可在国家和地方提供的优化或便利政策框架内，本着有利于生态恢复与重建的原则，进行树种选择和管理方式的投入调整。如前所述，在短期利益的驱动下，就是遇到2008年的特大冰冻灾害，山场林木几乎全部受损，但是，大多数农民还是坚持选择收益更高、更快的外来树种湿地松，并对毛竹、油茶实施“低改”，马尾松、杉木的林下清理、“铲山”等。而且，他们也知道或比较清楚在抗御冰冻灾害方面，外来树种湿地松较乡土树种要差，就是保持水土也差些，即外来树种的生态适宜性差；旨在提高山场经济收益的“低改”、“铲山”、清山等管理行为，不仅会诱发一定的水土流失发生，且在冰冻灾害时的受损也较没管理施加的厉害得多。

访谈过程中，农民常说，这次冰冻灾害属天灾，70岁的老人都没经历过，如不选择外来树种，不进行管理投入，数十年的累积损失较这次冰冻灾害还要严重。但是，冰冻灾害对多年的山场造林带来了损失，在还没有再造林弥补受损的植被之前，加之受损后清理及其过程中的踩踏等扰动，定会诱发一定的水土流失发生。而且，在大量受损林木尚未来得及完全清理时，伴随雨热天气的到来，干枯植被的堆积，也存在较大的火灾和病虫害隐患。访谈中，农民也认为，如山场再造林则会部分考虑乡土树种，且造林结构以混交为主，在管理投入上也要以保持水土为主，适时筑砍、等高管理，且在清山、“铲山”或“低改”时，能成材的林木都会尽量保留。

在收益层面上，政府虽然不直接参与山场的造林收益，但是，政府应制定合适的政策，并为其提供良好的环境，以便为农民间联营及农民公司(企业)间合办共同经营和管理山场林业过程中的利益分享提供一定的依据。例如，在山场联营、合办等时，要实行合同制约束和公正管理，以使参与各方都在契约的约束下进行山场的生态建设与收益，按不同利益主体间投入生产要素的多少进行管理与投入，责权利明确，否则，不同利益主体间的分享失衡可能会促使一方或多方退出联营或合办，甚至会作出毁林的极端行为，尤其没有从中得到应有收益的农民。访谈发现，原有国群和集群合办就是很好的例子，山场虽然长得较好，但是，农民获得收益较少，这时农民就会焚烧田坎，甚至放火烧山。有时山场起了火灾，农民也不愿去打火。如兴国县兴莲乡长塘村农民所说，由于山场没有收益，即使山场着火了，也没有人去救火，甚至也不给那些救火人员水喝，凉水也不给。前段时间，县委一行十多个人来救了一天火，也没有农民帮忙，水都没喝，都说烧了，野猪少了。另外，在收益上，还要指导并规范农民、企业粗加工企业的自行引进。

7.2.2　牧民自觉性调整框架

三江源区牧民参与行为的适应性调整应从草场生态系统的“减压”入手，不管是生态移民，还是以草定畜、围栏建设等，都是为了天然草场的“减压”恢复。但是，现有牧民的“减压”行为有些来自于为适应退化生态环境而作出的自行调整，如调整牲畜结构、性别、数量等。有时在国家生态移民和以草定畜政策下，为参与政府主导的生态建设工程，实施的牧民迁移、草场建设、转产就业等，但这些都会产生一定的外部不经济性，特别是在外部环境的驱动下，如牛多羊少、成年母畜减少等都会带来草场压力的相对超载，因为即使压力没变，但牲畜周转的商品率降低，再如，牧民迁移后的转产就业离开了传统牧畜，收入差距和不稳定的就业收益又可能驱使他们回迁。

结合上述认识，我们认为，能否将三江源区的草原、牧民、牲畜三者间形成有效的链条，使得在减轻草场压力的同时，提高其三者间的结合效率，做到减压增效，实现生态建设的“双重过滤器效应”，必须从以下两个方面进行适应性政策的调整：一方面提高补偿费用、延长补偿年限，补偿方式从新核定，而不再单纯地按户计量；另一方面通过引进龙头企业将部分牧民的牲畜连同牧民一同移出，移民成为牧业工人，牲畜成为企业的生产资料，而牲畜、草场等都可以通过入股、联营等方式介入。这样，让牧民在没有完全离开传统牧业的情况下进行转产，不仅节省高额培训和组织费用，而且，牧民也易于上手(图 7-11)。虽然部分移民也已接受培训后的转产，但还是对传统牧畜有一定的怀念，倘若不稳定的转产收益受到外部环境的扰动，回迁是他们的首选方式。

因此，在三江源区要实行持续的“减压”恢复，让参与生态移民的牧民安心迁出，并接受离开原有牧业生产的生计与生活方式，必须为迁出的牧民营造类似原有牧业但又不是原有牧业的现代产业模式，在原有牧业与现代产业发展间找到已很好的结合点，如异地育肥、养殖加工销售一体等，对迁出的牧民按照已有技能进行分类，分别让其从事牲畜放牧、草场管理、饲养、加工等职业，人尽其才，物尽其用，以让其能在原有牧业和现在产业结合过程中找到适合自己的位置。这样，牧民就可以安稳地重新建立起新的生计来源，而这一新生计来源又不陌生，又很容易接受。当然，在这一生计方式下，他们的生活习俗和信仰的变化又在其可以接受的范围内。

具体看，在移民补偿上，国家或地方通过政策层面的调整，提高安置补偿标准、完善安置补偿方式：①提高安置补偿标准，相比较而言，现有参与生态移民的牧民感觉移民后的损失较大，安置补偿费与退牧还草的减少部分相差较多，移民后牧民承担的生活压力较大(生活方式没有改变，而生计来源减少了)；

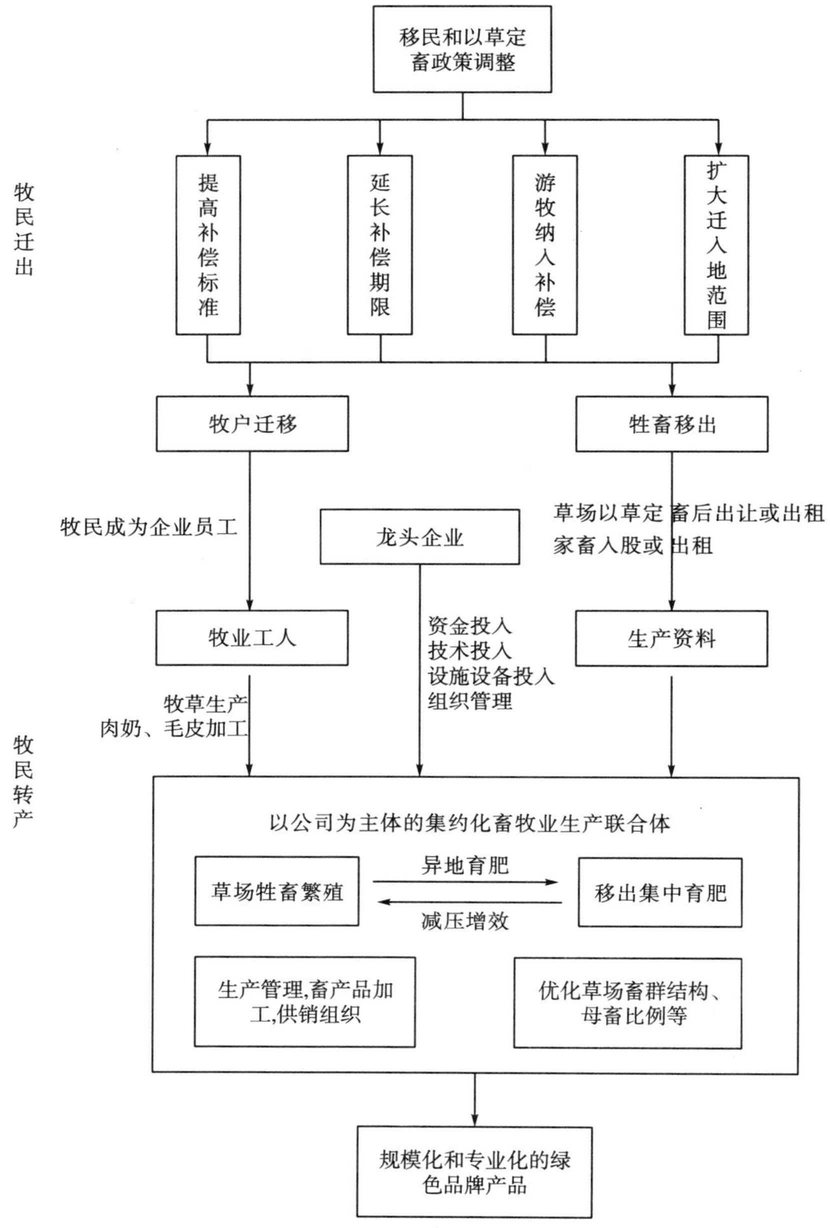

图 7-11 三江源区牧民自觉适应性调整框架

②延长安置补偿期限，现有安置补偿期限仅与高寒草场的自然年恢复基本一致，甚至比其还低，这一期限显著低于移民子女有能力走出草场的时期(15～20 年)；③游牧牧民纳入补偿群体，游牧牧民也是草场的主人，唯一不同的是，他们尚未纳入户籍统计，为此，要充分尊重他们，把他们纳入移民安置补偿的范围，

但他们牲畜较少，可以适当调低标准；④扩大迁入地范围，但是，现有的生态移民主要是在本区域、小规模的就近靠镇，而大规模的体现区域资源优势互补的移民模式没有形成，比较三江源区东西部的资源优势，构建西繁东育的减压恢复模式，不失为一条尚好的整合东西资源优势的生态移民模式；⑤将安置补偿牧民的人口、牲畜和草场面积等纳入补偿范围，以均衡不同移民牧民间利益差异，提高补偿的公平性与合理性。

在牧民转产上，按照移民阶段的划分，移民安置补偿已解决“移得出”的问题，而现在主要是解决“安得稳”，“能致富”，“不返牧”的问题。即如何能利用源区生态移民为契机，将“减压”与“增效”结合起来，引进龙头企业，将迁出牧民组织起来，构筑以“减压”为目的的生态移民的后劲，借助国家统筹城乡与区域发展的政策取向与政策倾斜，以及现有农、林、草业发展的成功模式，将政府、企业和牧民三者共同引入集约经济大联合体中，实现源区的“减压增效”和草场牧业的可持续发展。通过企业容纳迁出的牧民和牲畜。牲畜通过出租、转让、出售或入股等形式进入企业，集中育肥或进行统一加工出售。而迁出牧民可通过一定的契约成为企业的一名员工，企业可以通过自己的经营模式、营销渠道，在外找市场、探销路，对内培训自己的员工，育肥牲畜。这样，牧民和牲畜就可以远远不断地迁出，减压减牧，并集中育肥，通过对肉、奶和毛绒的深加工，提高产品的附加值。在这种情况下，牧民就可以顺利、完全地实现生态移民，“安得稳”、逐步“能致富”的后续移民工作就能顺利解决，从而为迁出的移民建立起稳定的生计来源，以维持原有的生活方式。

但是，在这一过程中，牧民仍可从事传统的牧业生产，而不是现在单纯所指的培训后转产其他职业，这样牧民的从业积极性也较高，基本是就地从操旧业，从而减少了培训就业和组织的费用，当然，牧民也不会再受宗教习俗的限制而不乐于转产，进而实现了牧民迁出转产与牧业产业产业的“双赢”发展。另外，牧民的这种转产类似于就地就业、就地致富，其成本和风险可降到最低程度，牧民转产后收益较为稳定，返牧的概率也相对较低。同时，企业主导的转产经营模式，也需进行畜群结构、母畜比例，以及饲养量和出栏率等的调整，以减少以前牧民自行适应性调整带来的草场和牲畜商品化的损失。

在生态补偿上，主要针对以草定畜的未迁出牧民，如何弥补他们因为生态问题(草场退化，承载力降低)而减少牲畜牧养的损失，让牧民在共享源区提供的生态-经济产品和服务的同时，共同承担维护生态系统健康的责任。目前，三江源区仍以以草定畜为主要“减压”方式，但是，这时减压，只减了牲畜，而牧民及其人口并未得到有效的减少。生态补偿可以仅从以草定畜的角度适当降低补偿标准，每年进行草场牲畜核定，确定牲畜出栏，加速牲畜周转和商品化。但定畜的不同阶段，以及每次转场都需进行补偿核定，如按理论载畜量及牧草消耗和营养损失，确定夏秋场和冬春场间的载畜量和出栏率，并结合通常多年实际载畜量，找出牧民因生态恢复与重建而减少和加速出栏的牲畜数量，并计算出在这一过程中给牧民收入带来的损失，以此作为生态补偿的标准，但牧民间因牲畜数量的不同、草场的优劣生态补偿的标准也各异，不能统一标准进行补偿。

7.3 农牧民参与行为具体自觉性调整

农牧民参与行为的具体自觉性调整，主要回答在面临新问题和新的调整框架下，农牧民如何调整这一参与行为，而政府又如何为农牧民的参与提供具体的环境，这也是农牧民参与政府主导生态建设过程中，行为调整的最重要的一步。针对山江湖区，农民怎么能达到“既要金山银山，又要绿水青山”的目标，如何实现山场建设的生态-经济效应最大化，即将政策层面、参与层面和收益层面三方面，如何在保持生态效应的前提下实现有机结合，而对三江源区的牧民来说，又如何让牧民自愿迁移，顺利转产，做到“移得出”、“安得稳”、“能致富”，以使退化天然草场健康恢复。

7.3.1 农民具体自觉性调整

山江湖区最大的生态问题就是水土流失严重，沿着“造林→治穷→治山→治江→治湖”的路子，做好农民间的联营、农民与其他非政府组织间的合办，最大可能、最低成本地扩大山场建设主体，优化运行模式，当然，为做好这些，国家和地方需为参与主体的利益偏好调整提供一定的生态补偿，以使他们乐于从山场生态效应的前提出发，优化参与模式和投入行为。

适地适树作为适应性调整框架所必须解决的首要问题，控制着山江湖区生态建设成败的根本。访谈发现，农民也已知道其所在区域的适宜性树种，而且也清楚这些树种适宜性分布的立地条件，但是，由于受到经济利益偏好的驱动，而未进行适宜性树种的选择，如泰和县老营盘镇的湿地松大部分呈山顶戴帽的种植格局(山腰以上)，而山腰以下农民则主要经营油茶，致使2008年冰冻灾害受损严重，尽管农民知道湿地松适宜在丘陵或地势相对平缓区域生长。

然而，受短期经济利益的驱动，现在有部分山场也已转产种植果树，但种植时，农民并未考虑果品的适宜性，以及劳动力的投入，如宁都县田埠乡武里村未选择到适宜性果种，看别人种脐橙，自己也种，但收益较差，现在又都成荒山了。再如，宁都县湛田乡李家坊村农民所说，由于没有选择出适应市场需求的果品树种，且也存在管理技术方面的限制，致使果树长势较差，品质也不好，效益也上不去。比较农业生产的收入及稳定性，农忙时也就没人去管理果树，时间一久大多又演化为荒山了。可以说，要把湿地松从山顶上请下来，做好林业结构调整的适地性，造林前做好适地适树的区域宏观规划是非常必需的，且不仅仅考虑林木的自然适宜性，还要考虑可能投入的经济适宜性，兼顾山场造林的生态-经济效应并重。

产权影响农民的山场投入和收益，决定农民参与山场建设的积极性。为深化 2004 年开始的山场林业经营使用权改革，我们认为，现有的林业经营使用权也可进行流转，以支持参与山场生态建设的联营与合办。这其中，可借鉴现有比较成熟的耕地和建设用地的流转方式，如转包、出租、转让、互换、入股等，用活山场林业经营使用权。但是，转包并不变更使用权的归属性，只是在国家规定的使用权限内，由一方林业经营使用权拥有者转包给另一方使用；而出租也不变更使用权的归属性，而只是以现金或实物的方式将自己的山场林业经营使用权出租给另一方；互换则专指为规模化生产管理，农民将自己的山场与相邻山场的使用者进行互换，以方便双方的管理投入。但转让则是变更了山场林业经营使用权的归属，农民将自己的山场以现金的方式，转让给其他农民。入股则是农民将自己的山场林业经营使用权作为生产要素与其他生产要素进行整合，以实现资源要素的流动与优化，并按照资源要素投入的多少、重要性程度等贡献进行责权利明晰。

随着山场林业产业化、规模化经营的发展，生态建设工程的开展也需要向纵深深入，将山场林业经营使用权灵活地流动起来是必不可少的。对于林业产业发展与生态建设来说，土地是最基本的生产资料和要素资源，要想将附属于其上的其他的要素资源整合起来，由资源优势转变为经济优势，乃至后来的竞争优势，就必须实现土地资源流动基础上的其他要素资源的整合与流动，否则，资金、技术、劳动力、市场等要素很难有发挥作用的场所。为此，在林业经营使用权的政策背景下，地方政府在推进山场生态建设时需要制定相关优惠政策，并提供良好的资源整合环境，以便将山场林业经营使用权流转起来，实现山场生态建设与管理的共同责任机制。当然，这一共同责任机制是有区别的共同责任机制，而不是均衡的平衡，因为，不同的利益主体其所拥有的资源要素不同，在参与山场生态建设过程中所展现或所发挥的责任也就会有一定程度的差异。

规范生态补偿办法有助于农民参与山场生态建设过程中利益偏好的调整。访谈可知，在农民现有参与生态建设的利益偏好选择时，适地适树的原则并未获得很好的运用，而且，投入管理的抉择也大多取决于对短期经济利益最大化的追求，从而在农民参与生态建设过程中诱发了很多外部不经济性的产生，详见 4.4 和 5.4 节。详细分析，农民瞄准利益偏好的行为调整所产生的外部不经济性，不管是发生的频度还是影响强度，大都源自于目前缺少很好的生态补偿机制，如农民对造林树种的选择偏好(湿地松、果树等)更倾向于外来树种，而如果要想让农民更好地接受乡土树种，地方政府必须通过生态补偿的方式为农民提供选择乡土树种所造成的收益减少，即要让生态补偿弥补农民收益的减少，只有这样，因农民造林树种选择的偏好所诱发的外部不经济性才能得到减缓或降低损失程度，如水土流失、冰冻灾害受损等。山场的管理投入，如“铲山”、清理、“低改”等不仅带来了农民的收益增加，但也引起了大量水土流失、病虫害等的产生，而农民仅仅看到收益的增加。因此，在“没有收益的生态建设措施是不会长久地”被执行的驱动下，倘若生态补偿能弥补禁止农民收益偏好调整的损失，农民的山场生态建设行为的投入将会更为理性。

山场林木采伐实行指标控制，并将采伐多少与造林数量进行挂钩(采造结合)。在这方面，可借鉴现有耕地占补平衡制度中的“占一补一”政策，实行山场采伐与造林的结合，以防止现有部分只采不造现象的发生。但是，现行实施的采伐指标只限定采伐数量，而对采伐后的种植则未明确规定(包括造林时间、造林树种、造林方式等)，其实，林木从种植到成材采伐，有成活率(约造林株数的80%)和受病虫害威胁的限制，种植数量应多于采伐数量，才符合山场可持续经营的目标。而且，为防止采伐后不能及时造林，不能仅仅实行采伐与种植挂钩，而且，也可试行先种后采，类似于建设占用耕地的先补后占，以有效促进山场植被的恢复。同时，针对采伐与造林间的关系，也要防止采伐乡土树种，再造外来树种，以及重经济树种、轻生态树种现象的发生。换句话说，虽然事实采伐指标和计划管理，但要协调好指标与再造林间的关系，以防山场林地面积未减少，而山场生态环境出现较为显著的退化或下降，即采伐与造林的结合，要注意可能出现的隐形生态风险。

不同利益主体间的联营、合办参与将成为未来山场生态建设中举足轻重的投入主体。像家庭联产承包责任制一样，尊重农民的首创精神。虽然现有农民间的山场联营、农民与企业间的合办发生较少(甚至在整个调查的过程中仅有几个个案出现)，但这毕竟是农民结合自己的山场管理实践所拥有的资源要素，以及意识到优势资源整合在山场生态建设中的重大作用，探索出的、具有超前视角的山场生态建设的经营模式。而目前虽然也有部分已开展了联营经营方式(如国群合办、乡群合办、集群合办等)，但是，因收益的不均衡或严重偏离农民的预期而使得粗放管理贯穿整个山场生态建设的始终，更不用说能形成产业化、规模化山场生态建设的态势。

借鉴现有成熟的农业产业化发展模式，农民可以通过将自家的山场、资金、技术等生产要素进行入股(要素资源股权化)，而且，也可转包、租赁或承包其他农民的山场进行联营发展。农民和企业间也可利用优势互补合办山场生态建设，农民出山场及其地上附属物，而企业出资金、技术、市场等进行合办，且农民还可成为林业工人参与山场的造林与经营管理。当然，在政策层面提供适地适树规划，树种选择和管理投入偏好的生态补偿下，农民自行或公司主导树种选择和管理投入。而在指标采伐下，农民或企业也需先补或占补结合后，才能实施山场林木的采伐。这样，不管从事哪种联营或合办方式，参与的农民既可以获得股份收入，又能获得部分要素收益，如作为林业产业工人、提供雄厚资金、掌握一定技术、开发某种市场等，都可获得收益。

在具体树种选择上，应以强生态适宜性的、本地珍贵的乡土树种为主，适当引进收益相对较高的外来树种，且实行混交造林结构(最好实行斑块之间的混交)。如以本地的马尾松、杉木等为主，适当引进湿地松、桉树等外来树种，但是，应在区域规划的框架内进行(造林的生态适宜性区划)。同时，做好和阔叶树种之间的混交，如木荷、枫树等，以减少火灾、病虫害及小概率外部不经济性事件发生的概率，并为鸟类等其他野生动物提供好的栖息与繁衍的场所，而且，枯枝落叶形成的腐殖质也会肥沃林下土壤。在管理投入，如“铲山”、清理和“低改”等，应尽量采用筑砍、等高方式，且林下成材的杂树尽量保留，而不是目前这种情形，即经过管理后的山场大都是以纯林为主(纯林化现象)。当然，这些在树种选择和管理投入上的调整，必须在做好区域生态补偿的前提下，实施农民参与山场生态建设所诱发的外部不经济性的内部化，才能实现农民参与行为的自觉性扭转。

收益的均衡性最终控制着上述不合适农民参与行为调整的延续性。借助农民或企业经营山场的主动性，尤其是自行引进粗加工企业，提高山场林业经营管理的附加值，是农民自行开启的一条有助于山场林业产业发展与生态建设并重的良好范式，而虽然现在的山场收益仍以直接出售原材料为主。倘若，按照现有的联营和合办收益方式均衡山场利益，如农民间实行按股分红，而农民和企业间按山价分成，必然会引起很大的不公，尤其山价分成。原因在于，现有农民间的联营缺乏契约和公正管理，农民间收益也就少了均衡的凭证，而农民和企业间山价分成不合理，较多地偏向于企业而农民则得到其中的较少部分。我们知道，光有行为的投入，而未见收益，或收益压倒性地偏袒一方，这样的联营或合办不会持久，而且，还会给山场生态建设带来很大的隐性危害(前面已经对其进行了论述)，如访谈中发现的现有乱砍滥伐、火灾频发，以及认为山场环境还未有以前好的，大多都来自于山场生态建设后利益分配的均衡性差，农民参与后没有收益所致。

7.3.2　牧民具体自觉性调整

牧民参与三江源区生态建设工程后的自觉性行为调整，首先，取决于如何实现自愿离牧，解决迁得出的问题，而再者就是如何顺利转产就业，解决“安得稳”、“能致富”和“不返牧”的问题。从牧民参与行为的自觉性调整框架看，要解决牧民“移得出”的问题必须完善安置补偿方式，而“安得稳”、“能致富”和“不返牧”的问题解决则需借助外来龙头企业的作用，吸纳迁出牧民和离草牲畜，让牧民就地顺利地就业转产。这样，就可以在“移得出，安得稳，逐步能致富”间建立顺畅的生态移民链条，实现牧民参与生态移民的自觉性行为调整有助于“生态恢复和牧民福祉提高”的“双赢”。

在牧民迁出阶段，必须进一步完善现有安置补偿方式，如补偿标准、补偿年限、移民范围和将游牧民纳入移民补偿安置范围等。首先，现有安置补偿标准较低，补助中能够用于牧民支配的是 8000 元/(户・年)，这与牧民搬迁后的生活需求开支相差甚远(尤其是维持原有生活方式)，因为肉、奶、油、燃料等都需要购买，而不是原来的自家生产。陈洁(2008)根据调查和玛多县农牧林业局提供的 2003 年牧民中等收入 1 年的开支情况，但住房、医疗、教育等还未列入其中，现有以牧民为单位的安置补偿标准，还不到一般牧民年生活开支的 1/3。在这样的情况下，牧民权衡自己迁出前的生活便利与收益，在比较迁出后的安置补偿怎能会愿意迁出？当然，这也是大部分牧民选择以草定畜或人迁畜留的主要原因。为此，必须提高安置补偿标准，以牧民未迁出时的基本生活需求为基础，加上其年纯收益，以及住房、医疗和教育等的花费进行核算，以与退牧还草的减收相一致。

延长安置补偿年限到与牧民子女能适应外面生活能力的时限相当(约 15～20 年)。现有安置补偿的年限为 10 年，仅相当于退化天然草场恢复至生态完整性达到退化前所需的时限，而在这么短的时间内，牧民尤其其子女，根本就不具备永远走出草原的能力。我们知道，牧民迁入新的环境后，在新的生产生活方式、语言环境、思想观念里都有一个适应的过程，更不用说顺利转产就业。而结合一般人的成长、教育历程，这一过程至少需要 15～20 年的时间，而不是短短的 10 年就能解决的问题。就山江湖区泰和县老营盘水库的移民来看，他们既不存在语言、风俗习惯、就业转产等障碍问题，而且移民和当地居民在移民前又都很熟悉，但是，移民对他们现有的状况仍是牢骚满腹，不仅认为安置补偿标准低，而且还认为核定时限短(10 年)，他们的子女根本走不出去，这种情况对三江源区的牧民来说，就更难想象了。因此，安置补偿年限应以移民子女有能力走出迁出牧区的能力为节点，否则，即便走了出去，但由于不能安稳下来，也会有很大的返牧隐患存在。

迁入地范围扩大可作为优化资源配置，减少移民返牧的有效手段。现有移民虽然也有县域间的移动，但大多仅在本镇或县域范围内进行，总体上，完全是就地转移，而跨区域的体现资源价值和优势互补的移民模式没有形成。毫无疑问，无论在经济优势还是资源优势方面，不同城镇各有优势，体现在对牧民吸引力上不可避免地存在很大差异。而且，在移民迁入后，短期内国家确定的安置补偿能够基本解决他们日常生活问题，但小区域的资源优势很难解决他们的未来发展问题。

牧民调查发现，真正对牧民有吸引力的是两地相比，无论在资源优势还是经济优势方面都具有限制的差异性，即有明显的梯度，这样，有助于伴随牧民迁移的过程，能够实现经济和资源优势的互补和大区域转移，当然，如果按照目前的做法，紧靠单纯的就地靠镇吸引力较小，也很难展现出牧民迁移的优势和效果。就近靠镇移民区，交通、教育、医疗、服务等基础设施状况较差，更缺乏有比较优势的产业活动，牧民迁移到该地与其在原居住地的生产状况和生活条件间并未有明显差异，甚至较移民前还差。而跨区域移民，可以获得更大范围的支持，发挥规模效应，且可以降低迁入地的建设成本，有助于真正发挥生态移民的优势，同时，对未迁移的牧民产生拉力作用。

龙头企业主导的牧民转产成为牧民“移得出、安得稳和逐步能致富”的首要选择。前面安置补偿方式的进一步完善解决了牧民“移得出”的问题，但是，这仅仅是三江源区草场“减压”的第一步，而更重要的则在于如何实现移民的安稳致富、永不返牧的“增效”效应，两者一起才能达到三江源区生态移民、以草定畜的根本初衷。“企业+移民”模式为三江源区的生态移民、“减压”和“增效”工程，提供了可以借鉴的发展框架。借助现有农牧林产业化、规模化过程中涌现出的成熟经营模式，引进龙头企业，将迁出牧民纳入联合体成为牧业工人，而迁出的牲畜则通过入股、出售等方式成为联合体的生产资料(要素)，企业以资金、技术、管理等要素的介入成为联合体的主导主体。这样，通过联合体就将生态移民带来的资源流动和产业分工，借助龙头企业集聚在一定区域，形成高度集中的规模经济。也只有这样，生态移民才能稳固减轻草场压力，而在草场减压的过程中，又实现草场生态恢复的增效，以及畜牧业发展增效和迁移牧民收益稳定性的增效。

由前面几章的分析可看出，牧民迁出的最大后顾之忧就是安置补助到期后的生活来源问题，具体体现为新的生活来源在哪里？是否能够成为稳定的生活来源？利用牧民和企业间的联合体框架，迁出牧民既可以从事其乐于接受的传统牧业生产(很少需要额外的技能)，也可参与其他生产流程的培训，而不再是现有的完全离开传统牧业生产的转产再就业培训，具有很大的可行性。完全脱离原有的升级来源，并割离原有生活方式，存在的最大不足在于，牧民因宗教信仰、语言表达、文化程度等的不同，很难理解或接受转产培训的内容，而且培训后牧民也不一定能胜任或乐于从事新的就业活动。另外，虽然迁出的牧民已基本从传统牧业中转换出来，但由于不同迁出牧民间收入差距的存在(甚至悬殊），加之外部经济环境的扰动，而使得这一转换具有很大的不确定性。而框架中的移民转产则充分发挥了传统牧业与现代产业的综合优势，兼顾各方移民的需求。因此，针对移民区的产业引进，地方政府必须考虑迁出牧民的需要，在产业选择时要以牧民能够胜任其中的部分工作位准则，不能一味地考虑产业发展本身，要将源区生态建设本身与产业发展结合起来，只有这样，源区生态建设才能实现产业化目标，而产业发展也才能实现生态化宗旨，且能够将拥有较强牧业基础的牧民就地吸纳为优秀的产业工人，重操旧业，但又有别于旧业。

牧民移出后进入牧民和企业间的联合体，可通过股份分红或劳务工资的形式获得家庭经济收益，这正体现了开发性生态移民的宗旨。然而，现有参与生态移民的牧民在就业转产之前，虽然都进行了再就业培训。牧民由于培训后所从事的职业不同和自己能力的差异，从而产生较大的家庭收入差距，进而在牧民态度上表现为对生态移民的不满，即将移民后所出现的问题(包括收入差距、难以融入新的生活等)都归功于生态移民的做法，更何况，牧民还对再就业收益的稳定性有一定的怀疑。当然，成为牧业或产业工人后，牧民就不可为移民后的生活状况再度担忧，而是在联合体中，按照一定的生产规范和流程进行着牧业或产业生产，从而建立起稳定的生计来源。

移出的牲畜纳入牧民和企业间的联合体后，就作为生产资料进行流动，但是，这时的牲畜与迁出前是大有区别的，实现了牲畜资产价值的显化与牲畜资源价值的优化。牲畜离开草场后仍由迁出牧民进行集中育肥，而联合体则根据牲畜生长状况核定出栏与母畜比例，以利于未来联合体的持续发展。同时，每年都可吸纳部分迁出牧民的牲畜作为生产要素，集中育肥、出栏，提高牲畜的出栏率(商品化率)，加快牲畜饲养的周转。伴随生态移民的开展，牧民迁移后，草场牲畜也不断随之迁移，从而进一步减轻了草场资源的畜牧压力。牲畜转以后在联合体内集中育肥与周转，也很大程度上提高了草场资源的利用效率，真实地做到了减压后的增效。可以说，以移民带牲畜，减少牲畜规模，提高牲畜出栏周转，有助于退化草地资源的恢复重建，实现减压增效。

龙头企业作为联合体的主导，将移民及牲畜与其所拥有的生产要素进行结合，实现移民、牲畜、资金、技术、劳动力等生产要素的流动与整合，大大优化要素资源的配置和利用效率。迁出的牧民成为牧业或产业工人，而牲畜则由草场移出，或在部分草场繁育进行异地集中育肥，进而促进草场畜群结构、母畜比例等的优化，最终实现天然草场的减压增效。但是，在这一过程中，龙头企业一方面吸纳了移民和牲畜，另一方面还收购或融股了以草定畜牧民的超载牲畜，并借助其本身的资金、技术、管理、市场等要素资源的投入，实现一体化经营、企业化管理、专业化生产和社会化服务的格局，最终将这些牧民和牲畜以专业化产品的形式出售出去，使牧民和牲畜永远地远离草场。其实，龙头企业所扮演的角色就是生态移民中迁出牧民和牲畜的“蓄水池”，以及整合各方资源与优势的“酿造池”，最终将资源优势的整合与互补，提升为经济与竞争优势。

7.4　农牧民参与行为自觉性调整风险

上述农牧民参与行为的自觉性调整框架在具体实施过程中可能也会遇到一定的风险，当然，这很大程度上是由政府主导生态建设的公益性强，而收益性相对较弱的产业性质所决定的，而不管是山江湖区的山场生态建设，还是三江源区的生态移民工程。上述框架，如果缺少适宜性政策的约束，山江湖区的生态建设主体可能更会以经济利益的追求为最大行为偏好，尤其是在造林树种选择和山场管理投入上；而三江源区的牧民迁移后，龙头企业主导的转产也可能会造成对天然草场形成更大的载畜压力，从而诱发更为严重的生态问题，如在外部环境的干扰下龙头企业经营不善而撤离。

7.4.1　农民自觉性调整风险

山江湖区农民参与生态建设后的参与行为的自觉性调整风险，主要体现为三大方面：在政策层面能否真正将农牧民的意愿、偏好等考虑进去；在参与层面如何规范农民间的联营及农民与企业间的合办行为；在收益层面又如何均衡不同参与主体间的利益分享等。政策层面提供宽松的环境和条件，参与层面整合多方资源并培育综合竞争力，收益层面展现多方要素资源的贡献与所得。

在现有框架内，政策环境的调整有可能会产生削弱农民意愿的偏差。访谈中发现，泰和县湿地松割脂全部由林业部门指定的松泰公司承担，政府从中获得一定的利益分享，正如泰和县水槎乡农民所反映的那样，当地农民并不知道湿地松能够割脂，当然也不知道怎么割，大多是外来公司请人来割(即指松泰公司)，结果导致 2008 年的冰冻灾害时山场林木受损严重，甚至发出这样的感慨——“当地农民都被地方政府欺骗了”。再如，林业结构调整中的转产(提高用材林和经济林果的比率)也大多由地方政府所决定，而很少考虑山场的造林适宜性及农民的可投入性，如赣南的脐橙开发等都存在转产后的山场荒弃现象，这主要源于缺乏相应的管理与技术投入，农民造林后的收益较低所导致。而就是大部分农民都喜好的 2004 年林业经营使用权改革，部分乡(镇)还存在只知道砍树收钱的，原始森林都遭砍光的现象，如宁都县湛田乡井源村农民就在这方面反映强烈。而规避政策层面风险的最有力的手段就是决策时将农民的意愿纳入进来，尽量体现农民的生产便利投入。

参与层面可能出现无契约联营、合办现象，起不到约束参与主体的作用。现有山场的国群合办已为我们敲响了警钟，如泰和县小龙镇苏莱村20世纪90年代的杉木大多收归镇林场实行国群合办，当时也草签了收益分配协议，收入中约20%的归集体使用，除集体支配部分外，大部分到各自然村后再分给农民。由于村干部频繁轮换，草签的协议也丢弃了，现在农民基本上是没有再从中获益。当然，农民也很少对这些山场进行管理。但现有联营或合办若出现上述现象，山场生态建设将会出现很大损害，如乱砍、烧山等。另外，参与层面也要防止参与主体在树种选择、管理投入等的单纯经济利益行为的出现。同时，政策上提供必要的生态补偿，以调整参与层面的行为偏好。

收益层面不同利益主体间可能出现收益权衡不均，影响参与层面的联营与合办。尽管现已出现农民自行引进粗加工企业，但是，山场收益仍以直接变卖原材料为主，而这一过程中，如何权衡不同利益主体间的收益仍是值得关注的。现有山场的合办通常以山价的2∶8、3∶7或4∶6进行分成，而框架中的分成如何定价则攸关参与双方的切身利益，否则，山场的联营与合办很难在不同利益主体间持续存在下去，而且，是否将“农民、集体和生产小组”统一介入也都必须考虑。

访谈中发现，在部分山场的生态建设中，农民虽然进行了山场造林与管理投入，但成材后的收益农民则不能享用，如宁都县赖村镇山坑村农民就有这样的经历。究其原因，造林前的山场常常是荒山或残山，所有权和经营使用权也属于村集体经济组织所有，在当时由于山场不成材或没有收益，大家都不去管理或投入，也不去注意(甚至村集体经济组织)，而村里部分勤快的或有超前想法的农民则率先在产权没有明晰之前进行了开发造林，毫无疑问，经过多年的投入和管理，山场林木长势较好(有时较原先开发的山场还好)，这时，就有部分农民(尤其是村干部)借助产权未明晰为由抢占山场开发的收益，其中最冠冕堂皇的理由就是收归村集体经济组织所有，禁止村民单方面砍伐。归根结底，这是由于造林前没有合同契约所造成，但这在很大程度上伤害了农民参与山场生态建设的积极性，以至于他们产生对山场有极端行为的事件出现(即报复)。

可以说，政策层面提供环境，属导向性风险，而参与层面具体实行，为行为性风险，收益层面权衡成果，属分享性风险。上述三个层面间的风险规避都是相互制约的，一环扣一环，而不是做好了一个方面，其他方面风险就不发生。因此，必须首先从政策层面为参与和受益提供良好的环境，参与决定收益，而收益反过来又影响参与行为的适应性调整，影响农牧民参与的积极性和主动性，从而进一步决定政府主导生态建设工程的执行情况，决定它的成败。

7.4.2　牧民自觉性调整风险

三江源区牧民参与生态建设后的参与行为的自觉性调整风险，可从牧民迁出和转产再就业两方面进行分析。改善安置补偿方式进一步提高了牧民自愿迁出的愿望，但是，这可能会诱使迁出牧民在思想和行为表现上更懒惰，而且，将游牧牧民纳入移民安置补偿的范围，也可能促使更多的外来游牧牧民的混入，增加安置补偿费用的支出。转产再就业中，龙头企业的引进应实行严格的准入制度，抬高进入门槛，以免造成迁出牧民家庭的收益波动过于悬殊后的集体返牧。

安置补偿方式的完善，尤其是要从补偿费用的提高和补偿期限的延长入手，但是，这可能会促使部分牧民更为懒惰。众所周知，牧民生就就有相对懒惰的习性，只要有吃的、用的，他们就可以不干了，而且也不热衷于对金钱、财富的追求。牧民访中，也确实发现很多迁出的牧民，整天无所事事，凭每年获得的安置补偿度日，也不去寻找其他职业，而是整天聚在一起打台球等之类的，当然，也有部分牧民整天朝拜寺庙。在这种情况下，必须提高移民安置补偿的标准，延长安置补偿年限，否则，在一定时间内，牧民获得不了可供迁出后家庭支出的补偿，他们肯定是不会安稳地接受生态移民的。提高安置补偿标准、延长补偿年限，必须将不同牧民家庭的人口、牲畜、草场数量纳入进来，而且，要考虑牧民子女有能力走出草场的时间。毫无疑问，这在很大程度上也会使牧民油然而生出生活无忧的感觉，从而使得他们不愿加入联合体中成为牧业或产业工人，更不用说去自谋职业，寻求发展了，这样，懒惰也就贯穿了他们迁出后的剩余时间。然而，勤快的自谋职业的牧民，家中生活条件较好，有冰箱、洗衣机等家电设备，且建成了新的稳定生计来源和生活方式，基本上能够支撑整个家庭顺利、安稳地走出草场，实现真正的转产再就业和草场的真正“减压”恢复。而这种风险的规避应拿出部分安置补偿资金专门用于牧民迁出后的教育、交流与沟通、协作等方面，而不是仅仅把安置补偿费用主要用于新村建设、生活补助和以草定畜等方面。

游牧纳入补偿范围，有时也会诱发移民区以外的游牧牧民进入。在安置补偿利益的驱动下，不仅促使移民区范围内的游牧牧民返回原籍，而且，也会诱发部分一起丐牧、帮牧中的牧民(本属移民区范围以外)跟随他们返回到移民区范围内，一同参与生态移民，从而加重了安置补偿的负担与难度。当然，也可以理解，原先因生活所迫出去游牧的牧民，得知参与生态移民有政府补偿时，且补偿标准也基本能满足他们的日常生活需求，较游牧状态生活更稳定，收入更高，补偿的时间也相对较为合适(根据他们自身年龄)，而返回原籍。但是，在这一过程中，不是原籍的牧民也可能混入，从而增加移民补偿费用的支出。为此，可严格借助原户籍进行规避，而不是按返回的牧民人数。然而，从减轻草场的整个牧畜压力看，移民区范围外的游牧牧民也是草场压力的造成者，要想草场实现真正完全的“减压”，这部分游牧牧民也应该纳入进来，而不是回避。

龙头企业介入转产，也可能诱发迁出牧民不稳定的心态。上述牧民转产的框架模式：企业牧民联合体，不同于其他区域所进行的示范，而是具有较强的民族特色、藏民情结的独特模式。联合体组建初期，不仅要考虑牧民自愿迁出和进入企业，而更重要的还要考虑介入企业的收益问题，能否切实解决牧民迁出后的后顾之忧。否则，牧民进入联合体后，受外界环境干扰和自身管理因素的影响，龙头企业可能会出现运作后劲不足的现象，这时，牧民不但获得不了股份分红或务工工资，而且连自行投入的成本都不能收回的话，势必挫伤牧民转产再就业和迁出的积极性，进入牧民不仅要退出联合体，而且返牧的可能性也极大。要规避这一风险，必须提高企业的准入门槛，从企业品牌、资产总量、运行成效、管理状况、企业文化等方面，进行严格考核，而且，还要识别龙头企业介入的意图及其预期远景是否有利于生态建设工程的开展。只有这样，才能探索出一条适合本地区经济发展的“企业＋牧民”模式，以稳定迁出的牧民，增强生态建设工程的长效机制。

7.5 小　结

由上述农牧民参与政府主导生态建设工程行为的自觉性调整分析可看出，虽然他们都需要政府从政策层面上介入进行调控，但是，对山江湖区来说，政策层面仅仅给农民提供有助于山场生态建设的发展环境，农民作为最大的参与主体则基本是在自行主导的模式下参与的；而三江源区牧民迁出时安置补偿方式的进一步完善，则完全是在政府的主导下进行的，移民的转产和龙头企业的进入也是在政府引导下完成的，因此，农牧民参与行为自觉性调整存在较大差异，具体如下。

(1)新外部政策和环境的调整，有利于农牧民参与生态建设的响应。山江湖区林业经营使用权明晰了山场及其地表植被的经营使用产权，大大促进了农民山场投入的积极性和主动性，但是，因实行指标采伐，也诱发一部分人利用自身掌握的资源驾驭指标，参与分享农民对山场投入后的收益。而三江源区牧民针对草场“减压”政策的调整也是如此。但是，因安置补偿标准低、补偿方式单一、转产再就业缺乏支撑等原因，使得现有牧民迁出后新生计来源渠道的建立没有根据，受不稳定心态随外部环境和收益变化的影响，随时都可能返牧。

山江湖区农民参与行为的外部性劣变主要体现为水土流失对山场林业经营使用权改革和交通路网改善的响应上，如山场造林、“低改”、防偷和乱砍，以及 2008 年冰冻灾害后的清理影响。三江源区牧民的参与行为可能会带来草地的局地“减压”和大范围超载仍在继续地劣变，这与安置补偿标准低、补偿年限年限短、转产就业稳定性差、游牧回迁量大等有很大关系。山江湖区农民参与行为外部性裂变的原因和行为主要取决于对参与山场生态建设经济收益的追求，农民主动性、自觉性较强，而三江源区牧民的参与行为虽然也是在对经济利益追求的作用下产生外部性劣变，但是，牧民的这一参与是对政府政策的响应，或对新生计环境不适应的表现，属无奈之举。

(2)农牧民参与响应的自觉性调整框架，最大程度动用了参与生态建设的社会资源。山江湖区农民参与行为的自觉性调整应以水土流失的防治为根本出发点，在政策层面做好适地适树的生态适宜性区划，为参与主体的介入提供适宜性指示和良好环境，包括生态补偿等。在参与层面借助生态补偿，调整参与主体的收益行为偏好与生态保护间的差距，如造林树种选择、管理方式投入等。在收益层面权衡不同参与主体间的利益分成，并为联营或合办利益分享提供依据。只有实现三者的统一而不是单方面强调其中之一，才能获得山江湖区山场生态建设的“双赢”，才能使农民参与行为的自觉性调整朝着更有助于山场生态恢复的方向演化，而不是一味地强调经济收益。

三江源区牧民参与行为的自觉性调整主要从减轻草场的压力入手，进一步完善安置补偿方式，尤其提高安置补偿标准和延长安置补偿期限，将牧民顺利迁出，实现以草定畜的“减压”目标。迁出牧民的转产就业实行由龙头企业牵头的联合体形式，迁出牧民成为牧业或产业工人，而迁出的牲畜作价后入股或被购买进入企业，成为企业的生产资料。龙头企业则通过自行的资金、技术、管理、市场等优势，将上述要素集聚流动起来，牧民通过工资或分红等方式获得稳定的家庭收入，从而为牧民新生计来源的建立提供可靠保证，最终达到开发性移民的目标而不返牧。

(3)农牧民参与行为的具体自觉调整，实现了生态-经济的“减压增效”目的。山江湖区的适时适树区划尤其要吸纳农民原有的生产、生活习俗与偏好，特别是受追求短期经济利益下的参与意愿，在适地适树区划中显化它们的生态学意义，提高农民参与行为自觉性调整的生态适宜性。深化林业经营使用权制度改革，灵活流转，优化使用权的使用，整合优势资源。完善生态补偿制度，补偿农民参与山场生态建设的行为朝着有助于生态重建方向调整，而造成经济收益降低的损失，提高他们参与山场生态建设的积极性，且行为调整偏好获得了“双赢”。林木采伐应将采伐与种植予以挂钩，采种平衡，乃至先种后采。优化未来山场生态建设的投入主体，整合多方资源，打捆进行山场生态建设和林业产业发展，实行农民间联营、农民和企业间合办参与。造林树种选择，应以本地乡土树种为主，适当引进外来树种，且实行混交造林结构。

完善三江源区牧民迁出的现有安置补偿方式，将安置补偿标准提升到与迁出牧民退牧还草所减少的收入相一致，延长安置补偿年限至迁出牧民的子女有能力走出牧区的时间为节点，以便他们能够建立稳定的生计来源渠道，并适应新的生产、生活方式，而成为真正意义上的移民。充分拓宽移民安置的区域范围，展开大区域资源的优势互补与优化配置，显化区域差异的互补性与整体性。牧民迁出后的转产再就业实行龙头企业主导的联合体形式，将迁出牧民及牲畜与其所拥有的生产要素进行结合，这时，牧民作为牧业产业工人既没脱离原有的牧业生产，生产、生活方式也基本上是按照原来的习俗进行开展的，对此，牧民的适应性较强，迁出后的认可度、接受度也较容易，有助于实现生态移民设计初期的“迁得出，安得稳，逐步能致富”且永不返牧的目标。

(4)收益性相对较弱的产业性质所决定，农牧民参与自觉性调整框架的风险性。在上述框架内，山江湖区的政策环境调整有可能会产生削弱农民意愿的政策取向，尤其是，在生态补偿标准与农民的预期差距较大或者根本没有补偿的情况下，农民参与山场生态建设的意愿会被大大削弱，甚至他们或按照他们的利益偏好进行参与，从而产生对山场生态建设不利的一面。在参与层面可能出现无契约联营、合办现象，这样就联营和合办形成的联合体对各方参与主体都不会产生较强的约束作用，当然，没有约束的联合体也使得寿命常常较短，甚至部分发挥不出资源整合的增强效应。在收益层面不同主体间可能权衡不均(因没有契约约束)，影响参与层面的可持续联营与合办。然而，要规避上述风险，不管是政策环境还是参与与收益层面都必须尽量体现农民生产便利投入的意愿，农民联营或参与合办时应尽可能明确责权利，以体现收益的均衡项。

三江源区生态移民安置补偿费用的提高和补偿期限的延长，可能会促使部分迁出牧民更为懒惰，更多的游牧牧民回迁并加入到安置补偿范围(家庭牧业收入低于安置补偿费)，有时也会诱发移民区外的游牧牧民受安置补偿费的诱惑而混入到生态移民范围内，对于这部分游牧牧民来说，他们参与的积极性较高，弃草离畜的意愿也较为彻底。大型龙头企业介入转产，因受外界环境的影响和企业本身发展情况的约束，也可能诱发迁出牧民具有不稳定的心态，主要是对未来收入不稳产生极大的怀疑。为此，需要重视对迁出牧民进行教育、交流与沟通等，且安置补偿实行户籍制度，并提高龙头企业的准入门槛(强调接纳迁出牧民为产业工人)，识别其介入的意图及预期远景。

第8章　结论与讨论

本书以江西山江湖工程和青海三江源生态移民的建设为背景，借助参与性农村评估获取的数据资料为基础，沿着农牧民参与政府主导的生态建设工程的行为演变轨迹：被动参与响应、主动自发调整和自觉适应性调节为主线，着重对比了山江湖区和三江源区农牧民对生态建设工程的响应和适应。因山江湖与三江源区在生态战略地位、生态系统受损程度、经济市场化程度、宗教习俗框架及农牧民文化程度等方面存在较大的差异，尤其是山江湖区是在受破坏的生态系统上进行重建，三江源区是在退化生态系统上进行恢复，山江湖区农民的生计来源没被切断，生活方式没被打破，实施的是就地式模式，三江源区牧民的生计来源被切断，生活方式被打破，实施的是异地重建新的生计来源和新的生活方式，从而决定其在上述方面的响应和适应也有很大不同，据此，获得如下结论。

8.1　结　　论

1. 农牧民的生态适应性及其对生态建设工程的响应具有很大的偏好性

山江湖区农民对生态退化的认识较为清楚且敏感，而三江源区牧民的这一认识相对迟缓。如对水土流失的感知(发生的频度与强度)，约68.31%的受访农民认为水土流失较为严重，河溪水在雨停2～3天后才能变清，且认为河床逐年上升的达15.94%。当然，这些都是与农民的生产、生活密切相关的，尤其是水土流失常常对农民的生产、生活带来很大的不便，有时又会诱发很大损失。加之水土流失的发生又是在农民不合适的山场建设行为的促使下发生的。而三江源区牧民对季节草场退化的认识不太明显，这与他们的生产、生活习惯有很大关系，以及草场的面积本身就较大，且草场的退化格局于20世纪70年代就已形成，近几年又没发生太大的变化。同时，山江湖区农民对遏制水土流失发生的适应性行为调整幅度较三江源区牧民对降低草地退化的行为调整大得多，尤其是表现在对山场的管理，以及油茶、毛竹的“低改”等，从而有助于促进山场生态恢复。

山江湖区农民参与生态建设的理解偏好直接体现为对经济利益的追求，而三江源区牧民的这一偏好仍然停留在宗教习俗的框架内，且受之作用的强度并未松动。这主要体现为山江湖区的农民对山场林业经营使用权、经营模式及其对参与后收益影响的认识非常清楚，而三江源区牧民的草场经营使用权意识较为薄弱，以及对产权对经济收益影响的认识尚处原始阶段。农民的习俗信仰主要体现在生活用柴、焚烧田坎草等现实的生活中，合适的政策行为调整很容易改变这一习俗信仰的不利方面。牧民则更多考虑自己的宗教信仰、饮食习惯等价值形态，这是在短时间内很难更改的。另外，农民将造林树种选择、造林方式、管理投入等都融入到山场生态建设工程中，牧民的牧畜便利，则主要体现为牲畜数量控制、畜群结构调整等方面，是否有利于草场的“减压”。

山江湖区农民参与山场生态建设主要强调重建，而三江源区牧民参与草场生态恢复则具有“减压”的特点。山江湖区农民的直接参与从造林阶段、未造林原因、造林主导主体、造林投入及其造林规模与造林的区域分布等方面，都体现出很大的被动参与特性。而三江源区牧民直接参与生态移民的则主要以少畜或无畜户为主，因为，在现有的安置补偿框架下，只有这些牧民才能从迁出过程中获得最大的收益，特别是要较其从事牧业生产中获得的大得多，这也即是他们乐于弃草离畜的关键所在。相对于直接参与，农民的间接参与也并不是农民的自觉行为，如“低改”、清山、生猪饲养等，是在市场经济条件下比较利益作用的结果，尤其是大量青壮年劳动力被配置于非农产业。而牧民间接参与也源自于政府的引导，如围栏禁牧、草场建设等。另外，农民在内推外拉综合力量的作用下自发转产，是农民转产参与山场生态建设的主要动力，且在此作用下的转产较为顺畅，收益相对稳定，又不需要或很少需要政府的介入，而牧民得转产则离不开政府的主导。

2. 主动改善与被动接受为农牧民参与生态工程响应的主要区别

山江湖区农民参与行为主动改善后的经济效应感知主要强调山场的自行投入、创造与分享，如山场造林、管理投入等带来的原材料出售，有生活用材和柴火用，同时，山场环境也获得了较大程度的改善等。三江源区牧民被动参与的这一效应则以政府的生态移民、退牧还草的安置补偿为主，牧民本身则未展现出在参与草场生态建设的同时主动改善家庭收入的行为。农民参与的生态效应感知主要体现为对水土流失减少、山泉水增多等的认识，当然，这也是长期影响他们生产、生活的主要症结，而牧民参与生态移民和以草定畜后的生态效应，则体现为风沙威胁的减少、草皮得到有效保护等方面。农民参与生态建设后的衍生效应主要体现为生产稳定性、生活舒适度等的增强，而牧民对生态移民、退牧还草等延伸出的抵御或抗灾能力增强感知明显。

山江湖区农民在造林参与方式、造林树种选择等方面都体现了很大的主动性，如自行投入、联营与合办等，以及积极开展“低改”、垦扶等行为。当然，农民的主动参与主要源于对经济利益的追求。三江源区牧民则以谋求最大化利益的搬迁方式、有效使用基础设施费用等为主，具有很大被动参与的影子，但这一被动参与因牧民迁出后需要重建新的生计来源和新的生活方式，而这些又脱离不了宗教习俗的约束，甚至怀疑能否建立起稳定的生计来源，是否能够适应新的升级方式，从而导致他们很难主动参与。农民行为的调整受山场林木本身长势、劳动力外出、气候变化等的影响，具有很强的自发调整性，可在生态-经济效应间进行权衡，而牧民灭虫鼠、牲畜出栏等则主要是在政府政策引导下，牧民参与草场建设的行为进行一定程度的调整，更多地还是考虑参与草场建设的行为变化是否符合自己的宗教习俗，一旦对宗教习俗有所触动，就很难积极参与。

山江湖区农民参与生态建设获得收益后的行为调整主要体现为对短期经济利益最大化的追求，具有典型的自发特性，主动参与山场生态建设，自主承担建设所需要的投入，而三江源区牧民获得收益后转产虽然有一定的松动，但仍带有政府引导下的自愿性特点，即只有在政府提供宽松环境的时候，牧民权衡过利弊之后才能才能做出自愿的参与行为。农民对获得收益后的行为调整认识，已从单纯的经济利益追求转换为经济收益与极端气候条件下由收益行为转换带来的灾害损失间的权衡，而牧民对这一行为调整的认识，则着重体现为对迁出后的转产就业及其前的培训认可，以及未迁出牧民对灭鼠等的认识，带有被动接受性特点，稍有不慎，迁出牧民的转产再就业很可能会夭折，甚至返回原居住地。农民参与山场建设的投入，体现了农民本身的意愿，具有很强的创造性，而牧民的投入行为虽然有一定积极性，但仍停留在政府主导的参与投入阶段。

3. 是否易于调整、是否清楚认识是农牧民对参与行为外部不经济性的关键差异

山江湖区农民参与行为的外部不经济性易于调整，而三江源区的则很难受控调节。山江湖区农民参与行为的外部不经济性，如管理阶段的“低改”、造林阶段的清山和炼山及造林结构选择纯林等所可能诱发的生态问题都易于调整，如水土流失严重、病虫火害增多等，而三江源区牧民的留(寄)畜、草地经营权流转等的外部不经济性则很难调整，因为他们受宗教习俗的影响较强，加之对未来紧靠生态移民和转产再就业所建立起的生计来源稳定性的怀疑。农民行为的外部不经济性主要受外生变量所驱动，如外出务工与野猪和山场火灾、农民捕蛇与山场危害等间的关系，而虽然牧民畜群结构、成年母畜比例等也受草地退化的胁迫，但它们与草地退化间的关系内生性较强，不像调节农民外部不经济性内部化那么简单，牧民行为所诱发的受控调节的难度较大。

山江湖区农民对管理行为的投入所诱发的外部不经济性有更为清醒的认识，且能科学评价，而三江源区迁出牧民的转产就业符合生态移民、以草定畜的“减压”需求，其大概率外部不经济性可能通过产业链间的关系，表现为不同牧

民收入间的差距较为悬殊，传递为心理落差，相互比较的结果进而促使部分牧民的返牧。农民参与生态建设获得收益后的响应行为调整带来的小概率外部不经济性，受林业发展的弱质性决定，体现为受极端气候变化的驱动(如 2008 年冰冻灾害等)，具有不可抗拒性，但是，前期合适管理行为的调整，一定程度上可以相对减轻灾害的受损程度，而牧民行为的调整则主要受外部经济环境或引进产业的状况所决定，有一定的可调控性。

4. 农牧民的自觉性响应行为框架的构建也具有自行主导与被动参与的特性

山江湖区林业经营使用权改革明晰了产权，在有助于增加农民对山场生态建设的同时(权利明确，投入放心)，因实行指标采伐和管理，也诱发一部分人利用指标(他们凭借各种资源能拿到指标)参与分享农民的山场收益。而三江源区便于牧民实施“减压”行为的政策调整，也因安置补偿标准较低且安置方式单一、转产再就业无支撑等原因，使得现有牧民的迁出缺乏后劲，甚至对已迁出牧民的心里安稳产生较大的影响。农民的参与行为劣变主要体现为水土流失对山场林业使用权改革和交通改善的响应上，如造林、“低改”、防偷和乱砍，以及 2008 年冰冻灾害后的清理影响，而牧民的参与行为可能会带来草地的局地“减压”和大范围超载仍在继续的劣变。

山江湖区农民借助政府提供的适地适树造林区划、良好参与环境、生态补偿等，尽量调整参与主体的收益行为偏好与生态保护间的差距，并权衡不同参与主体间的利益分成，为农民参与生态建设的自觉行为响应提供便捷通道。而针对三江源区的牧民，则通过完善移民安置补偿方式，尤其是提高安置补偿标准和延长安置补偿期限，将牧民顺利迁出，实现以草定畜的“减压”目标。迁出牧民的转产再就业实行由龙头企业牵头的联合体形式，牧民、牲畜及龙头企业的资金、技术、管理等要素，一起进行集聚流动，牧民通过工资或分红等手段稳定就业，实现开发性移民而不返牧。

山江湖区适地适树的造林区划要吸纳农民的参与意愿(尤其是他们已有的习俗偏好)，尽量体现他们生产、生活习俗偏好的生态学意义，继续深化林业经营使用权的改革，灵活流转经营使用权(联营和合办)，而生态补偿的额度要以农民参与山场生态建设的行为调整不至于使他们的经济收益受到损失为依据，特别是要将他们的参与偏好向有助于山场生态恢复的方向改变，山场林木的采伐应将采伐与种植进行挂钩，实行采种平衡或先种再采。未来山场生态建设的投入主体要实行以农民间的联营、农民与企业间的合办参与为主，整合多方资源要素，共同参与山场的生态建设与林业产业发展。完善三江源区牧民迁出的现有安置补偿方式，安置补偿标准应与退牧还草的减收相一致，安置补偿年限以移民子女有能力走出牧区为节点(移民的关键在于他们的后代能否适应新的生活方式，并建立起稳定的生计来源）。牧民迁出后的转产再就业实行由龙头企业主导的联合体形式，将迁出的牧民及其牲畜与所拥有的生产要素整合进入联合体，按股和按劳分配收益。

在现有框架内，山江湖区的政策环境调整有可能会产生削弱农民意愿的偏差，参与层面可能出现无契约联营、合办现象，起不到约束参与主体的作用，不同主体间收益权衡可能不均，影响参与层面的联营与合办。三江源区安置补偿费用的提高和安置补偿期限的延长，可能会促使牧民更为懒惰，游牧纳入安置补偿范围，有时也会诱发移民区外的游牧民族进入，龙头企业介入转产，也可能诱发迁出牧民不稳定的心态。为此，要规避上述风险，必须尽量体现农民生产便利投入的意愿，农民联营或参与合办时应尽可能明确责权利，以体现收益的均衡项。重视移民后的教育、交流与沟通等，且安置补偿实行户籍制度，并提高龙头企业的准入门槛，识别其介入的意图及预期远景。

8.2　讨　论

由上述分析可看出，农牧民对政府主导的生态建设工程的响应，因宗教习俗、文化背景、经济市场化程度等的差异会有很大不同，山江湖区农民不但对其所居住区的生态问题有清醒认识，而且参与生态建设工程的积极性也较强，尤其是在参与收益偏好的调整上具有很大的创造性。三江源区牧民的行为则主要体现为政府主导下的被动参与，而不管是生态移民、以草定畜还是迁出后的转产再就业。本书通过对山江湖区和三江源区由参与农村评估获取的数据的分析，理解了农牧民是如何参与生态建设的，又是如何从中受益的，而针对获得参与收益后，农牧民又是如何调整自己的参与行为的，并分析了各阶段参与行为所诱发的外部不经济性及其规避措施。

但是，本书尚未对影响上述各阶段农牧民参与的因素间的关系进行清晰地两化分析，当然，影响因素的重要性次序、作用程度差异也就未得出，而仅能从农牧民对同一问题的感知中看出。而且，本书也未进行农牧民参与响应差异的空间格局展布，而仅是从实地踏勘和农牧民感知中进行了统计上的空间分析（尤其是山江湖区）。虽然本书进行了如山江湖区不同地貌和各县（市）间的差异分析，但仍然缺乏农民参与响应的区域分布格局及其各行为间的叠加关系。为此，未来拟利用上述研究成果进行农牧民参与政府主导生态建设工程响应行为间的关系分析，并将这一关系与特定的区域相结合，同时，分析造成这一参与差异或区域异质性的背后潜在驱动因素，以丰富人们对不同生态建设类型区农牧民参与政府主导生态建设响应的理解，并为现在进行的或将要开展的生态建设工程措施的制定和农牧民参与行为的厘定提供数据基础和科技支撑。

主要参考文献

摆万奇，张镱锂，谢高地，等. 2002. 黄河源区玛多县草地退化成因分析[J]. 应用生态学报，13(7)：823-826.

摆万奇，张镱锂. 2002. 青藏高原土地利用变化中才的传统文化因素分析[J]. 资源科学，24(4)：11-15.

邴龙飞，邵全琴，刘纪远. 2011. 近30年黄河源头土地覆被变化特征分析[J]. 地球信息科学学报，13(3)：289-296.

陈洁. 2008. 青海省三江源退牧还草和生态移民考察——基于玛多县的调查分析[J]. 青海民族研究，(1)：110-115.

陈美球，刘中婷，周丙娟，等. 2006. 农村生存发展环境与农民耕地利用行为的实证分析——基于江西省21个村952户农户的调查[J]. 中国农村经济，(2)：49-54.

陈小勇，宋永昌. 2004. 受损生态系统类型及影响其退化的关键因素[J]. 长江流域资源与环境，13(1)：78-83.

池泽新. 2003. 农户行为的影响因素、基本特点与制度启示[J]. 农业现代化研究，24(5)：368-371.

褚家永. 2008. 山江湖工程：可持续发展的有益探索[J]. 学习与研究，(3)：55-56.

崔延虎，王景春. 2005. 当牧民不再游牧[J]. 华夏人文地理，(7)：118-141.

邓新安，楼兴甫. 1992. 我国南方丘陵山区开发模式初步研究—江西省泰和县为例[J]. 地域研究与开发，11(2)：39-43.

丁忠兵. 2006. 论三江源地区的生态地位与可持续发展[J]. 青海社会科学，(2)：45-50.

傅云. 2005. 山江湖工程：实现新世纪江西崛起的奠基工程[J]. 江西日报，4(14).

郭正刚，牛富俊，湛虎，等. 2007. 青藏高原北部多年冻土退化过程中生态系统的变化特征[J]. 生态学报，27(8)：3294-3301.

果洛政讯. 2008. 果洛州玛多县“四大”办实事工程将夯实新牧区建设基础[OL]. 果洛藏族自治州人民政府网. http：//www. guoluo. gov. cn/html/106/25862. html.

胡细英. 2001. 鄱阳湖流域近百年生态环境的演变[J]. 江西师范大学学报(自然科学版)，25(2)：175-179.

胡玉婷. 2006. 三江源地区的生态危机与保护建设战略探索[J]. 青海科技，13(1)：10-15.

胡振鹏. 2006. 鄱阳湖流域综合管理的探索[J]. 气象与减灾研究，29(2)：1-7.

黄国勤. 2005. 改革开放以来江西生态农业的发展. 农业环境与发展网络版[OL]. http：//www. aed. org. cn/upfile/issue/200506001. pdf. [2005-06].

黄秋萍，黄国勤，刘隆旺. 2006. 鄱阳湖生态环境现状、问题及可持续发展对策[J]. 江西科学，24(6)：517-527，544.

江西省林业志编纂委员会编. 1999. 江西省林业志[M]. 合肥：黄山书社.

江西省自然地理志编纂委员会. 2003. 江西省自然地理志[M]. 北京：方志出版社.

景晖，徐建龙，刘傲洋. 2005. 三江源区土地生产能力及人口承载量研究[J]. 青海社会科学，(6)：46-49.

雷环清，张声旺，袁明华. 2005. 兴国县水土保持生态大示范区建设的成功经验[J]. 中国水土保持，

(11)：24-25.

雷环清. 2007. 兴国县花岗岩区林下水土流失及其防治[J]. 中国水土保持，(3)：58-59.

李国强，杨荣俊，蒋小钰. 1998. 江西山江湖区域开发治理调查[J]. 中国农村经济(5)：56-59.

李怀南. 2003. 三江源区生态环境面临的问题和防治措策[J]. 青海师范大学学报(自然科学版)，(4)：73-75.

李家永，游松才，冷允法. 1996. GIS支持的县级区域开发与规划的土地资源评价：以江西省泰和县为例. 地域研究与开发，15(1)：8-13.

李静. 2007. 新闻焦点：绿色和谐三江源. 青海人民广播电台新闻中心. http：//www. qhnews. com/sjy/system/2007/11/30/002267094. shtml.

李穗英，孙新庆. 2009. 青海省三江源草地生态退化成因分析[J]. 青海草业，18(2)：19-23.

李文华. 1996. 生态工程是可持续发展的有效手段——1996北京国际生态工程会议综述. 生态学报，16(6)：667-669.

李娅，姜春前，严成，等. 2007. 江西省集体林区林权制度改革效果及农户意愿分析—以江西省永丰村、上芫村、龙归村为例. 中国农村经济，(12)：54-61.

李云燕. 2001. 环境外部不经济性的产生根源和解决途径[J]. 山西财经大学学报，2007，29(6)：7-13.

李长安，殷鸿福，俞立中，等. 2000. 山-河-湖-海互动及对全球变化的敏感响应：以长江为例. 长江流域资源与环境，9(3)：358-363.

李长安，殷鸿福，俞立中，等. 2001. 关于长江流域生态环境系统演变与调控研究的思考. 长江流域资源与环境，10(6)：550-552.

梁音，宁堆虎，周昌涵. 2007. 兴国县实施国家水保重点工程的成效分析. 中国水土保持，(12)：6-8，62.

刘柏根，温桃芳，梅宗焕. 2000. 宁都县不同岩性区水土流失防治措施. 水土保持研究，7(3)：171-173.

刘柏根，张声林. 2005. 宁都县水土保持综合治理成效显著. 中国水土保持，(11)：22-23.

刘克春，苏为华. 2006. 农户资源禀赋、交易费用与农户农地使用权流转行为——基于江西省农户调查. 统计研究，(5)：73-77.

刘青，吴国琛. 1999. 山江湖工程可持续农业示范模式研究. 生态农业研究，7(1)：72-74.

刘啸，甘枝茂，刘亚玲. 2007. 陕北-黄土区生态户的生态建设是实现黄土高原生态恢复的重要步骤—党家山生态农户考察的启发. 干旱区资源与环境，21(4)：98-101.

刘鑫焱. 2006. 三江源启示录：黄河源头第一县的变迁(上). 人民网. http：//env. people. com. cn/GB/ 5101627. html.

芦清水. 2008. 黄河源区草地退化胁迫下的牧民适应性行为研究——以玛多县牧户调查为例[D]. 中国科学院地理科学与资源研究所博士论文.

马宝龙. 2007. 困境与对策：三江源区藏族生态移民适应性研究——以果洛州扎陵湖乡移民为例. 甘肃联合大学学报(社会科学版)，2007，23(3)：13-15.

马茹芳. 2006. 关于三江源区生态移民的思考. 四川草原，(4)：45-46，53.

马松江. 2010. 三江源地区生态保护与建设投资项目实施效果分析——以格尔木市唐古拉山镇为例[J]. 草业科学，9(9)：161-168.

马玉成. 2007. "三江源"生态移民后续产业发展的对策措施. 农业经济，(12)：29-30.

马子富. 2003. 西部开发与多民族文化[M]. 北京：华夏出版社.

玛多县人民政府办公室. 2007. 玛多县国民经济和社会发展第十一个五年规划纲要. 玛多县人民政府网. http：//www. maduo. gov. cn/html/683/6884. html.

玛多县志编纂委员会. 2001. 玛多县志. 北京：中国县镇年鉴出版社.

青海省统计局. 2006. 青海省统计年鉴. 北京：中国统计出版社.

青海省西部开发退牧办. 2006. 青海省 2003～2005 年退牧还草的实施情况. 青海经济信息网. http://www.qhei.gov.cn/xbkf/kfzj/t20060809_216390.shtml.

青竹. 2008. 青海：《加大移民后续产业支持力度》得办理. 青海日报. http://www.cpad.gov.cn/data/2008/0225/article_337015.htm[2008-02-25].

三江源课题组. 2007. 三江源区生态系统本底综合评估报告. 中国科学院地理科学与资源研究所.

桑结加. 2003. 加强环境保护治理 建设秀美黄河源头——玛多县草场退化的调查报告. 青海畜牧业，(4)：3-6.

沈文清，鄢帮有. 2002. 参与式方法在农村妇女技术培训中的应用. http://cohd.cau.edu.cn/cohdncfzyjw/upload/432.pdf.

谭淑豪，谭仲春，黄贤金. 2004. 农户行为与土壤退化的制度经济学分析. 土壤，36(2)：141-144.

唐红玉，肖风劲，张强，等. 2006. 三江源区植被变化及其对气候变化的响应. 气候变化研究进展，2(4)：177-180，F0003.

陶国根. 2009. 环境治理中的体制创新与可持续发展—以江西“山江湖”工程为例[J]. 江西行政学院学报，11(2)：21-25.

汪兴玉，王俊，白红英，等. 2008. 基于农户尺度的社会-生态系统对干旱的恢复力研究—以甘肃省榆中县为例. 水土保持通报，28(1)：14-18.

王成祖. 1998. 坚持山江湖林综合治理是根治长江洪灾的战略选择. 林业经济，(5)：5-11.

王海滨，李奇峰，程序，等. 2007. 基于参与性调查的密云水库周边农户对生态环境保护的认知与响应. 中国农学通报，23(1)：366-370.

王小梅，高丽文. 2008. 三江源地区生态移民与城镇化协调发展研究. 青海师范大学学报(哲学社会科学版)，(1)：6-9.

王小梅，刘峰贵，周强，等. 2007. 三江源区生态移民整合问题研究. 生态经济(学术版)，(2)：403-406.

王晓鸿，鄢帮有. 2004. 鄱阳湖流域综合管理的实践与探索. 湖泊科学，16(增刊)：37-52.

王晓鸿，鄢帮有，吴国琛. 2006. 山江湖工程. 北京：科学出版社.

王晓鸿. 2007. 以山江湖工程为抓手着力推进绿色生态江西建设. 江西政报，(15)：43-46.

王宗海，吕聚煜，陈述亮，等. 2005. 江西短周期工业原料林造林区划与树种筛选. 江西林业科技，(5)：23-26，37.

吴婷婷，邹峥嵘，黄兆祥. 2000. 兴国县生态工程建设的考察与建议. 南昌大学学报(理科版)，24(1)：20-25.

肖立平. 2002. 毛竹低改丰产栽培技术的研究. 竹子研究汇刊，21(2)：36-40，47.

新华网. 黄河源头藏族牧民为保护生态实施大迁移. http://www.sdnews.com.cn/finance/2007/6/19/97377.html.

许怀林. 2006. 生态环境与经济开发的互动变迁—对鄱阳湖流域生态环境的历史考察. 农业考古，(1)：8-11.

鄢帮有. 2004. 江西省山江湖工程区域可持续发展的实践与探索. 绿色中国，(4)：50-53.

阳士提. 2001. 江西省发展生态农业的探索与思考. 农业环境与发展，18(3)：6-7.

杨清培，唐艳龙，温小遂，等. 2007. 红壤丘陵区湿地松林下灌木层物种组成及主要种群间联结性研究. 江西农业大学学报，25(5)：773-777.

姚檀栋，朱立平. 2006. 青藏高原环境变化对全球变化的响应及其适应对策. 地球科学进展，(5)：459-464.
叶超，顾玲. 2007. 说句心里话：三江源生态移民寄望未来. 新华社. http：//www. qhnews. com. [2007-11-22]
岳天祥. 1997. 景观动态及其驱动因素和效应分析——以江西省泰和县灌溪多千烟洲为例. 自然资源，(6)：19-26.
绽小林，马占山，黄生秀，等. 2007. 三江源区藏民族生态移民及生态环境保护中的生态补偿政策研究. 攀登，26(6)：91-95.
张凤荣，王印传，齐伟. 2002. 耕地资源持续利用管理评价指标体系初探. 地理学与国土研究，18(1)：50-53，82.
张华侨. 2006. 中国黄河调查. 武汉：湖北人民出版社.
张进林. 2008. 黄河源头的环保行动. 中国民族报，http：//www. mzzjw. cn/zgmzb/html/2008-04/08/content _ 38271. htm. [2008-04-08].
张志良，张涛，张潜. 2005. 三江源区生态移民推拉力机制与移民规模分析. 开发研究，(6)：101-103.
张智玲，王华东. 1997. 环境外部不经济性分析及其进展. 环境科学进展，5(5)：30-35.
赵其国. 2006. 论鄱阳湖生态环境与可持续发展. 内陆湖泊暨鄱阳湖可持续发展研讨会论文集. 江西省政府人口资源环境委员会.
赵其国，黄国勤，钱海燕. 2007. 鄱阳湖生态环境与可持续发展. 土壤学报，44(2)：318-326.
赵新全，周华坤. 2005. 三江源区生态环境退化、恢复治理及其可持续发展. 中国科学院院刊，20(6)：471-476.
赵延庆. 2003. 解决退耕还林(草)与农户利益之间矛盾的思考. 青海农林科技，(4)：40-40，8.
郑度，林振耀，张雪芹. 2002. 青藏高原与全球环境变化研究进展. 地学前缘，9(1)：95-102.
郑度，姚檀栋，等. 2004. 青藏高原隆升与环境效应. 北京：科学出版社.
中国21世纪议程管理中心. 1991. 江西省山江湖区域开发整治(2-3B). http：//www. acca21. org. cn/pc2-3b. html.
钟健华. 2005. 在“全民创业、富民兴市”动员大会上的讲话. 抚州日报. http：//jiangxi. mofcom. gov. cn/aarticle/sjlingdaojh/200507/20050700195836. html. [2005-07-25].
钟太洋，黄贤金. 2006. 区域农地市场发育对农户水土保持行为的影响及其空间差异—基于生态脆弱区江西省兴国县、上饶县、余江县村域农户调查的分析. 环境科学，27(2)：392-400.
周华坤，周立，刘伟，等. 2003. 青海省玛多县草地退化原因及畜牧业可持续发展. 中国草地，25(6)：63-67.
Arthur A D，Pech R P，Davey C，et al. 2008. Livestock grazing，plateau pikas and the conservation of avian biodiversity on the Tibetan plateau. Biological Conservation，141(8)：1972-1981.
Börner J，Mendoza A，Vosti S A. 2007. Ecosystem services，agriculture，and rural poverty in the Eastern Brazilian Amazon：interrelationships and policy prescriptions. Ecological Economics，64 (2)：356-373.
Clark C F，Kotchen M J，Moore M R. 2003. Internal and external influences on pro-environmental behavior：participation in a green electricity program. Journal of Environmental Psychology，23(3)：237-246.
Dong Y. 2004. Sandy desertification status and its driving mechanism in North Tibet Plateau. Journal of Mountain Science，1(1)：65-73.
Feng J，Wang T，Qi S，et al. 2005. Land degradation in the source region of the Yellow River，northeast

Qinghai-Xizang Plateau: classification and evaluation. Environ Geol, 47: 459-466.

Feng J, Wang T, Xie C. 2006. Eco-environmental degradation in the source region of the yellow river, northeast Qinghai-Xizang plateau. Environmental Monitoring and Assessment, 122: 125-143.

Godoy R A. 1984. Ecological degradation and agricultural intensification in the Andean highlands. Human Ecology, 12(4): 359-383.

Gottfried R R, Brockett C D, Davis W C. 1994. Models of sustainable development and forest resource management inCosta Rica. Ecological Economics, 9(2): 107-120.

Guo Hua, Hu Qi, Jiang Tong. 2008. Annual and seasonal streamflow responses to climate and land-cover changes in thePoyang Lake basin, China. Journal of Hydrology, 355(1-4), 106-122.

Hansmann R, Bernasconi P, Smieszek T, et al. 2006. Justifications and self-organization as determinants of recycling behavior: the case of used batteries. Resources, Conservation and Recycling, 47(2): 133-159.

La Rovere R, Hiernaux P, Van Keulen H, et al. 2005. Co-evolutionary scenarios of intensification and privatization of resource use in rural communities of south-western Niger. Agricultural Systems, 83(3): 251-276.

Lambert D M, Sullivan P, Claassen R, et al. 2007. Profiles of US farm households adopting conservation-compatible practices. Land Use Policy, 24(1): 72-88.

Li A, Wang A, Liang S. 2006. Eco-environmental vulnerability evaluation in mountainous region using remote sensing and GIS: a case study in the upper reaches of Minjiang River, China. Ecological Modelling, 192: 175-187.

Li X R, Jia X H, Dong G R. 2006. Influence of desertification on vegetation pattern variations in the cold semi-arid grasslands of Qinghai-Tibet Plateau, North-westChina. Journal of Arid Environments, 64: 505-522.

Liu C, Wang S, Zhang W, et al. 2007. Compensation for forest ecological services in China. Forestry Studies in China, 9(1): 68-79.

Liu C, Wang Q, Mizuochi M, et al. 2008a. Human behavioral impact on nitrogen flow: a case study of the rural areas of the middle and lower reaches of the Changjiang River, China. Agriculture, Ecosystems & Environment, 125(1-4): 84-92.

Liu C, Watanabe M, Wang Q. 2008b. Changes in nitrogen budgets and nitrogen use efficiency in the agroecosystems of the Changjiang River basin between 1980 and 2000. Nutrient Cycling in Agroecosystems, 80(1): 19-37.

Liu J Y, Xu X L, Shao Q Q. 2008. Grassland degradation in the "Three-River Headwaters" region, Qinghai Province. Journal of Geographical Sciences, 18(3): 259-273.

Liu L, Zhang Y, Bai W, et al. 2006. Characteristics of grassland degradation and driving forces in the source region of the Yellow River from 1985 to 2000. Journal of Geographical Sciences, 16(2): 131-142.

Liu Y, Dong G, Li S. 2005. Status, causes and combating suggestions of sandy desertification in qinghai-tibet plateau. Chinese Geographical Science, 15(4): 289-296.

Liu Y, Yang G, Du T. 2006. Ecological benefit of reforestation in a severely degraded red soil region. Frontiers of Forestry in China, 1(1): 113-117.

Lu X, Liu H, Yang Q. 2007. Wetlands in China: Feature, value and protection. Chinese Geographical Science, 10(4): 296-301.

Lucas K, Brooks M, Darnton A, et al. 2008. Promoting pro-environmental behaviour: existing evidence and policy implications. Environmental Science & Policy, 11(5): 456-466.

Ma D, Chen J, Zhang W, et al. 2007. Farmers' vulnerability to flood risk: a case study in the Poyang Lake Region. Journal of Geographical Sciences, 17(3): 269-284.

Maalim A D. 2006. Participatory rural appraisal techniques in disenfranchised communities: a Kenyan case study. International Nursing Review, 53(3): 178-188.

Malley Z J U, Semoka J M R, Kamasho J A, et al. 2006. Participatory assessment of soil degradation in the uplands of southwestern Tanzania: implications for sustainable agriculture and rural livelihoods. International Journal of Sustainable Development and World Ecology, 13(3): 183-197.

Mbaga S Z, Folmer H. 2000. Household adoption behaviour of improved soil conservation: the case of the North Pare and West Usambara Mountains of Tanzania. Land Use Policy, 17(4): 321-336.

Pinstrup A P, Pandya L R. 1998. Food security and sustainable use of natural resources: a 2020 vision. Ecological Economics, 26(1): 1-10.

Qian J, Wang G, Ding Y, et al. 2006. The land ecological evolutional patterns in the source areas of the Yangtze and Yellow rivers in the past 15 years, China. Environmental Monitoring and Assessment, 116: 137-156.

Qian Y, Glantz M H. 2005. The 1998 Yangtze floods: the use of short-term forecasts in the context of seasonal to interannual water resource management. Mitigation and Adaptation Strategies for Global Change, 10(1): 159-182.

Shackleton S E, Shackleton C M, Netshiluvhi T R, et al. 2002. Use patterns and value of savanna resources in three rural villages in South Africa. Economic Botany, 56(2): 130-146.

Shi X, Heerink N, Qu F. 2007. Choices between different off-farm employment sub-categories: an empirical analysis for Jiangxi Province, China. China Economic Review, 18(4): 438-455.

Tan Y, Wang Y. 2004. Environmental Migration and Sustainable Development in the Upper Reaches of the Yangtze River. Population & Environment, 25(6): 613-636.

Villarroya A, Puig J. 2010. Ecological compensation and environmental impact assessment in Spain[J]. Environmental Impact Assessment Review, 30(6): 357-362.

Walters B B, Cadelina A, Cardano A. , et al. 1999. Community history and rural development: why some farmers participate more readily than others. Agricultural Systems, 59(2): 193-214.

Wang G, Cheng G. 2000. Eco-environmental changes and causative analysis in the source regions of the Yangtze and Yellow Rivers, China. The Environmentalist, 20: 221-232.

Wang G, Qian J, Cheng G, et al. 2001. Eco-environmental degradation and causal analysis in the source region of the Yellow River. Environmental Geology, 40: 884-890.

Wang G, Guo X, Shen Y, et al. 2003. Evolving landscapes in the headwaters area of the Yellow River (China) and their ecological implications. Landscape Ecology, 18: 363-375.

Wang G, Wang Y. Kubota J. 2006. Land-cover changes and its impacts on ecological variables in the headwaters area of the Yangtze River, China. Environmental Monitoring and Assessment, 120: 361-385.

Wang H, Zhou X, Wan C. 2007. Eco-environmental degradation in the northeastern margin of the Qinghai - Tibetan Plateau and comprehensive ecological protection planning. Environmental Geology.

Wen J, Liu Q, Xiao Q. 2008. Modeling the land surface reflectance for optical remote sensing data in rugged terrain. Science in China Series D: Earth Sciences, 51(8): 1169-1178.

Wu H, Chen X, He Y, et al. 2006. Modeling indicator systems for evaluating environmental sustainable development based on factor analysis. Wuhan University Journal of Natural Sciences, 11(4): 997-1002.

Xu R, Zhao A, Li Q, et al. 2003. Acidity regime of the red soils in a subtropical region of southern China under field conditions. Geoderma, 115(1-2): 75-84.

Yang H, Li X, Zhang Y. et al. 2004. Environmental-economic interaction and forces of migration: a case study of three Counties in Northern China. Advances in Global Change Research, 20: 267-288.

Yang J, Ding Y, Chen R. 2006. Spatial and temporal of variations of alpine vegetation cover in the source regions of the Yangtze and Yellow Rivers of the Tibetan Plateau from 1982 to 2001. Environmental Geology, 50(3): 313-322.

Zhang H, Liu G, Wang J. 2007. Policy and practice progress of watershed eco-compensation in China. Chinese Geographical Science, 17(2): 179-185.

Zhang X, Shao M, Li S, et al. 2004. A review of soil and water conservation in China. Journal of Geographical Sciences, 14(3): 259-274.

Zhao A, Bao S. 2008. A preliminary knowledge-driven prediction model of snail distribution in the Poyang Lake region. Chinese Science Bulletin, 53(1): 115-123.

Zheng B, Xu Q, Shen Y. 2002. The relationship between climate change and Quaternary glacial cycles on the Qinghai - Tibetan Plateau: Review and speculation. Quaternary International, (97-98): 93-101.

Zheng H, Chen F, Ouyang Z, et al. 2008. Impacts of reforestation approaches on runoff control in the hilly red soil region of Southern China. Journal of Hydrology, 356(1-2): 174-184.